普通高等学校"十二五"规划教材

大学物理实验

籍延坤　牛英煜　主编

中国铁道出版社有限公司
CHINA RAILWAY PUBLISHING HOUSE CO., LTD.

内 容 简 介

本书是根据"高等工科学校物理实验课程教学基本要求",在大连交通大学多年物理实验教学基础上,吸收近年来众多高校面向 21 世纪大学物理实验教学改革的一些新成果和新思路编写而成的。

全书共分八章,包括:物理实验导论、物理实验基本仪器、力学实验、热学实验、电磁学实验、光学实验、近代物理实验、设计性实验。

本书适合作为高等工科院校各专业的物理实验教材或参考书。

图书在版编目（CIP）数据

大学物理实验／籍延坤，牛英煜主编．—北京：
中国铁道出版社 2011.2（2019.12重印）
普通高等学校，"十二五"规划教材
ISBN 978-7-113-12296-6

Ⅰ．①大… Ⅱ．①籍…②牛… Ⅲ．①物理学—实验
—高等学校—教材 Ⅳ．①O4-33

中国版本图书馆 CIP 数据核字（2011）第 006175 号

书 名：**大学物理实验**
作 者：**籍延坤 牛英煜 主编**

策划编辑：李小军
责任编辑：李小军 徐盼欣
封面设计：窦若仪 封面制作：李 路
责任印制：郭向伟

出版发行：**中国铁道出版社有限公司**（100054，北京西城区右安门西街8号）
印 刷：三河市兴达印务有限公司
版 次：2011 年 2 月第 1 版 2019年12月第10次印刷
开 本：710 mm×1000 mm 1/16 印张：14.25 字数：263 千
书 号：ISBN 978-7-113-12296-6
定 价：33.00 元

前　　言

  大学物理实验是理工科学生重要的基础实验课程之一，是理工科学生必修的一门系统全面、独立设置的实践性基础实验课，同时也是通过实践学习物理知识的过程。系统地学习大学物理实验课，对于学生创造性思维能力的培养起到良好的促进作用。一般来讲，掌握物理基本实验方法和相关设备，懂得如何读取和处理数据，相应的实验操作技能也得到相应的训练，这就为适应现代科学技术不断进步和国家建设的迅速发展打下了坚实的基础。

  按照"高等工科学校物理实验课程教学基本要求"，我们依照基本实验理论、基本实验技能、近代物理实验和综合性设计实验循序渐进的方式编写了这本教材，内容涉及物理实验导论、物理实验基本仪器、力学实验、热学实验、电磁学实验、光学实验、近代物理实验和设计性实验。物理实验导论主要论述测量误差理论和数据处理基本知识；力学实验、热学实验、电磁学实验和光学实验围绕物理实验中常见的基本测量方法和基本实验技能，以及实验数据的处理方法，编写了 20 个基础实验；围绕培养学生的创新思维能力，编排了 31 个设计性实验；在近代物理实验一章，我们编写了 2 个近代物理实验，以丰富学生的知识和拓宽学生的视野。

  本书的第 1、2、8 章，第 3 章的实验 1，第 4 章的实验 1、实验 2，第 5 章的实验 5、实验 6、实验 7，第 6 章的实验 3、实验 5，第 7 章的实验 1 和其他实验的部分原理公式的推导由籍延坤编写，其余内容由牛英煜编写，个别内容由何明、朱永政、宋哲编写。全书的统稿工作由籍延坤完成。

  由于编者水平有限，书中难免存在疏漏和错误之处，敬请批评指正。

编　者

2010 年 10 月

目　录

第1章

物理实验导论

§1.1 物理实验的分类、任务和要求

1.1.1 物理实验的分类和任务

物理实验是一门学科. 在高等院校里开设的大学物理实验是一门独立的基础学科. 通过这门课程的教学,使学生接受一系列的科学实验训练.

物理实验种类很多,从不同的角度有不同的划分方法. 在教学中我们可以把物理实验分为三类. 第一类是定性的实验,它可以判断某些物理现象是否存在及其特性,它的目的是弄清楚物理现象的成因或规律. 例如,富兰克林在 1752 年 9 月利用风筝把云层的电引入室内,进行室内雷鸣闪电实验,证实了雷电与电火花放电具有同一性质,找出了雷电的成因,并且在此基础上发明了避雷针. 第二类实验是定量实验,这类实验是指在实验中对研究的问题需要做出精确的数量测定,确定物理现象各种具体的参数、各现象之间的数量关系,以及通过数量来表示某些规律. 第三类实验是验证性实验. 在物理学中,有一些物理现象或定律是根据已知的理论和实践对它们的存在、成因做出推测. 这些推测是否正确,就要通过实验来验证.

从以上三种类型的实验来看,实验与测量不能等同起来,**测量是实验的重要内容**. 所以,在实验教学中,不能单纯追求数据,不能认为数据好坏就是实验好坏的标志. 因此,物理实验的任务是:

1) 学生通过系统学习实验的基本知识,学会一些常用物理仪器的使用以及一些物理测量方法等,并受到较严格的基本实验能力的训练.

2) 教师指导学生独立地进行物理实验,并且在其全过程中培养学生使其具有比较敏锐的思维,以达到具有细致观察、分析和解决实际问题的能力.

3) 培养学生使之具有科学研究工作者的素质,即实事求是的科学态度、坚韧不拔的精神和勤奋工作的作风.

1.1.2 物理实验的要求

要做好一个物理实验,以达到预期目的,必须完成下列几个程序:

1. 预习实验

预习中加强抽象思维能力的训练.首先,仔细阅读教材.阅读时要以"实验目的"为中心,搞清楚实验原理、操作要点、数据处理及其分析方法等.要反复思考实验原理、仪器装置及操作、数据处理等,以及如何达到实验目的.做物理实验应该始终都在明确的理论指导下进行.预习时要尽量精心构思,并写好预习报告,内容包括:实验名称、实验目的、实验器材、实验原理(原理公式、原理公式中各个量的物理意义以及测量方法、原理简图)、数据表格.

2. 进行实验

1)检查自己使用的仪器,了解仪器的主要技术指标和操作规程,操作时必须严格按照仪器的操作规程进行.

2)实验中要注意观察现象.将实验工作的全部细节详细记录在"实验记录本"上,这是一条基本而重要的规则.人们经常需要回头参看以前某个实验细节,而该细节所具有的意义又是在进行实验时没有意识到的.

3)将实验数据认真记录在实验预习报告的数据表格中.为了评价所得到的实验结果,要做测量的误差分析,并且运用理论对实验结果加以解释.盲目的实验,即使做得再多,也不会有多大的收获.只有多做、多思、多分析,才能把实验做好.

3. 撰写实验报告

这是完成实验的最后程序,必须给予充分的重视.实验报告是实验工作的总结,是经过对实验操作和测量数据分析以后的永久性的科学记录.写实验报告有助于锻炼思维逻辑,把自己在实验中的思维活动变成有形的文字记录,表述自己对本实验结果的评价和收获.实验报告可供他人借鉴,促进学术交流.因此,书写的字迹要清楚,书写的内容要有条理.

§1.2 物理实验的误差理论

1.2.1 测量的基本概念

1. 定义

1)量:现象、物体或物质可定性区别和定量确定的一种属性.

2)量值:由数值和计量单位的乘积所表示的量的大小.例如,5.34 m、15 kg、−40℃.

3)数值:量值中的数值部分.例如,量值定义示例中的5.34、15、−40.

4)测量:以确定量值为目的的一组操作.

5)测量方法:在实施测量中所运用的和按类别描述的一组操作的逻辑次序.

6)测量原理:测量方法的科学基础.

7)测量程序:根据给定的测量方法,在实施待定的测量中,所运用的具体叙述的一组操作.

2. 测量分类

1）直接测量

不必测量与被测量有函数关系的其他量，而能直接得到被测量值的测量方法. 例如，用米尺测量物体的长度，用天平测量物体的质量，用秒表测量单摆的周期等.

2）间接测量

通过测量与被测量有函数关系的其他量，才能得到被测量值的测量方法. 例如，测量某材料的圆柱体的密度，是利用求密度公式 $\rho = \dfrac{4m}{\pi d^2 h}$，通过直接测得物体的质量 m、直径 d 和高度 h，间接确定密度.

3）组合测量

在直接测量具有一定函数关系的某些量基础上，通过联立求解各个函数关系式来确定被测量的方法.

例如，测量标准电阻温度系数 α 和 β.

函数关系为

$$R_t = R_{20}[1 + \alpha(t - 20) + \beta(t - 20)^2]$$

在温度 $t = 20\ ℃$、t_1、t_2 下，分别测量对应的电阻值为 R_{20}、R_1、R_2，代入原函数可得

$$R_1 = R_{20}[1 + \alpha(t_1 - 20) + \beta(t_1 - 20)^2]$$
$$R_2 = R_{20}[1 + \alpha(t_2 - 20) + \beta(t_2 - 20)^2]$$

解上述二元一次方程组即可求得 α 和 β 值.

1.2.2 误差的基本概念

1. 误差的定义

1）真值 y_t：当某量能被完善地确定并能排除所有测量上的缺陷时，通过测量所得到的量值.

从测量的角度讲，真值不可能确切获知，因为不可能排除所有测量上的缺陷，所以它是一个理想概念.

2）约定真值：对于给定的目的而言，被认为充分接近真值，可以用来替代真值的量值，也称指定值、最佳估计值、约定值或标准值.

在实际测量中常常用足够准确的实际值作为量的约定真值. 例如，国际计量大会决议的长度单位、质量单位、时间单位、电流强度单位等，这些单位的量值都是约定真值. 有时把高一级标准量器的示值看做低一级或普通仪器示值的约定真值.

3）定义：

（1）绝对误差：设测量值为 y，真值为 y_t，则误差 Δ 为

$$\Delta = y - y_t$$

(1.2.1)

注：

① 因为定义的误差反映的是测量值偏离真值的大小和方向，因此称为**绝对误差**.简称**误差**.绝对误差有正负，不应该将它与误差的绝对值相混淆，后者是误差的模，只能是正值.

② 因为真值不可知，所以误差是不可知的.在实际应用上是偏差的概念，即测量偏差等于测量值减去测量值的约定真值，亦即等于测量值减去测量值的标准值.

③ 误差常用准确度（又称**精确度**）这个概念来定性地描述，即测量的准确度是描述测量结果与被测量真值之间的一致程度的.

（2）**相对误差**：对同一个测量对象采用不同准确度的仪器或测量方法，Δ_x能够反映测量值 x 的准确度高低，但对不同测量对象采用不同准确度的仪器或测量方法，Δ 不能够反映测量结果的准确度.例如，用螺旋测微器测长度 l 为 1.000 mm 的物体，其绝对误差为 $\Delta_1 = 0.005$ mm，而另一物体的长度 L 约为 10 000.0 mm，用米尺测量的 $\Delta_2 = 0.5$ mm.从绝对误差来看 $\Delta_1 \ll \Delta_2$，但实际上后者比前者准确度高得多，为了表明这种关系，故而引入测量结果的相对误差的定义.设相对误差为 E_r，则

$$E_r = \frac{\Delta}{y_t} \times 100\% \tag{1.2.2}$$

相对误差表示对某一物理量测量的准确度.把相对误差表示成百分数的形式，是表示绝对误差占被测量真值的百分率，故相对误差又称**百分数误差**.

例如，在上述例子中，螺旋测微器测量的相对误差为 $E_{r1} = \frac{0.005}{1.00} \times 100\% = 0.5\%$，而米尺测量的相对误差为 $E_{r1} = \frac{0.5}{10\ 000.0} \times 100\% = 0.005\%$，后者测量准确度远远高于前者.

2. 误差主要来源

1）**仪器误差**：其值为测量仪器示值减去对应输入量的真值，其产生的原因是测量仪器性能和结构不完善.例如，仪器零点不准，天平两臂不等长，标尺刻度不准，电表的轴承磨损，电桥的标准电阻不准以及停表指针转轴偏离表盘中心等，皆属此类.

2）**环境误差**：即由于实验环境条件与规定的条件不一致所引起的误差.例如，温度过高，仪器仪表放置的方位、角度不符合要求等，都会影响测量结果的准确度.

3）**方法误差**：即测量方法不完善所引起的误差.例如，用分析天平称物体质量时，没有考虑浮力的影响，在电学实验中没有把电表的内阻，接触电阻对测量数据的影响考虑在内，等等.

4）**人员误差**：即测量人员主观因素和操作技术所引起的误差.例如，使用停表时，有人常失之过长，有人常失之过短；在电表读数时，眼睛总习惯于从左边（或从右边）观测等，这类误差总是偏大或偏小.

5）**视差**：当指示器（如指针）与标尺表面不在同一平面时，观测者偏离正确的观测

方向进行读数或瞄准时所引起的误差. 例如,电表标尺上带反射镜,读数时应以指针和其在镜中的像重合时所指示的读数为准,只有这样才能减少视差.

6) 估读误差:观测者估读指示器位于两相邻标尺标记间的相对位置而引起的误差. 例如,用米尺测量一准确长度为 10 cm 物体,观测者估读的结果可能是 9.9 cm、10.0 cm、10.2 cm 等.

3. 误差的分类

根据误差的性质,常把误差归纳为**随机误差**和**系统误差**(简称系差)两类,即误差可以分解为两个分量.

1) 系统误差

(1) 系统误差的定义.

在同一测量量的多次测量过程中,保持恒定或可预知方式变化的测量误差的分量;或在重复性条件下,对同一被测量进行无限多次测量结果的平均值减去被测量的真值.

注:

① 多数仪表均是以系差为主.

② 因为测量只能做有限次数,故可能确定的只是系差的估计值.

③ 系差可以用正确度定性地描述,即正确度是表示测量结果中系差大小的程度.

(2) 系统误差的分类.

系差一般分为**已定系差**和**未定系差**.

已定系差:指符号和绝对值已经确定的系统误差分量.

未定系差:指符号和绝对值未经确定的系统误差分量.

(3) 系统误差的特征.

① 在严格相同的条件下测量同一个量. 系差不具有抵偿性. 在严格相同的条件下测同一量,即具有条件与环境参量等影响量相同时,相应的系差主要为已定系差,其符号和大小相同,即使是同一量在相同的条件下,进行了多次重复测量,系差也不能通过统计平均的方法将其消除.

② 在不同条件下测量同一量. 当测量条件与影响量改变时,各条件下或不同影响量作用下的系差常常按一定的函数规律随条件改变或影响量的改变而变化,即使条件或影响量的特征值未能准确地控制或测量,它们的作用规律也常常是确定的. 即使这些规律很难预知或在实际工作中通常很难预知,但原则上是可以预知的. 当条件或影响量的改变具有随机性时,这部分系差也显示一定的随机性.

③ 在相同条件下测不同量. 在相同条件下测不同量,常常有一部分系差与被测量成一定函数关系. 例如,同一台天平由于不等臂引起的系差大小与被测量成正比. 也有一部分系差与被测量不成函数关系. 例如,由于米尺分度值不均匀,使得测量不同的被测量的系差有一定随机性.

④ 在不同的条件下测不同量. 在不同的条件下测不同量, 系差是②和③两种情况的综合.

上文的②、③、④三种情况下, 系差都有一定程度的随机性和抵偿性.

⑤ 系差一般是小量, 即和被测量值相比, 系差一般是小量, 但它常常是测量结果误差的主要分量.

⑥ 有界性. 系统误差有确定的界限, 一般用允许误差限 Δ_{ins} 来描述, 基础物理实验中, 计量器具主要包括计量仪器(仪表), 也包括量具和计量装置等, 所以 Δ_{ins} 也常称仪器误差限. 教学中的仪器误差限 Δ_{ins} 一般简单地计算器具的允许误差限(或示值误差限, 或基本误差限)即可, 它们可参照计量器具的有关标准, 由准确度等级或允许误差范围得出, 或由工厂的产品说明书给出, 有时也由实验室结合具体情况来给出 Δ_{ins} 近似的约定值. 常见仪器的允许误差限的取法如下:

a. 模拟式(指针式)仪器. 国家标准规定, 准确度等级指数为 c, 测量范围上限为 x_m 的模拟式(指针式)电表的基本误差限 Δ_{ins} 为

$$\Delta_{ins} = x_m c\% \tag{1.2.3}$$

上式表明, 在正常(参考)工作条件下, 可以近似认为测量误差的绝对值不大于基本误差限. 这类电表读数时通常要估读最小分度值的 $1/10 \sim 1/4$, 或估读到基本误差限的 $1/5 \sim 1/3$.

【例1】 已知 $I_m = 300$ mA, $c = 0.5$ 级的直流电表, 求: 基本误差限 Δ_{ins}.

解 $\Delta_{ins} = I_m c\% = 300 \times 0.5\%$ mA $= 1.5$ mA.

b. 游标卡尺、温度计、分光计: Δ_{ins} 为最小分度值.

c. 螺旋测微器: $\Delta_{ins} = 0.004$ mm.

d. 秒表(1/10): $\Delta_{ins} = 0.1$ s.

e. 米尺: $\Delta_{ins} = 0.5$ mm.

f. 分光计: $\Delta_{ins} =$ 最小分度值(1′ 或 30″).

g. 读数显微镜: $\Delta_{ins} = 0.005$ mm.

h. 各类数字式仪表: $\Delta_{ins} =$ 仪器最小读数.

i. 计时器(1 s、0.1 s、0.01 s): $\Delta_{ins} =$ 仪器最小分度(1 s、0.1 s、0.01 s).

j. 物理天平(0.1 g): $\Delta_{ins} = 0.05$ g.

k. 电桥(QJ23 型): $\Delta_{仪} = K\% \cdot R$(K 为准确度级别, R 为示值).

l. 电位差计(UJ33 型): $\Delta_{仪} = K\% \cdot V$(K 为准确度级别, V 为示值).

m. 转柄电阻箱: $\Delta_{仪} = K\% \cdot R$(K 为准确度级别, R 为示值).

n. 电表 $\Delta_{仪} = K\% \cdot M$(K 为准确度级别, M 为示值).

o. 其他仪器、量具: $\Delta_{仪}$ 是根据实验际情况由实验室给出的示值误差限.

⑦ 分布特点. 对于未定系差, 其大小和符号不能确切知道, 但其范围通常是已知的, 即设系差为 Δ_i, 未定系差限为 Δ_m, 则 $\Delta_i \in [-\Delta_m, \Delta_m]$. 一般未定差服从的分布有多

种,在未知分布特点时均按均匀分布处理,即对于多次测量时,每一次测量系差必然落在区间 $\Delta_i \in [-\Delta_m, \Delta_m]$ 内,而且其值等于区间 $[-\Delta_m, \Delta_m]$ 中任意值的可能性均相同,因为区间 $[-\Delta_m, \Delta_m]$ 包含系统误差的概率为 1,所以其概率密度函数为

$$f(\Delta) = \frac{1}{2\Delta_m} \tag{1.2.4}$$

(4) 常用的几种消减方法.

系差可以通过一定的实验和数据处理方法加以限制、减小或大部分消除.一些系差分量可以通过加修正值的方法基本消除,但修正值本身也有一定的不确定性.一些影响结果的主要系差分量的消除会使测量准确度有所提高,但是某些原来次要的分量和新发现的系差分量又会成为影响准确度继续提高的主要障碍.因此,系差不可能绝对地、完全地消除.我们只能在测量的各个环节设法减少或基本上消除某些主要系差分量对测量结果的影响,因此我们采用词组"减消系差"而避免使用"消除系差".物理实验中一些常见的减消系差的方法有:

① 利用标准器具减消系差.用高准确度计量器具来检定实用测量仪器或装置,可以给出后者在一系列指定测量值处的修正值.用实用仪器或装置测量时,利用修正值能显著减小系差.

② 修正已经确定的定值系差分量.修正已经确定的定值系差分量是减消系差的有效方法,此方法的修正值可以根据原理方法分析、测量数据处理等过程来确定.例如,在氢原子光谱实验中,铁光谱图给出的波长是常温下空气的波长 λ_{air},而一般给定的里德堡常数 R_H 都是真空中的值,所以不能直接用 λ_{air} 计算 R_H,必须用空气的折射率对氢红线波长进行修正求得真空中的波长 λ_{Hvac},修正公式为 $\lambda_{Hvac} = 1.000\ 29\lambda_{air}$.

③ 采用合理规范的测量步骤减消系差.例如,电表预调零点、螺旋测微器预调零点.

④ 选择或改进测量方法减消系差.

【示例 1】 用替代法减消定值系差.先挑选一定的砝码组合和被测物分置天平两端,使天平平衡;再用标准砝码组合代替被测物,仍使天平平衡;则被测物的质量等于标准砝码组合的质量.即使天平不等臂,或空天平不平衡,这些系统误差因素对替代结果也影响甚小.

【示例 2】 用异号法减消定值系差.从两个不同方向逼近来调节读数显微镜部件,取双向逼近时读数的平均值,能减少螺纹副空程影响,从而减少系差.

【示例 3】 用交换法减消定值系差.设待测物质量为 m_x,先置 m_x 于天平右侧,在左侧置砝码 m_L 使平衡,再交换 m_x 与砝码位置,平衡时右侧砝码质量为 m_R,则:

若天平不平衡,则取 $m_x = (m_L + m_R)/2$,交换法能减消定值系差;

若天平略不等臂,则取 $m_x = \sqrt{m_L m_R}$,交换法能减消不等臂的系差.

【示例 4】 用半周期偶数观测法减消周期系差.分光计的读盘有周期性偏心系

差.用相隔半个周期(180°)的直径上的两个读数窗"对径读数"取平均,即采用半周期偶数观测法,能有效减少周期性系差.

(5) 系统误差的发现.

① 理论分析法.分析实验所依据的原理是否严密,测量所用理论公式要求的条件是否满足.例如,伏安法测电阻实验中,电流表、电压表内阻是否符合要求等.

分析实验方法是否完善,测量仪器所要求的使用条件在测量过程中是否已经满足.例如,天平的水平、零点是否调节妥当;各类电表水平或垂直放置是否正确等.

② 实验对比法.改变测量方法或实验条件,改变实验中某些参量的数值或测量值,调换测量仪器或操作人员等进行对比,看测量结果是否一致,这是发现定值系统误差最基本的方法.例如,对于各种指针式显示仪表,其刻度盘产生移动,偏离原校准位置,为测量带来的定值误差,通过实验对比即可发现.

③ 数据分析法.对同一被测量值进行多次重复测量,通过计算偏差、进行作图或列表分析,可发现测量中是否存在变值系统误差,这是残差统计法.例如,将测量数据按测量先后顺序排列,观察其偏离的符号,若正负大体相同,并无显著的变化规律,就可确定存在系统误差.即通过计算进行比较看其是否满足存在随机误差的条件,否则,测量中存在变值系统误差.

2) 随机误差

(1) 随机误差的定义

在同一量的多次测量过程中,以不可预知方式变化的误差分量,或测量结果减去在重复性条件下对同一被测量进行无限多次测量结果的平均值.例如,电表轴承的摩擦力的变动、操作读数时在一定范围内变动的视差影响、数字仪表末位取整时的随机舍入过程等,都会产生一定的随机误差分量.

注:

① 随机误差不可能修正.

② 随机误差就个体而言是不确定的,但其总体(大量个体的总和)服从一定的统计规律,因此可以用统计方法估计其对测量结果的影响.

③ 随机误差可以用精密度定性地描述,即精密度是表示测量结果中随机误差大小的程度.

(2) 随机误差的特征

① 随机误差就个体而言是不确定的、随机的,但其总体(大量个体的总和)服从一定的统计规律.

② 一般来说,随机误差比系差小,而且远远小于测量值.

③ 在多次测量中,绝对值小的误差出现的次数比绝对值大的误差出现的次数多.

④ 测量次数一定时,误差的绝对值不会超过一定的界限,即具有有界性.

⑤ 进行等精度测量时,随机误差的算术平均值随着测量次数的增加而趋近于零,

即正负误差具有抵偿性.

⑥ 分布特点:对于多次测量而言,每一次测量误差的大小和符号不能确切知道,但是误差大的测量值出现的可能性小,误差小的测量值出现的可能性大,误差等于零的测量值出现的可能性最大,而且测量误差等大而反号的测量值出现的可能性相等.

⑦ 分布概率密度函数

假设测量次数 $n \to \infty$,某一随机误差落在随机误差 Δ 附近单位随机误差间隔的概率为 $f(\Delta)$,则

$$f(\Delta) = \frac{1}{\sqrt{2\pi}\sigma} e^{-\frac{\Delta^2}{2\sigma^2}} \qquad (1.2.5)$$

式(1.2.5)中的 σ 为标准误差,其定义为

$$\sigma = \sqrt{\frac{\sum\limits_{i=1}^{\infty} \Delta_i^2}{n}} \qquad (1.2.6)$$

证明*　当 $n \to \infty$ 时,测量量的算术平均值为 $m = \lim\limits_{n \to \infty} \dfrac{\sum\limits_{i=1}^{n} x_i}{n}$,随机误差为

$$\Delta = x - m$$

在随机误差区间 $\Delta \to \Delta + \mathrm{d}\Delta$ 内,出现随机误差数为 $\mathrm{d}n$,因为 $\mathrm{d}n \propto n\mathrm{d}\Delta$,所以 $\mathrm{d}n = f(\Delta)n\mathrm{d}\Delta$

$$f(\Delta) = \frac{\mathrm{d}n}{n\mathrm{d}\Delta} \qquad (1.2.7)$$

式(1.2.7)表示随机误差分布的概率密度函数,它表示某一随机误差落在随机误差 Δ 附近单位随机误差间隔的概率大小.

设第一次测量随机误差落到 Δ_1 附近单位随机误差间隔内概率为 $f(\Delta_1)$,第二次测量随机误差落到 Δ_2 附近单位随机误差间隔内概率为 $f(\Delta_2)$,……第 n 次测量随机误差落到 Δ_n 附近单位随机误差间隔内概率为 $f(\Delta_n)$.

注意:当 $n \to \infty$ 时,Δ 可以假设是连续变化,$f(\Delta)$ 是 Δ 的连续函数.

上述 n 个独立事件同时发生的概率为

$$f(\delta) = f(\Delta_1)f(\Delta_2)\cdots f(\Delta_n) \qquad (1.2.8a)$$

其中参量 δ 定义为

$$\delta = \Delta_1^2 + \Delta_2^2 + \cdots + \Delta_n^2 \qquad (1.2.8b)$$

由(1.2.8a)可得

$$\ln f(\delta) = \ln f(\Delta_1) + \ln f(\Delta_2) + \cdots + \ln f(\Delta_n)$$

$$\frac{1}{f(\delta)}\frac{\mathrm{d}f(\delta)}{\mathrm{d}\Delta}\frac{\mathrm{d}\delta}{\mathrm{d}\Delta_i} = \frac{1}{f(\Delta_i)}\frac{\mathrm{d}f(\delta)}{\mathrm{d}\Delta_i}$$

$$\frac{1}{f(\delta)}\frac{\mathrm{d}f(\delta)}{\mathrm{d}\Delta}2\Delta_i = \frac{1}{f(\Delta_i)}\frac{\mathrm{d}f(\delta)}{\mathrm{d}\Delta_i}$$

$$\frac{1}{2\Delta_i f(\Delta_i)} \frac{\mathrm{d}f(\delta)}{\mathrm{d}\Delta_i} = \frac{1}{f(\delta)} \frac{\mathrm{d}f(\delta)}{\mathrm{d}\Delta} \tag{1.2.8c}$$

等式(1.2.8c)左边仅仅是 Δ_i 一个变量函数,而右边是 n 个变量 $\Delta_1, \Delta_2, \cdots, \Delta_n$ 的函数,要使等式恒成立,等式必然等于一个恒量,设恒量为 $-\beta^2$,即

$$\frac{1}{2\Delta_i f(\Delta_i)} \frac{\mathrm{d}f(\delta)}{\mathrm{d}\Delta_i} = -\beta^2$$

$$\frac{\mathrm{d}f(\delta)}{\mathrm{d}\Delta_i} = -2\beta^2 \Delta_i f(\Delta_i)$$

求解可得

$$f(\Delta_i) = C e^{-\beta^2 \Delta_i^2} \tag{1.2.8d}$$

又根据概率密度归一化条件

$$\int_n \frac{\mathrm{d}n}{n} = \int_n \frac{\mathrm{d}n}{n\,\mathrm{d}\Delta} = \int_{-\infty}^{+\infty} f(\Delta)\mathrm{d}\Delta = 1 \tag{1.2.8e}$$

可得

$$\int_{-\infty}^{+\infty} C e^{-\beta^2 \Delta_i^2} = 1 \tag{1.2.8f}$$

令

$$t = \beta\Delta, \qquad \mathrm{d}\Delta = \frac{1}{\beta}\mathrm{d}t$$

(1.2.8f)式变为

$$\int_{-\infty}^{+\infty} C e^{-\beta^2 \Delta_i^2} = \frac{C}{\beta} \int_{-\infty}^{+\infty} e^{-t^2}\,\mathrm{d}t = \frac{C}{\beta}\sqrt{\pi} = 1$$

即积分常数 C 为

$$C = \frac{\beta}{\sqrt{\pi}}$$

$$f(\Delta_i) = \frac{\beta}{\sqrt{\pi}} e^{-\beta^2 \Delta^2} \tag{1.2.8g}$$

又根据标准误差的定义有

$$\sigma^2 = \int_{-\infty}^{+\infty} \Delta^2 f(\Delta)\mathrm{d}\Delta = \frac{\beta}{\sqrt{\pi}} \int_{-\infty}^{+\infty} \frac{t^2}{\beta^2} \frac{1}{\beta} e^{-t^2}\,\mathrm{d}t = \frac{1}{\beta^2\sqrt{\pi}} \int_{-\infty}^{+\infty} t^2 e^{-t^2}$$

$$= -\frac{1}{2\beta^2\sqrt{\pi}} \int_{-\infty}^{+\infty} t\,\mathrm{d}(e^{-t^2}) = \frac{1}{2\beta^2\sqrt{\pi}} \int_{-\infty}^{+\infty} e^{-t^2}\,\mathrm{d}t = \frac{\sqrt{\pi}}{2\beta^2\sqrt{\pi}} = \frac{1}{2\beta^2}$$

即

$$\beta = \frac{1}{\sqrt{2}\sigma}$$

代入(1.2.8g)式可得

$$f(\Delta) = \frac{1}{\sqrt{2\pi}\sigma} \Delta e^{-\frac{\Delta^2}{2\sigma^2}} \tag{1.2.8h}$$

【证毕】

几点推论：

ⅰ. **单峰性**：$f(\Delta)$-Δ 曲线具有单个峰值，其大小为

$$f_{\max}(0) = \frac{1}{\sigma\sqrt{2\pi}}$$

即出现零随机误差的概率密度最大.

ⅱ. **对称性**：所谓对称性，是指 $f(\Delta) = f(-\Delta)$，即出现绝对值相等，符号相反的随机误差的概率密度相等.

ⅲ. **有界性**：因为出现大误差的概率很小，而小概率事件被认为不可能发生，所以误差是有界的，即

$$\Delta \leqslant M$$

ⅳ. **抵偿性**：因为 $\bar{\Delta} = \dfrac{\sum\limits_{i=1}^{n}\Delta_i}{n} \approx \dfrac{1}{\sqrt{2\pi}\sigma}\int_{-\infty}^{+\infty}\Delta e^{-\frac{\Delta^2}{2\sigma^2}}\mathrm{d}\Delta = 0$，

所以 $\sum\limits_{i=1}^{n}\Delta_i \approx 0$，即多次测量的随机误差的代数和近似等于零，亦即正负随机误差近似抵消.

ⅴ. **置信区间 $[-\sigma,\sigma]$ 内置信概率**

$$P\{-\sigma, +\sigma\} = P\{|\Delta| \leqslant \sigma\} = P\{x - \sigma \leqslant m \leqslant x + \sigma\}$$

$$= P\{m - \sigma \leqslant x \leqslant m + \sigma\} = \int_{-\sigma}^{+\sigma}f(\Delta)\mathrm{d}\Delta = \int_{-\sigma}^{+\sigma}\frac{1}{\sqrt{2\pi}\sigma}e^{-\frac{\Delta^2}{2\sigma^2}}\mathrm{d}\Delta$$

令 $\Delta/\sigma = t$，

$$P\{-\sigma \leqslant \Delta \leqslant +\sigma\} = \sqrt{\frac{2}{\pi}}\int_{0}^{1}e^{-\frac{t^2}{2}}\mathrm{d}t$$

根据

$$e^{-x} = 1 - \frac{1}{1!}x + \frac{1}{2!}x^2 - \frac{1}{3!}x^3 + \cdots$$

可得

$$P\{-\sigma \leqslant \Delta \leqslant +\sigma\} = \sqrt{\frac{2}{\pi}}\int_{0}^{1}\left(1 - \frac{1}{2}t^2 + \frac{1}{2}\,\frac{1}{4}t^4 + \cdots\right)\mathrm{d}t = 0.683 \qquad (1.2.8\mathrm{i})$$

(3)减消方法

同一条件下重复测量同一量，对每次随机误差求和，可以减消随机误差，因为

$$\bar{\Delta} = \frac{\sum\limits_{i=1}^{n}\Delta_i}{n} \approx \frac{1}{\sqrt{2\pi}\sigma}\int_{-\infty}^{+\infty}\Delta e^{-\frac{\Delta^2}{2\sigma^2}}\mathrm{d}\Delta = 0,$$

所以

$$\sum_{i=1}^{n}\Delta_i \approx 0$$

(4)m 和 σ 的估算

① m 的估算公式为

$$\bar{x} = \frac{\sum\limits_{i=1}^{n} x_i}{n} \tag{1.2.9}$$

证明[*] 因为 $\Delta_{ri} = x_i - m \Rightarrow m = \Delta_{ri} + x_i$

$$m = \frac{\sum\limits_{i=1}^{n} m}{n} = \frac{\sum\limits_{i=1}^{n} \Delta_{ri}}{n} + \frac{\sum\limits_{i=1}^{n} x_i}{n} \approx \frac{\sum\limits_{i=1}^{n} x_i}{n}$$

【证毕】

② 标准误差 σ 的估算

测量列 $x_i (i=1,2,3,\cdots,n)$ 标准误差 σ 的估算公式为

$$S_x = \sqrt{\frac{\sum\limits_{i=1}^{n} v_i^2}{n-1}} = \sqrt{\frac{\sum\limits_{i=1}^{n} (x_i - \bar{x})^2}{n-1}} \tag{1.2.10}$$

式(1.2.10)称为**实验标准偏差**或**测量列的标准偏差**或**样本的标准偏差**,该公式也被称为**贝塞尔公式**.

证法一[*]:定义残差为

$$v_i = x_i - \bar{x}$$

对一组直接测量值 $x_1, x_2, x_3, \cdots, x_n$,各次测量值的误差为 $\Delta_i = x_i - x_t$,将这些误差求和取平均得

$$\frac{1}{n} \sum_{i=1}^{n} \Delta_i = \frac{1}{n} \sum_{i=1}^{n} (x_i - x_t) = \bar{x} - x_t$$

或写成

$$\bar{x} = x_t + \frac{1}{n} \sum_{i=1}^{n} \Delta_i$$

将 $\bar{x}$ 代入上述偏差公式得

$$v_i = x_i - x_t - \frac{1}{n} \sum_{i=1}^{n} \Delta_i = \Delta_i - \frac{1}{n} \sum_{i=1}^{n} \Delta_i$$

对上式平方求和得

$$\sum_{i=1}^{n} v_i^2 = \sum_{i=1}^{n} \Delta_i^2 - 2 \sum_{i=1}^{n} \Delta_i \frac{1}{n} \sum_{i=1}^{n} \Delta_i + \sum_{i=1}^{n} \left(\frac{1}{n} \sum_{i=1}^{n} \Delta_i \right)^2$$

$$= \sum_{i=1}^{n} \Delta_i^2 - 2 \frac{1}{n} \left(\sum_{i=1}^{n} \Delta_i \right)^2 + n \frac{1}{n^2} \left(\sum_{i=1}^{n} \Delta_i \right)^2$$

$$= \sum_{i=1}^{n} \Delta_i^2 - \frac{1}{n} \left(\sum_{i=1}^{n} \Delta_i \right)^2$$

因为在测量中正负误差出现的概率接近相等,故 $\left(\sum\limits_{i=1}^{n}\Delta_i\right)^2$ 展开后,交叉项 $\sum\limits_{i\neq j}^{n}\Delta_i\Delta_j$ 为正和为负的数目接近相等,彼此相消,故得

$$\left(\sum_{i=1}^{n}\Delta_i\right)^2 = \sum_{i=1}^{n}\Delta_i^2$$

因而

$$\sum_{i=1}^{n}v_i^2 = \frac{n-1}{n}\sum_{i=1}^{n}\Delta_i^2$$

即

$$\sqrt{\frac{\sum\limits_{i=1}^{n}v_i^2}{n-1}} = \sqrt{\frac{\sum\limits_{i=1}^{n}\Delta_i^2}{n}}$$

等式右边若取 $n\to\infty$ 时的极限,即是标准误差 σ 的定义式. 而有限次测量时只能作为标准误差的最佳估计值,等式左边的表达式可以认为是有限次测量时,单次测得值的标准偏差,或者说是从一组数据中计算出来的标准误差的最佳估计值.

证法二[*]:当 n 有限值时,仍用方均根随机误差作为标准误差的估计值,即

$$\sigma \approx S_x = \sqrt{\frac{\sum\limits_{i=1}^{n}(x_i-m)}{n}} \qquad (1.2.11a)$$

因为随机误差 $\Delta_n=x_i-m$ 是不可知的,所以需要把它转化为残差 $v_i=x_i-\bar{x}$ 表示. 根据最小二乘法原理,即当测量次数有限时,最佳估计值 x_0 是这样一个值,它与各次测量值只差的平方和最小,亦即

$$\sum_{i=1}^{n}(x_0-x_i)^2 = \min$$

由极值条件可得

$$\sum_{i=1}^{n}2(x_0-x_i) = 0$$

解得

$$x_0 = \frac{\sum\limits_{i=1}^{n}x_i}{n}$$

即

$$\sum_{i=1}^{n}(x_i-\bar{x})^2 = \min$$

所以

$$\sum_{i=1}^{n}(x_i-m)^2 > \sum_{i=1}^{n}(x_i-\bar{x})^2 = \sum_{i=1}^{n}v_i^2$$

$$S_x = \sqrt{\frac{\sum\limits_{i=1}^{n}\Delta_i^2}{n}} = \sqrt{\frac{\sum\limits_{i=1}^{n}v_i^2}{n-\alpha}} \qquad (1.2.11b)$$

式中 $\alpha(>0)$ 是待定参量,它可以用特殊条件确定.

由式(1.2.11b)可得

$$(n-\alpha)\sum_{i=1}^{n}\Delta_i^2 = n\sum_{i=1}^{n}v_i^2$$

当测量次数 $n=1$ 时, $\sum_{i=1}^{n}v_i^2 = (x_1-x_1)=0$,解得 $\alpha=1$,所以

$$S_x = \sqrt{\frac{\sum\limits_{i=1}^{n}v_i^2}{n-1}}$$

【证毕】

一般来讲,利用标准偏差代替标准误差表示每一次直接测量值 x_i 的置信区间,只要测量次数不太少,置信概率也在 68.3% 附近,即测量值的真值落在 $[x-S_x,x+S_x]$ 的概率为 68.3% ,而测量值落在 $[x-2S_x,x+2S_x]$ 的概率为 95% .

3) 粗大误差

(1) 粗大误差的定义.

明显超出规定条件下预期的误差.例如,错误读取示值,使用有缺陷的计量器具,计量器具使用不正确或环境的干扰等都会引起粗大误差.

(2) 粗大误差的判断方法

这里仅仅介绍一种粗略的方法,即如果某测量数据与平均值之差即残差绝对值大于标准偏差 $S_x = \sqrt{\dfrac{\sum\limits_{i=1}^{n}(x_i-\bar{x})^2}{n-1}}$ 的 3 倍,该次测量值一定存在粗大误差,即该次测量值一定是坏值.

§1.3　物理实验的不确定度理论

由于测量量的误差的大小和正负的随机性,所以测量量是随机变量,多次测量应该服从统计分布规律.尽管测量量的真值无法得知,但是根据测量误差的统计规律,总可以对应一定的置信概率 P ,估计出包含真值的某一个量值范围或区间,这个范围或区间就是对应置信概率为 P 时,真值的不确定范围亦即不确定度.这就是现在国际上普遍采用不确定度作为测量结果的评定指标.

1.3.1　测量不确定度的基本概念

1. 不确定度的定义

表征被测量的真值所处量值范围的评定,这里用 U 来表示.它表示由于测量误差的存在而对被测量值不能确定的程度.不确定度 U 反应了可能存在的误差范围,即随机误

差和未定系统误差分量的联合分布范围. 它可以理解为一定置信概率的误差限值,也可以理解为误差分布基本宽度的一半. 误差 Δ_i 一般在 $\pm U$ 之间,误差落在区间 $(-U, +U)$ 之外的概率非常小.

2. 不确定度的分类

测量不确定度可以包含许多分量,按其数值的评定方法可以归并成两类:A 类分量和 B 类分量.

A 类分量又称 A 类不确定度,它是根据测量列 $x_1, x_2, x_3, \cdots, x_n$ 的统计分布进行估计(与数据的离散性对应),并可以用测量结果的算术平均值的实验标准偏差表征,标准偏差为

$$S_{\overline{x}} = \sqrt{\frac{\sum_{i=1}^{n} (\dot{x}_i - \overline{x})^2}{n(n-1)}} \tag{1.3.1}$$

B 类分量又称 B 类不确定度,它是根据实验或其他信息的概率分布进行估计(与仪器的欠准确对应),并可以用假设存在的近似的"标准偏差"表征,如未定系统误差服从误差限为 Δ_m 的均匀分布时,其标准偏差为

$$S = \frac{1}{\sqrt{3}} \Delta_m \tag{1.3.2}$$

1.3.2 两种测量不确定度的求法

1. 直接测量

1)多次测量

实验中将 A 类评定分量按正态分布考虑,其不确定度表达式取为平均值的标准偏差,即

$$U_A = S_{\overline{x}} = \sqrt{\frac{\sum_{i=1}^{n} (x_i - \overline{x})^2}{n(n-1)}} \tag{1.3.3}$$

将 B 类评定分量按均匀分布考虑,其不确定度表达式为

$$U_B = \frac{\Delta_m}{\sqrt{3}} \tag{1.3.4}$$

合成标准不确定度为

$$U_C = \sqrt{U_A^2 + U_B^2} = \sqrt{U_A^2 + \left(\frac{\Delta_m}{\sqrt{3}}\right)^2} \tag{1.3.5}$$

若取置信概率的近似值 $p = 0.95$,则(扩展)不确定度为

$$U = 2\sqrt{U_A^2 + U_B^2} = 2\sqrt{U_A^2 + \left(\frac{\Delta_m}{\sqrt{3}}\right)^2} \tag{1.3.6}$$

附:式(1.3.3)、式(1.3.4)的证明.

证明*:设函数 $y=ax$，a 为常量. 因为

$$\sigma^2(y) = \sigma^2(ax) = \lim_{n \to \infty} \frac{\sum\limits_{i=1}^{n}(ax_i - ax_t)^2}{n}$$

$$= a^2 \lim_{n \to \infty} \frac{\sum\limits_{i=1}^{n}(x_i - x_t)^2}{n} = a^2 \sigma^2(x)$$

函数 $y = \dfrac{1}{n}\sum\limits_{i=1}^{n} x_i$

$$\sigma^2(y) = \sigma^2(\overline{x}) = \frac{1}{n^2}\sigma^2\left(\sum_{i=1}^{n} x_i\right) = \frac{1}{n^2}\sum_{i=1}^{n}\sigma^2(x_i)$$

$$\sigma^2(y) = \sigma^2(\overline{x}) = \frac{1}{n^2}\sigma^2\left(\sum_{i=1}^{n} x_i\right) = \frac{1}{n^2}\sum_{i=1}^{n}\sigma^2(x_i)$$

$$= \frac{1}{n^2}n\sigma^2(x_i) = \frac{1}{n}\sigma^2(x_i)$$

$$\sigma(\overline{x}) = \frac{\sigma(x_i)}{\sqrt{n}}$$

标准误差的最佳估计值关系为

$$S(\overline{x}) = \frac{S(x_i)}{\sqrt{n}} = \sqrt{\frac{\sum\limits_{i=1}^{n}(x - x_i)^2}{n(n-1)}}$$

或写成

$$S_{\overline{x}} = \frac{S_x}{\sqrt{n}} = \sqrt{\frac{\sum\limits_{i=1}^{n}(x - x_i)^2}{n(n-1)}}$$

证明*:均匀分布概率密度函数为

$$f(\Delta) = \frac{1}{2\Delta_m}$$

式中 Δ_m 是系统误差限.

根据标准误差的定义有

$$\sigma = \left(\int_{-\Delta_m}^{\Delta_m} \Delta^2 f(\Delta)\,\mathrm{d}\Delta\right)^{\frac{1}{2}} = \left(\int_{-\Delta_m}^{\Delta_m} \Delta^2 \frac{1}{2\Delta_m}\mathrm{d}\Delta\right)^{\frac{1}{2}} = \frac{\Delta_m}{\sqrt{3}}$$

2）单次测量

在实验中，我们常对一些直接测量量进行单次测量，这实际隐含着一个前提条件，即在多次测量中，若 $S_{\overline{x}}^2$ 比 $\left(\dfrac{\Delta_m}{\sqrt{3}}\right)^2$ 小一个数量级，亦即 $S_{\overline{x}}^2$ 是 $\left(\dfrac{\Delta_m}{\sqrt{3}}\right)^2$ 的 $1/10$ 以下，$S_{\overline{x}}$ 近似是 $\dfrac{\Delta_m}{\sqrt{3}}$ 的 $1/3$ 以下，则 $S_{\overline{x}}^2$ 与 $\left(\dfrac{\Delta_m}{\sqrt{3}}\right)^2$ 相比可以忽略不计. 这就是所谓的微小偏差准则.

在这种情况下,合成标准不确定度变为

$$U_C = \sqrt{U_A^2 + U_B^2} = \sqrt{U_A^2 + \left(\frac{\Delta_m}{\sqrt{3}}\right)^2} = \frac{\Delta_m}{\sqrt{3}}$$

下面三种情况常作为单次测量处理:

(1)测量条件稳定,测量仪器的精确度较低的情况.

如用准确度较低的电压表测量一稳定电压,这时我们会发现读数基本不变,而仪器误差较大,即仪器误差远远大于截尾误差,可做单次测量.

(2)测量条件受限制,多次测量无意义的情况.

在这种情况下,测量误差可能大大超过仪器的误差限,为了保证测量结果置信度的可靠性,常根据实际情况放宽仪器的误差限,并做单次测量处理.

例如,在杨氏模量的实验中,受拉伸金属丝的长度用直尺或钢卷尺测量时,由于无法使直尺或钢卷尺与金属丝的两个夹头对齐,在实验中我们取直尺或钢卷尺的仪器误差限为 $\Delta_m = 5$ mm,这已经不是直尺或钢卷尺的实际误差限,而是根据测量条件实际情况做出的估计误差限.

2. 间接测量

设直接测量量为 $x_1, x_2, x_3, \cdots, x_n$ 为独立测量,其平均值的不确定度分别为

$$U_i = 2\sqrt{U_{iA}^2 + U_{iB}^2} = 2\sqrt{S_{\bar{x}_i}^2 + \frac{\Delta_{m,x_i}^2}{3}} \quad (i = 1, 2, \cdots, n) \tag{1.3.7}$$

间接测量量为 y,不确定度为 $U = S_{\bar{y}}$,直接测量量与间接测量量的函数为

$$y = f(x_1, x_2, \cdots, x_n) \tag{1.3.8}$$

由于误差为微小量,所以可用全微分方程求出不确定度传递公式,对式(1.3.8)求全微分有

$$dy_i = \frac{\partial f}{\partial x_1} dx_{1i} + \frac{\partial f}{\partial x_2} dx_{2i} + \cdots + \frac{\partial f}{\partial x_n} dx_{ni}$$

两边平方后求和有

$$\sum_{i=1}^{n} (dy_i)^2 = \left(\frac{\partial f}{\partial x_1}\right)^2 \sum_{i=1}^{n} (dx_{1i})^2 + \left(\frac{\partial f}{\partial x_2}\right)^2 \sum_{i=1}^{n} (dx_{2i})^2 + \cdots +$$

$$\left(\frac{\partial f}{\partial x_n}\right)^2 \sum_{i=1}^{n} (dx_{ni})^2 + \sum_{i=1}^{n} \sum_{n \neq m} \frac{\partial f}{\partial x_{ni}} \cdot \frac{\partial f}{\partial x_{mi}} dx_{ni} dx_{mi}$$

因为 $x_1, x_2, x_3, \cdots, x_n$ 是独立测量,所以

$$\sum_{i=1}^{n} \sum_{n \neq m} \frac{\partial f}{\partial x_{ni}} \cdot \frac{\partial f}{\partial x_{mi}} dx_{ni} dx_{mi} = 0$$

$$\frac{\sum_{i=1}^{n} (dy_i)^2}{n-1} = \left(\frac{\partial f}{\partial x_1}\right)^2 \frac{\sum_{i=1}^{n} (dx_{1i})^2}{n-1} + \left(\frac{\partial f}{\partial x_2}\right)^2 \frac{\sum_{i=1}^{n} (dx_{2i})^2}{n-1} + \cdots + \left(\frac{\partial f}{\partial x_n}\right)^2 \frac{\sum_{i=1}^{n} (dx_{ni})^2}{n-1}$$

由于直接的残差 $v_1, v_2, \cdots, v_n$ 分别相对于 $x_1, x_2, x_3, \cdots, x_n$ 是一个很小的量,将上式

中的 $\mathrm{d}x_{1i},\mathrm{d}x_{2i},\cdots,\mathrm{d}x_{ni}$ 用 $v_1,v_2,\cdots,v_n$ 代替,再同时除以 $n(n-1)$ 可得误差传递公式为

$$\frac{\sum_{i=1}^{n}(v_i)^2}{n(n-1)} = \left(\frac{\partial f}{\partial x_1}\right)^2 \frac{\sum_{i=1}^{n}(v_{1i})^2}{n(n-1)} + \left(\frac{\partial f}{\partial x_2}\right)^2 \frac{\sum_{i=1}^{n}(v_{2i})^2}{n(n-1)} + \cdots + \left(\frac{\partial f}{\partial x_n}\right)^2 \frac{\sum_{i=1}^{n}(v_{ni})^2}{n(n-1)}$$

$$S_{\bar{y}} = \left[\left(\frac{\partial f}{\partial x_1}\right)^2 S_{\bar{x}_1}^2 + \left(\frac{\partial f}{\partial x_2}\right)^2 S_{\bar{x}_2}^2 + \cdots + \left(\frac{\partial f}{\partial x_n}\right)^2 S_{\bar{x}_n}^2\right]^{\frac{1}{2}}$$

同理,用直接测量量的不确定度 $U_1,U_2,\cdots,U_n$ 分别代替 $S_{\bar{x}_1},S_{\bar{x}_2},\cdots,S_{\bar{x}_n}$,则可以得到间接测量量 y 的不确定度表达式为

$$U = \sqrt{\sum_{i=1}^{n}\left[\frac{\partial f(\bar{x}_1,\bar{x}_2,\cdots,\bar{x}_n)}{\partial x_i}U_i\right]^2} \tag{1.3.9}$$

间接测量中,当函数 $y = f(x_1,x_2,\cdots,x_n)$ 中各个直接测量量(或其指数)之间是乘除关系时,用式(1.3.9)不太方便,宜改用相对不确定度的合成(传递)公式

$$\frac{U}{\bar{y}} = \frac{U}{f(\bar{x}_1,\bar{x}_2,\cdots,\bar{x}_n)} = \sqrt{\sum_{i=1}^{n}\left[\frac{\partial \ln f(\bar{x}_1,\bar{x}_2,\cdots,\bar{x}_n)}{\partial x_i}U_i\right]^2} \tag{1.3.10}$$

§1.4 物理实验的有效数字理论

1.4.1 有效数字的定义

测量数据中从最左一位非零数字算起的所有准确数字位数加上不确定度所确定的1~2位存疑数字均称为**有效数字**.

例如,一个示值范围为 0~200 mA,0.5 级的电流表,其分度值为 2 mA,读数时可以估读到分度的 1/10,如果指针指在 114~116 mA 两条分度线之间靠近 116 mA 4/10格处,则读数为 115.2 mA,有效数字位数为四位,误差限为 $\Delta_m = I_m c\% = 1.0$ mA. 后两位是存疑的.

1.4.2 原始数据有效位数的确定

通过仪表、量具等读取原始数据时,一般要充分反映计量器具的准确度,常常要把计量器具所能读出或估出的位数全读出来.

指针式仪表:刻线细、照明好、线间距不太窄,指示线(或指针)不太粗,最多估读到 $\frac{1}{10}$ 分度值.

若刻线细、照明好、线间距不太窄,指示线(或指针)不太粗中其中的一个条件不能满足,则最多估读到 $\frac{1}{10}$~$\frac{1}{4}$ 分度值. 由于人眼分辨能力的限制,一般不可能估读到 $\frac{1}{10}$ 分度以下.

数字仪表最小估读间隔为末位上的"1"所对应的量值.

游标量具,如游标卡尺、分光计方位角的游标读盘、椭圆偏振测量仪器上的角度读数的游标盘、水银气压计的读数标尺等,一般只读到游标分度值的整数倍.

数显仪表及有十进步进式标度盘的仪表,如电桥、电阻箱、电位差计等一般应直接读取到仪表的示值.

对于一般可估读到最小分度值以下的计量器具,当最小分度不小于 1 mm 时,通常要估读到 1/10 分度,如螺旋测微器和测微显微镜鼓轮的读数,都要估读到 1/10 分度;少数情况下也可以只估读到 1/5 或 1/2 分度.例如,光具座上的标尺坐标读数可以只估读到毫米分度的 1/5 或 1/2.

1.4.3　几个与有效数字定义有关的问题

(1) 由误差理论可知,标准误差的估计值 S_x 也存在误差.标准误差的估计值 S_x 的标准误差为 $\sigma(S_x) \approx \dfrac{S_x}{\sqrt{2n}}$,$\dfrac{\sigma(S_x)}{S_x} \approx \dfrac{1}{\sqrt{2n}}$.例如,测量次数 $n=10$,则 $\dfrac{\sigma(S_x)}{S_x} \approx \dfrac{1}{\sqrt{2n}} = 0.22$,如 $S_x = 1.1$,$\sigma(S_x) = 0.242$,S_x 的误差已经存在于其小数点后一位上,所以取 $S_x = 1.1$ 即取两位有效数字.再如,$S_x = 5.2$,$\sigma(S_x) = 1.144$,S_x 的误差已经存在于其整数个位上,所以取 $S_x = 5$,即取一位有效数字,所以标准误差的估计值 S_x 取 1～2 位有效数字,再多则没有意义.一般来说,S_x 的首位数为 5～9,则 $\sigma(S_x)$ 较大,由此确定的 S_x 的有效数字位数应该较少,所以近似取一位;当 S_x 的最左一位非零数 1～2,则 $\sigma(S_x)$ 较小,由此确定的 S_x 的有效数字位数应该较多,所以近似取两位;其他情况取一位和两位均可.根据式(1.3.6)可知,不确定度 U 的有效数字位数近似与标准偏差 S_x 位数取法相同,即如 U 的首位数为 5～9,U 的有效位数近似取一位;当 U 的最左一位非零数 1～2,U 的有效位数近似取两位;其他情况取一位和两位均可.

(2) 有效数字位数由测量值的大小和不确定度确定,即有效数字最末一位应与不确定度最末一位对齐,亦即不确定度是第一位的,有效数字位数是第二位的.例如,用米尺测量两个物体的长度,测量结果分别为:$L_1 = (12.1 \pm 0.5)$ mm,$L_2 = (101.1 \pm 0.7)$ mm,以 mm 为单位,测量结果与不确定度都保留到小数点后一位,前者是三位有效数字,后者是四位有效数字.

(3) 在十进制单位中,测量结果的单位的变换不影响有效数字位数.例如,$L = 15.03$ cm $= 150.3$ mm $= 0.1503$ m $= 1.503 \times 10^{-1}$ km.在非十进制单位中,测量结果的单位换算时,还需要用不确定度来确定有效数字的位数,如 $t = (1.8 \pm 0.1)$ min $= (108 \pm 6)$ s.

(4) 把大数写成科学表达式便于单位换算.例如,测量物体长度结果为 $L = 126$ m,为三位有效数字,最后一位是存疑位,单位换算成 mm 时,不应该写成 $L = 126$ m $= 126\,000$ mm.数学上该等式成立,物理上该等式不成立,因为它们的存疑位是不同的.若用科学表达式应该表示为 $L=1.26\times10^2$ m $=1.26\times10^5$ mm.

（5）无理常数 $\pi,\sqrt{2},\sqrt{3},\cdots$ 的位数也可以看成很多位有效数字.例如,$L=2\pi R$,若测量值 $R=2.35\times10^{-1}$ m,则 π 的取位应该比测量值的有效数字位数多 $1\sim2$ 位,即不应该因为无理常数数字位数的取舍而带来比测量量误差大的取舍误差,所以取 $\pi=3.142$,则 $L=2\times3.142\times2.35\times10^{-2}$ m $=1.48\times10^{-1}$ m.

1.4.4 间接测量结果有效数字的运算

1. 有效数字的修约法则

一般中间运算结果可以粗略地用有效数字表示,其有效数字的位数可以比按照传统的方法估计的位数适当多取几位.在根据这一规则或根据不确定度确定有效数字位数的规则对有效数字位数进行取舍时,应按照"**四舍六入五看右左**"规则,也有人称为**偶数规则进行**,即

（1）在拟舍弃的数字中,若左边第一个数字小于 5（不包括 5）时,则舍去,即所拟保留的末位数字不变.例如,在 $3.6056\overline{43}$ 数字中拟舍去 43 时,$4<5$,则应为 3.6056,简称为"**四舍**".

（2）在拟舍弃的数字中,若左边第一个数字大于 5（不包括 5）时,则进一,即所拟保留的末位数字加一.例如,在 $3.605\overline{623}$ 数字中拟舍去 623 时,$6>5$,则应为 3.606,简称为"**六入**".

（3）在拟舍弃的数字中,若左边第一个数字等于 5,其右边数字并非全部为零时,则进一,即所拟保留的末位数字加一.例如,在 $3.60\overline{5123}$ 数字中拟舍去 5123 时,$5=5$,其右边的数字为非零的数,则应为 3.61,简称为"**五看右**".

（4）在拟舍弃的数字中,若左边第一个数字等于 5,其右边数字皆为零时,所拟保留的末位数字若为奇数则进一,若为偶数（包括 0）则不进.例如,在 $3.60\overline{50}$ 数字中拟舍去 50 时,$5=5$,其右边的数字皆为零,而拟保留的末位数字为偶数时则不进,故此时应为 3.60,简称为"**五看右左**".

上述规定可概述为:**最左边一位数小于或等于四舍;大于或等于六入;为五时则看五后,若为非零的数则入,若为零,则往左看拟留的数的末位数,为奇数则入,为偶数则舍.**

这样做的主要目的是减弱数据的舍入误差.例如,三位有效数字为 $ab.c$,保留两位 ab,舍入数为 c,c 为舍去的情况是:

$c=4$	3	2	1

舍入误差（给出值－准确值）:

$\Delta=-0.4$	-0.3	-0.2	-0.1

c 为保留数末位进一的情况是:

$c=6$	7	8	9

舍入误差(给出值-准确值):

$$\Delta = +0.4 \qquad +0.3 \qquad +0.2 \qquad +0.1$$

在大量的运算过程中,末尾数出现 1、2、3、4 和 6、7、8、9 的可能性是相等的,大小相同、符号相反的误差出现的概率相等,多次舍入,舍入误差可以减弱,若进舍次数为无限多次,则进舍误差可以抵消.

若 $c=5$,c 为舍去的情况是:

$$b=0 \qquad 2 \qquad 4 \qquad 6 \qquad 8$$
$$\Delta = -0.5 \qquad -0.5 \qquad -0.5 \qquad -0.5 \qquad -0.5$$

$c=5$,c 为保留数末位进一的情况是:

$$b=1 \qquad 3 \qquad 5 \qquad 7 \qquad 9$$
$$\Delta = +0.5 \qquad +0.5 \qquad +0.5 \qquad +0.5 \qquad +0.5$$

同理,符号相反的误差出现的概率相等,多次舍入,舍入误差可以减弱,若进舍次数为无限多次,则进舍误差可以抵消.

采取惯用的"四舍五入"法进行数字修约,既粗糙又不符合国家标准的科学规定.类似的不严谨、甚至是错误的提法和作法有"大于 5 入,小于 5 舍,等于 5 保留位凑偶";尾数"小于 5 舍,大于 5 入,等于 5 则把尾数凑成偶数";"若舍去部分的数值,大于所保留的末位 0.5,则末位加 1,若舍去部分的数值,小于所保留的末位 0.5,则末位不变"等.还要指出,**在修约最后结果的不确定度时,为确保其可信性,还往往根据实际情况执行"宁大勿小"原则**.

这里需要注意,有的情况只能舍不能进,而有的情况只能进不能舍.例如,$y=6x$,x 的最大值为 $x_{min}=8.51$,求 y 的最大值,即 $y_{max}=6x_{max}=6\times8.51=510.6$,要求保留到整数位,则 $y=510$,$y\neq511$,因为 $y>y_{max}$ 不合理,所以对于极大值,只能舍不能进.同理,如果 $y=4x$,x 的最小值为 $x_{min}=8.51$,求 y 的最小值,即 $y_{min}=6x_{min}=4\times8.51=340.4$,要求保留到整数位,则 $y=341$,$y\neq340$,因为 $340<y_{min}$ 不合理,对于极小值只能进不能舍.

2. 不确定度未知

测量结果有时可以用有效数字粗略表示.当参与运算的直接测量量的不确定度未知时,间接测量量的有效数字位数不能严格确定,为了不损失有效数字位数,只能确定其最多的有效数字位数,这就要求我们取各个参与运算的直接测量量的有效数字最小的不确定度,亦即末位数上的一个单位,然后根据式(1.3.8)~(1.3.10)求出间接测量量的最小不确定度和间接测量量.间接测量量的最多有效位数应该由其最小的不确定度确定,中间运算过程可以不加取舍或比传统的方法估计的位数适当多取几位,即所谓的"放中间,抓两头".放中间是指对中间运算过程的有效数据位数不加严格要求,抓两头是对测量的原始数据和最后的测量计算结果的有效位数必须准确.这里需要强调的是,并非如有的教材所规定的那样:和、差的末位同参与运算的最高的存疑位,积、商的位数同参与运算的有效位数最少的数,这是一种粗略的运算方法,也是一种片面的表述.例如,求和项较多时,根据不确定度的方和根合成法公式(1.3.9)、(1.3.10)或利用绝对值合成法可知,和的不确定度完全可以比参与运算的末位最高的数的不确定度高一个量级,这样有效数字的末位就不同于参与运算的末位最高的数,而是比其高一位.再如,直接测量正方形的边长,间接测量其周长,即 $L = 4y$,测得 $y = 9.1$ mm,4 为准确数,直接测量量的最小不确定度取为 $U_{min} = 0.1$ mm,间接测量量的最小不确定度为 $U_{min}(L) = 4U_{min}(x) = 0.4$ mm,间接测量量值为 36.4 mm. 既不是一位有效数字,也不是两位有效数字,而应该是三位有效数字.

【例 2】 已知 $y = \dfrac{x_1 x_2 x_3}{x_4}$,$x_1 = 39.5$,$x_2 = 4.084\ 37$,$x_3 = 0.001\ 3$,$x_4 = 867.8$,求 y.

解 间接测量量的量值为

$$y = \frac{x_1 x_2 x_3}{x_4} = \frac{39.5 \times 4.084\ 37 \times 0.001\ 3}{867.8} = 2.417 \times 10^{-4}$$

注意:传统方法要求与 $x_3 = 0.001\ 3$ 的有效位数相同,这里比其多保留两位.

根据式(1.3.10)可得

$$U(y) = f(x_1, x_2, \cdots, x_n) \sqrt{\sum_{i=1}^{n} \left[\frac{\partial \ln f(\bar{x}_1, \bar{x}_2, \cdots, \bar{x}_n)}{\partial x_i} U_i \right]^2}$$

$$= \frac{x_1 x_2 x_3}{x_4} \sqrt{\left(\frac{U_1}{x_1} \right)^2 + \left(\frac{U_2}{x_2} \right)^2 + \left(\frac{U_3}{x_3} \right)^2 + \left(\frac{U_4}{x_4} \right)^2}$$

$$= 2.417 \times 10^{-4} \times \sqrt{\left(\frac{0.1}{39.5} \right)^2 + \left(\frac{0.000\ 01}{4.084\ 37} \right)^2 + \left(\frac{0.000\ 1}{0.001\ 3} \right)^2 + \left(\frac{0.1}{867.8} \right)^2}$$

$$\approx 2.417 \times 10^{-4} \times \frac{1}{13}$$

$$= 0.19 \approx 0.2$$

所以用有效数字表示的结果为

$$y = 2.42 \times 10^{-4} \approx 2.4 \times 10^{-4}$$

3. 不确定度已知

当各个直接测量量的不确定度已知时,根据式(1.3.8)~(1.3.10)求出间接测量量的不确定度和间接测量量.间接测量量的有效位数应该由其不确定度确定.同样,中间运算过程可以不加取舍或比传统的方法估计的位数适当多取几位.

【例 3】 已知 $\rho = \dfrac{4M}{\pi D^2 H}$,式中:$M = 2.361\ 241$ kg,$U(M) = 0.002\ 1$ kg,$D = 2.345\ 0$ cm,$U_D = 0.005\ 2$ cm;$H = 8.210$ cm,$U(H) = 0.011$ cm. 求 ρ.

解 $\rho = \dfrac{4M}{\pi D^2 H} = \dfrac{4 \times 2.361\ 241}{3.141\ 59 \times 2.345\ 0^2 \times 10^{-4} \times 8.210 \times 10^{-2}}$ kg/m³

$$= 6.659\ 198 \times 10^4 \text{ kg/m}^3$$

$$U(y) = \rho \sqrt{\left(\frac{U_1}{M}\right)^2 + \left(2\,\frac{U_2}{D}\right)^2 + \left(\frac{U_3}{H}\right)^2}$$

$$= 6.659\,198 \times 10^4 \sqrt{\left(\frac{0.002\,1}{236.124\,1}\right)^2 + \left(2\,\frac{0.005\,2}{2.345\,0}\right)^2 + \left(\frac{0.011}{8.210}\right)^2}\ \mathrm{kg/m^3}$$

$$\approx 6.659\,198 \times 10^4 \sqrt{\left(2\,\frac{0.005\,2}{2.345\,0}\right)^2 + \left(\frac{0.011}{8.210}\right)^2}\ \mathrm{kg/m^3}$$

$$= 6.659\,198 \times 10^4 \times 1.411\,3 \times 10^{-3}\ \mathrm{kg/m^3}$$

$$= 0.009\,4 \times 10^4\ \mathrm{kg/m^3}$$

所以用有效数字表示的结果为

$$\rho = 6.659\,2 \times 10^4\ \mathrm{kg/m^3}$$

4. 不确定度的有效数字位数的修约

根据前面讨论可知,当不确定度 U 的首位非零数为 $5 \sim 9$ 时,U 的位数近似取一位有效数字;当 U 的首位非零数字为 $1 \sim 2$ 时,U 的位数近似取两位有效数字;其他情况取一位和两位有效数字均可. 通常为了方便和保险起见,不确定度 U 的有效数字位数可均保留两位有效数字;而且为了保险起见不确定度 U 的修约法则是只进不舍,如计算结果为 $U = 0.03\,438\ \mathrm{mm}$,保留两位有效数字,应该写成 $U = 0.035\ \mathrm{mm}$,而不是 $U = 0.034\ \mathrm{mm}$.

§1.5　物理实验中三种测量的数据处理

1.5.1　直接测量

（1）求直接测量量的平均值 $\bar{y} = \bar{x}$.

设对被测量 y 做了 n 次测量,第 i 次测量值为 y_i,则测量量 y 算术平均值为

$$\bar{x} = \frac{\sum\limits_{i=1}^{n} x_i}{n} \tag{1.5.1}$$

（2）根据式 $(1.3.3) \sim (1.3.6)$ 求直接测量的不确定度 U.

（3）写出实验结果的表示式.

实验结果中一律采用扩展不确定度 U 用于测量结果的报告. 扩展不确定度（也称报告不确定度或范围不确定度,有时简称为**不确定度**,曾称**总不确定度**）. 测量结果应该写成

$$y = \bar{y} \pm U = \bar{x} \pm U \tag{1.5.2}$$

式中 y 表示测量对象,$\bar{y}$ 表示被测量值的算术平均值,U 表示被测量的（扩展）不确定度. 这里,表达式并不代表被测量的真值等于测量值与不确定度的差或和,根据概率卷积理论可以证明（证明比较麻烦,略）. 它表示区间 $[\bar{y} - U, \bar{y} + U]$ 内包含真值 y_t 的概率

是 0.95.

强调：(1)当 $U = \sqrt{U_A{}^2 + U_B{}^2} = \sqrt{S_{\bar{x}_i}^2 + \dfrac{\Delta_{m,x_i}^2}{3}}$，$(i = 1, 2, \cdots, n)$

区间 $[\bar{y} - U, \bar{y} + U]$ 内包含真值 y_i 的概率不一定是 0.683，它还与 $\dfrac{\Delta_m}{S_{\bar{x}}}$ 比值有关，可

以计算，当 $\dfrac{\Delta_m}{S_{\bar{x}}} = 0, 1, 5, \infty$，对应的置信概率分别为：

$$P = 0.6827; \quad 0.6792; \quad 0.6090; \quad 0.5774.$$

(2)若取概率的近似值 $P = 0.95$，则可以证明，展伸不确定度为

$$U = 2\sqrt{U_A{}^2 + U_B{}^2} = 2\sqrt{U_A{}^2 + \left(\frac{\Delta_B}{\sqrt{3}}\right)^2}$$

例如，用三个 0.1 级电阻箱组成的电桥测某一电阻，测量结果最后写成

$$y = \bar{y} \pm U = (910.3 \pm 1.6)\ \Omega, (p \approx 0.95).$$

在以前的计量书籍中上式中的括号常常可以省略. 现在按国家标准(GB/T 3101—1993)中的要求括号不可省略.

【例 4】 用一级螺旋测微器测圆柱体直径 d，6 次测得值 y（单位为 mm）分别为：8.345, 8.348, 8.344, 8.343, 8.347, 8.343. 测量前螺旋测微器零点（零位）读数值（即已定系差）为 -0.003 mm. 一级螺旋测微器的示值误差为 $\Delta_{ins} = 0.004$ mm，试写出结果表示式.

解　$\bar{y}' = \dfrac{\sum\limits_{i=1}^{n} y_i}{n} = \dfrac{\sum\limits_{i=1}^{6} d_i}{6} = \dfrac{(8.345 + 8.348 + 8.344 + 8.343 + 8.347 + 8.343)}{6}$ mm

$\qquad\quad = 8.3450$ mm

对已定系差进行修正，根据偏差的定义可得准确结果或已修正的结果为

$$\bar{y} = \bar{y}' - (-0.003) = 8.3480\ \text{mm}$$

A 类不确定度为

$$U_A = S(\bar{x}) = \sqrt{\frac{\sum\limits_{i=1}^{n}(y_i - \bar{y}')^2}{n(n-1)}} = \sqrt{\frac{\sum\limits_{i=1}^{6}(y_i - 8.345)^2}{30}}\ \text{mm}$$

$$= 0.008\ 56\ \text{mm}$$

B 类不确定度为

$$U_B = \frac{\Delta_m}{\sqrt{3}} = \frac{0.004}{\sqrt{3}}\ \text{mm} = 0.00\ 231\ \text{mm}$$

不确定度为

$$U = 2\sqrt{U_A^2 + U_B^2} = 2\sqrt{(0.008\ 56)^2 + (0.002\ 31)^2}\ \text{mm} = 0.018\ (\text{mm})$$

测量结果为

$$d = (8.345 \pm 0.018)\ \text{mm} \qquad (P \approx 0.95)$$

1.5.2　间接测量

（1）求间接测量量的平均值的求法 $\bar{y}$.

设各个直接测量量分别为 $x_1,x_2,\cdots,x_n$，其独立测量平均值分别为 $\bar{x}_1,\bar{x}_2,\cdots,\bar{x}_n$，间接测量量 y 的平均值为 $\bar{y}$，直接测量量与间接测量量的函数关系为 $y=f(x_1,x_2,\cdots,x_n)$，则

$$\bar{y}=f(\bar{x}_1,\bar{x}_2,\cdots,\bar{x}_n)$$

证明*　根据多元函数的级数展开理论，将函数在点 $x_0=(\bar{x}_1,\bar{x}_2,\cdots,\bar{x}_n)$ 展成级数，并作一级近似，有

$$y_i=f(x_0)+\frac{\partial f(x_0)}{\partial x_{1i}}(x_{1i}-\bar{x}_1)+\frac{\partial f(x_0)}{\partial x_{2i}}(x_{2i}-\bar{x}_2)+\cdots+\frac{\partial f(x_0)}{\partial x_{ni}}(x_{ni}-\bar{x}_n)$$

两边同时求和，再除以测量次数得

$$\frac{\sum_{i=1}^{n}y_i}{n}=\frac{\sum_{i=1}^{n}f(x_0)}{n}+\frac{\partial f(x_0)}{\partial x_{1i}}\frac{\sum_{i=1}^{n}(x_{1i}-\bar{x}_1)}{n}+\frac{\partial f(x_0)}{\partial x_{2i}}\frac{\sum_{i=1}^{n}(x_{2i}-\bar{x}_2)}{n}+$$

$$\cdots+\frac{\partial f(x_0)}{\partial x_{ni}}\frac{\sum_{i=1}^{n}(x_{ni}-\bar{x}_n)}{n}$$

因为

$$\frac{\partial f(x_0)}{\partial x_{1i}}\frac{\sum_{i=1}^{n}(x_{1i}-\bar{x}_1)}{n}=\frac{\partial f(x_0)}{\partial x_{2i}}\frac{\sum_{i=1}^{n}(x_{2i}-\bar{x}_2)}{n}=\cdots=\frac{\partial f(x_0)}{\partial x_{ni}}\frac{\sum_{i=1}^{n}(x_{ni}-\bar{x}_n)}{n}=0$$

所以

$$\bar{y}=\frac{\sum_{i=1}^{n}y_i}{n}=\frac{\sum_{i=1}^{n}f(x_0)}{n}=f(x_0)=f(\bar{x}_1,\bar{x}_2,\cdots,\bar{x}_n)$$

亦即
$$\bar{y}=f(\bar{x}_1,\bar{x}_2,\cdots,\bar{x}_n) \tag{1.5.3}$$

【证毕】

（2）求间接测量量的不确定度 U.

根据式（1.3.9）、（1.3.10），求间接测量量的不确定度 U.

（3）写出实验结果的表示式

$$y=\bar{y}\pm U$$

【例 5】　已知质量单次测量结果为 $m=(213.04\pm0.05)$g 的铜圆柱体，用 $0\sim125$ mm，分度值为 0.02 mm 的游标卡尺测量其高度 h 六次；用一级 $0\sim25$ mm 千分尺测量其直径 D 也是六次，其值如表 1-5-1 所示（设仪器零点示值均为零），试求铜

的密度测量结果.

表 1-5-1　高度与直径的测量数据

次数	1	2	3	4	5	6
高度/mm	80.38	80.38	80.36	80.38	80.36	80.38
直径/mm	19.465	19.466	19.465	19.464	19.467	19.466

解　(1) 求高度的平均值

$$\overline{h} = \frac{\sum_{i=1}^{6} h_i}{6} = \frac{80.38 + 80.38 + 80.36 + 80.38 + 80.36 + 80.38}{6} \text{ mm} = 80.37 \text{ mm}$$

卡尺的示值误差限取其分度值,即

$$\Delta_{\text{ins}} = 0.02 \text{ mm}.$$

高度的平均值的标准偏差为

$$S_{\overline{h}} = \sqrt{\frac{\sum_{i=1}^{6}(h_i - \overline{h})^2}{6(6-1)}} = \sqrt{\frac{0.000\ 4}{30}} \text{ mm} = 0.004\ 47 \text{ mm}$$

高度的不确定度为

$$U_{\overline{h}} = 2\sqrt{U_A^2 + \left(\frac{\Delta_m}{\sqrt{3}}\right)^2} = 2\sqrt{(0.004\ 47)^2 + \left(\frac{0.02}{\sqrt{3}}\right)^2} \text{ mm} = 0.012\ 4 \text{ mm}$$

(2) 求直径的平均值

$$\overline{D} = \frac{\sum_{i=1}^{6} D_i}{6} = \frac{19.465 + 19.466 + 19.465 + 19.464 + 19.467 + 19.466}{6} \text{ mm}$$

$$= 19.465\ 5 \text{ mm}$$

一级千分尺的示值误差限

$$\Delta_{\text{ins}} = 0.004 \text{ mm}.$$

直径的平均值的标准偏差为

$$D_{\overline{h}} = \sqrt{\frac{\sum_{i=1}^{6}(D_i - \overline{D})^2}{6(6-1)}} = 0.000\ 428 \text{ mm}$$

直径的不确定度为

$$U_{\overline{D}} = 2\sqrt{U_A^2 + \left(\frac{\Delta_m}{\sqrt{3}}\right)^2} = 2\sqrt{(0.000\ 428)^2 + \left(\frac{0.004}{\sqrt{3}}\right)^2} \text{ mm} = 0.004\ 70 \text{ mm}$$

（3）求密度的平均值

$$\bar{\rho} = \frac{4\,\bar{m}}{\pi \overline{D}^2\,\bar{h}} = \frac{4 \times 213.04}{3.141\,59 \times 19.465\,5^2 \times 10^{-2} \times 80.37 \times 10^{-1}}\ \text{g/cm}^3$$

$$= 8.907\,309\,5\ \text{g/cm}^3$$

密度的不确定度为

$$U = \bar{\rho}\sqrt{\left(\frac{\partial \ln_\rho}{\partial m}U_{\bar{m}}\right)^2 + \left(\frac{\partial \ln_\rho}{\partial D}U_{\overline{D}}\right)^2 + \left(\frac{\partial \ln_\rho}{\partial h}U_{\bar{h}}\right)^2}$$

$$= \bar{\rho}\sqrt{\left(\frac{U_{\bar{m}}}{\bar{m}}\right)^2 + \left(2\,\frac{U_{\overline{D}}}{\overline{D}}\right)^2 + \left(\frac{U_{\bar{h}}}{\bar{h}}\right)^2}$$

$$= 8.907\,309\,5\sqrt{\left(\frac{0.050}{213.040}\right)^2 + \left(2 \times \frac{0.004\,70}{19.465\,5}\right)^2 + \left(\frac{0.012\,4}{80.37}\right)^2}\ \text{g/cm}^3$$

$$= 0.002\,5\ \text{g/cm}^3$$

（4）求密度的测量结果

$$\rho = (8.9\,073 \pm 0.0\,025)\ \text{g/cm}^3 \qquad (P \approx 0.95)$$

1.5.3　组合测量

1. 列表法

列表法是记录数据的基本方法．欲使实验结果一目了然，避免混乱，避免丢失数据且便于查对，**列表法**是记录的最好方法．将数据中的自变量、因变量的各个数值一一对应排列出来，有助于简单明了地表示出有关物理量之间的关系；有助于检查测量结果是否合理，及时发现问题；有助于找出有关量之间的联系和建立经验公式，这就是列表法的优点．设计记录表格要求：

（1）列表简单明了，利于记录、运算处理数据和检查处理结果，便于一目了然地看出有关量之间的关系．

（2）列表要标明符号所代表的物理量的意义．表中各栏中的物理量都要用符号标明，并写出数据所代表物理量的单位及量值的数量级要交代清楚．单位写在符号标题栏，不要重复记在各个数值上．

（3）列表的形式不限，根据具体情况，决定列出哪些项目．有些个别与其他项目联系不大的数可以不列入表内．除原始数据外，计算过程中的一些中间结果和最后结果也可以列入表中．

（4）表格记录的测量值和测量偏差，应正确反映所用仪器的精度，即正确反映测量结果的有效数字．一般记录表格还有序号和名称．

例如，要求测量圆柱体的体积，圆柱体高 H 和直径 D 的测量数据如表 1-5-2 所示．

表 1-5-2　圆柱体高 H、直径 D 的测量数据　　　　单位:mm

测量次数 i	H_i	ΔH_i	D_i	ΔD_i
1	35.32	−0.006	8.135	0.000 3
2	35.30	−0.026	8.137	0.002 3
3	35.32	−0.006	8.136	0.001 3
4	35.34	0.014	8.133	−0.001 7
5	35.30	−0.026	8.132	−0.002 7
6	35.34	0.014	8.135	0.000 3
7	35.38	0.054	8.134	−0.000 7
8	35.30	−0.026	8.136	0.001 3
9	35.34	0.014	8.135	0.000 3
10	35.32	−0.006	8.134	−0.000 7
平　均	35.326		8.1347	

说明:ΔH_i 是测量值 H_i 的残差,ΔD_i 是测量值 D_i 的残差;测 H_i 是用精度为 0.02 mm 的游标卡尺,仪器误差为 $\Delta_仪 = 0.02$ mm ;测 D_i 是用精度为 0.01 mm 的螺旋测微器,仪器误差 0.004 mm.

2. 作图法

作图法是数据处理的常用方法之一,它能直观地显示物理量之间的对应关系,揭示物理量之间的联系.在现有的坐标纸上用图形描述各物理量之间的关系,将实验数据用几何图形表示出来,这就叫做作图法.作图法的优点是直观、形象,便于比较研究实验结果,求出某些物理量,建立关系式等.为了能够清楚地反映出物理现象的变化规律,并能比较准确地确定有关物理量的量值或求出有关常数,使用作图法要注意以下几点:

(1)作图一定要用坐标纸.当决定了作图的参量以后,根据函数关系选用直角坐标纸、单对数坐标纸、双对数坐标纸、极坐标纸等.本书主要采用直角坐标纸.

(2)坐标纸的大小及坐标轴的比例.应当根据所测得的有效数字和结果的需要来确定,原则上数据中的可靠数字在图中应当标出.数据中的欠准数在图中应当是估计的,或者说假设作图时线条宽度不大于 0.3 mm,在表示测量量的坐标轴上,为了基本反映测量值的准确度,分度值应该这样选取:一般用 1 mm 或 2 mm 表示与测量量不确定度 U 相近的数值,即

$$分度值 \approx \frac{U}{1\ \text{mm}} \sim \frac{U}{2\ \text{mm}}$$

这样,0.3 mm 线的半宽度就已经显著小于不确定度了.(图幅过大时表示与不确定度相近的值也可用 0.5 mm,图幅过小或长宽不协调时也可以用大于 2 mm 的间隔)

此外,要适当选择 x 轴和 y 轴的比例和坐标比例,使所绘制的图形充分占用图纸空间,不要缩在一边或一角;坐标轴比例的选取一般间隔 1、2、5、10 等,还要使 1 mm 所代表的量值是 10 的整数次幂,或是其 2 倍或 5 倍(有时也用 2.5 倍或 4 倍),这便于读数或计算. 例如,折射率 n 测量时如果计算出不确定度 U_n 约为 0.000 35,则宜用 1 mm 表示 0.000 2 或 0.000 25(也可以表示 0.000 5 或 0.000 4,但这样色散曲线上下偏窄,用内插法求 $n(\lambda_x)$ 时准确度稍差一些). 作图时不宜用 1 mm 表示 10^N 单位制的 3、6、7、9 倍. 除特殊需要外,数值的起点一般不必从零开始,x 轴和 y 轴的比例可以采用不同的比例,使作出的图形大体上能充满整个坐标纸,图形布局美观、合理,若为直线,所选坐标分度值应使其与横轴夹角为 30°～60°.

(3) 标明坐标轴. 对直角坐标系,一般是自变量为横轴,因变量为纵轴,采用粗实线描出坐标轴,并用箭头表示出方向,注明所示物理量的名称和单位. 坐标轴上应表明所用测量仪器的分度值,并要注意有效数字位数.

(4) 描点. 根据测量数据,用直尺和笔尖使其函数对应的实验点准确地落在相应的位置. 一张图纸上画上几条实验曲线时,每条图线应用不同的标记如"＋"、"×"、"△"、"0"等符号标出,以免混淆.

(5) 连线. 根据不同函数关系对应的实验数据点分布,把点连成直线或光滑的曲线或折线,连线必须用直尺或曲线板,如校准曲线中的数据点必须连成折线. 由于每个实验数据都有一定的误差,所以将实验数据点连成直线或光滑曲线时,绘制的图线不一定通过所有的点,而是使数据点均匀分布在图线的两侧,尽可能使直线两侧所有点到直线的距离之和最小并且接近相等,有个别偏离很大的点应当应用异常数据的剔除中介绍的方法进行分析后决定是否舍去,原始数据点应保留在图中. 在确信两物理量之间的关系是线性的,或所绘的实验点都在某一直线附近时,将实验点连成一直线.

(6) 写图名. 作完图后,在图纸下方或空白的明显位置处,写上图的名称、作者和作图日期,有时还要附上简单的说明,如实验条件等,使读者一目了然. 作图时,一般将纵轴代表的物理量写在前面,横轴代表的物理量写在后面,中间用"-"连接.

(7) 最后将图纸贴在实验报告的适当位置,便于教师批阅实验报告.

【例 6】　一定量的空气,当体积保持不变时,其压强与温度的关系是 $p = p_0(1 + \alpha T)$. 现根据表 1-5-3 的数据作 p-T 图.

表 1-5-3　压强 p 与温度 T 的测量数据

$t/℃$	0.0	5.0	10.0	15.0	20.0	25.0	30.0	35.0	40.0	45.0	50.0
$p/$ cmHg	70.53	71.12	71.60	72.11	72.50	73.29	73.59	74.12	74.59	75.28	75.61

解　根据所测数据绘出 p-T 图,如图 1-5-1 所示.

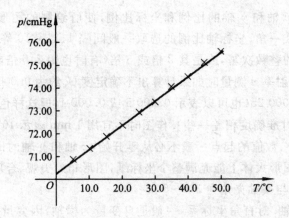

图 1-5-1 压强与温度的关系曲线

3. 图解法

在物理实验中,实验图线作出以后,可以由图线求出经验公式.图解法就是根据实验数据作好的图线,用解析法找出相应的函数形式.实验中经常遇到的图线是直线、抛物线、双曲线、指数曲线、对数曲线.特别是当图线是直线时,采用此方法尤为方便.

1)由实验图线建立经验公式的一般步骤

(1) 根据解析几何知识判断图线的类型.

(2) 由图线的类型判断公式的可能特点.

(3) 利用半对数、对数或倒数坐标纸,把原曲线改为直线.

(4) 确定常数,建立起经验公式的形式,并用实验数据来检验所得公式的准确程度.

2)用直线图解法求直线的方程

如果作出的实验图线是一条直线,则经验公式应为直线方程

$$y = kx + b \tag{1.5.4}$$

要建立此方程,必须由实验直接求出 k 和 b,一般有两种方法.

(1) 斜率截距法.

在图线上选取两点 $P_1(x_1, y_1)$ 和 $P_2(x_2, y_2)$,其坐标值最好是整数值.用特定的符号表示所取的点,与实验点相区别.一般不要取原实验点.所取的两点在实验范围内应尽量距离大一些,以减小误差.由解析几何知,上述直线方程中,k 为直线的斜率,b 为直线的截距,k 可以根据两点的坐标求出.则斜率为

$$k = \frac{y_2 - y_1}{x_2 - x_1} \tag{1.5.5}$$

其截距 b 为 $x = 0$ 时 y 的值;若原实验中所绘制的图形并未给出 $x = 0$ 附近的直线段,可将直线用虚线延长交 y 轴,则可量出截距.如果起点不为零,也可以由式

$$b = \frac{x_2 y_1 - x_1 y_2}{x_2 - x_1} \tag{1.5.6}$$

求出截距,求出斜率和截距的数值代入方程中就可以得到经验公式.

(2) 端值求解法.

在实验图线的直线两端取两点(但不能取原始数据点),分别得出它的坐标为(x_1, y_1)和(x_2, y_2),将坐标数值代入式(1.5.4),得

$$\begin{cases} y_1 = kx_1 + b \\ y_2 = kx_2 + b \end{cases} \tag{1.5.7}$$

联立两个方程求解得 k 和 b.

经验公式得出之后还要进行校验.校验的方法是:对于一个测量值 x_i,由经验公式可写出一个 y_i 值,由实验测出一个 y_i' 值,其偏差 $\delta = y_i' - y_i$.若各个偏差之和 $\sum\limits_{i=1}^{n}(y_i' - y_i)$ 趋于零,则经验公式就是正确的.在某些实验中,并不需要建立经验公式,而仅需要求出 k 和 b 即可.

【例7】　金属导体的电阻随着温度变化的测量值为表 1-5-4 所示,试求经验公式 $R = f(T)$ 和电阻温度系数.

表 1-5-4　金属导体电阻随温度变化的测量值

温度/℃	19.1	25.0	30.1	36.0	40.0	45.1	50.0
电阻/μΩ	76.30	77.80	79.75	80.80	82.35	83.90	85.10

根据所测数据绘出 R-T 图,如图 1-5-2 所示.

求出直线的斜率和截距:

$$k = \frac{8.00 \ \mu\Omega}{27.0 \ \text{℃}} = 0.296 \ \mu\Omega/\text{℃}$$

$$b = 72.00 \ \mu\Omega$$

于是得经验公式

$$R = 72.00 \ \mu\Omega + (0.296 \ \mu\Omega/\text{℃})T$$

该金属的电阻温度系数为

$$\alpha = \frac{k}{b} = \frac{0.296}{72.00} \cdot \text{℃}^{-1} = 4.11 \times 10^{-3} \ \text{℃}^{-1}$$

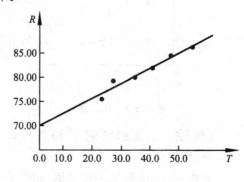

图 1-5-2　某金属丝电阻—温度曲线

3) 曲线改直,曲线方程的建立

在实验工作中,许多物理量之间的关系并不是线性的,由曲线图直接建立经验公式一般是比较困难的,但仍可通过适当的变换而成为线性关系,即把曲线变换成直线,再利用建立直线方程的办法来解决问题.这种方法叫做曲线改直.作这样的变换不仅是由于直线容易描绘,更重要的是直线的斜率和截距所包含的物理内涵是我们所需要的.例如:

(1)$y = ax^b$,式中 a、b 为常量,可变换成 $\lg y = b \lg x + \lg a$,$\lg y$ 为 $\lg x$ 的线性函数,斜率为 b,截距为 $\lg a$.

(2)理想气体压强与体积的关系由波义耳定律决定,即 $pV = C$,式中 C 为常量,要变换成 $p = C/V$,p 是 $1/V$ 的线性函数,斜率为 C;或 $\ln p = -\ln V + \ln C$,$\ln p$ 是 $\ln V$

的线性函数,斜率为一1,截距为 $\ln C$.

(3)抛物线 $y^2 = 2px$,式中 p 为常量,$y = \pm \sqrt{2px}$,y 是 $x^{1/2}$ 的线性函数,斜率为 $\pm \sqrt{2p}$.

(4)$y = x/(a+bx)$,式中 a、b 为常量,可变换成 $1/y = a(1/x) + b$,$1/y$ 为 $1/x$ 的线性函数,斜率为 a,截距为 b.

(5)质点做匀变速直线运动的运动方程为 $x = v_{x0}t + \frac{1}{2}a_x t^2$,式中 v_{x0}、a_x 为常量,可变换成 $s/t = (a/2)t + v_0$,s/t 为 t 的线性函数,斜率为 $a/2$,截距为 v_0.

【例8】 在恒定温度下,一定质量的气体的压强 p 随容积 V 而变,画 p-V 图.其为一双曲线型,如图 1-5-3 所示.

用坐标轴 $1/V$ 置换坐标轴 V,则 p 与 $1/V$ 关系图为一直线,如图 1-5-4 所示.直线的斜率为 $pV = C$,即玻-马定律.

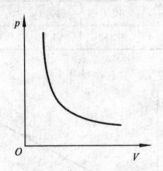

图 1-5-3 P-V 曲线

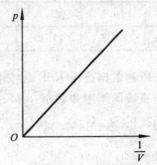

图 1-5-4 P-1/V 曲线

【例9】 单摆的周期 T 随摆长 L 而变,绘出 T-L 实验曲线,其为抛物线,如图 1-5-5所示.

若作 T^2-L 图则为一直线型,如图 1-5-6 所示.斜率

$$k = \frac{T^2}{L} = \frac{4\pi^2}{g}$$

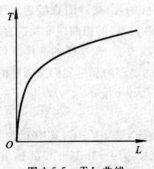

图 1-5-5 T-L 曲线

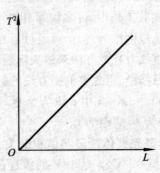

图 1-5-6 T^2-L 曲线

由此可写出单摆的周期公式

$$T = 2\pi\sqrt{\frac{L}{g}}$$

【例 10】　阻尼振动实验中,测得每隔 $1/2$ 周期($T = 3.11$ s),振幅 A 的数据如表 1-5-5 所示.

表 1-5-5　振幅 A 的测量数据

$t/\dfrac{T}{2}$	0	1	2	3	4	5
$A/$格	60.0	31.0	15.2	8.0	4.2	2.2

用单对数坐标纸作图,单对数坐标纸的一个坐标是刻度不均匀的对数坐标,另一个坐标是刻度均匀的直角坐标.作图如图 1-5-7 所示,得一直线.对应的方程为

$$\ln A = -\beta t + \ln A_0 \qquad (1.5.8)$$

从直线上两点可求出其斜率式(式中的 $-\beta$),注意 A 要取对数值,t 取图上标的数值,即

$$\beta = \frac{\ln 1 - \ln 60}{(6.2 - 0)\times\dfrac{3.11}{2}}\ \text{s}^{-1} = -0.43\ \text{s}^{-1}$$

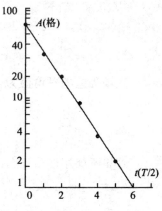

图 1-5-7　单对坐标 A-T 曲线

式(1.5.8)可改写为

$$A = A_0 e^{-\beta t}$$

这说明阻尼振动的振幅是按指数规律衰减的.单对数坐标纸作图常用来检验函数是否服从指数关系.

4. 逐差法

物理实验中,为了验证函数关系为多项式关系和,求多项式系数需要用逐差法.应用逐差法必须满足下述三个条件:一是函数必须是多项式形式;二是自变量变化是等间距的;三是自变量的误差远小于因变量的误差.所谓的逐差法就是对单调递变自变量的作偶数次等间距测量,然后作逐项逐差或隔项逐差.在验证多项式时,必须采用逐项逐差法,如验证一次多项式 $y = a_0 + ax$,设等间距的测量 n 个点$(x_i, y_i)(i = 1, 2, \cdots, n)$,$x_i$ 等间距测量,且相邻点 x 间距为 $d = x_{i+1} - x_i$,第 i 次测量量 x 值为 $x_i = id$,若一次多项式关系成立,则应有

$$y_1 = a_0 + a_1 d$$
$$y_2 = a_0 + a_2(2d)$$
$$y_3 = a_0 + a_3(3d)$$
$$\cdots$$
$$y_n = a_0 + a_n(nd)$$

如果函数值即 y 的测量量一次逐项逐差等于恒量，那么 y 与 x 的函数关系一定是一次多项式关系，否则就不是多项式关系.

而在求多项式系数时，为了使测量数据得到充分利用和减少测量误差，必须要采用隔项逐差法，即把测量数据由小到大排列：

$$x_1 \quad x_2 \quad x_3 \quad \cdots \quad x_n \quad \cdots \quad x_{2n} \quad (n \in \mathbf{Z}_+)$$

前后分成两半，即

$$(x_1, x_2, x_3, \cdots, x_n) \text{ 和 } (x_{n+1}, x_{n+2}, \cdots, x_{2n})$$

然后隔 n 项对应项逐差，即

$$\delta_n x_1 = x_{n+1} - x_1$$
$$\delta_n x_2 = x_{n+2} - x_2$$
$$\delta_n x_3 = x_{n+3} - x_3$$
$$\cdots$$
$$\delta_n x_n = x_{2n} - x_n$$

隔项逐差的平均值为

$$\overline{\delta x} = \frac{\sum\limits_{i=1}^{n} \delta_n x_i}{n} \tag{1.5.9}$$

这里不能用逐项逐差法，因为

$$\overline{\delta x} = \frac{1}{n} \left[(x_{2n} - x_{2n-1}) + (x_{2n-1} - x_{2n-2}) + (x_{2n-2} - x_{2n-3}) + \cdots + (x_2 - x_1) \right]$$

$$= \frac{1}{n}(x_{2n} - x_1)$$

这样不仅损失了实验数据，而且由于逐差项的间隔变小而增大了实验误差，所以只能用最大间隔的逐项逐差.

【例 11】 用伏安法测量电阻，数据如表 1-5-6 所示. 毫安表的级别为 $c = 0.5$，量程为 250 mA；伏特表的级别为 $c = 2.5$，量程为 3 V.

（1）验证电压 U 与电流强度 I 成一次函数关系.

（2）求电阻值.

表 1-5-6　测量数据

I_i/mA	0	20.00	40.00	60.00	80.00	100.00
U_i/V	0	0.47	0.95	1.41	1.90	2.36

解　（1）采用逐项逐差法，其差值分别为

$$\Delta U_1 = U_2 - U_1 = 0.47 \text{ V} - 0 \text{ V} = 0.47 \text{ V};$$

$$\Delta U_2 = U_3 - U_2 = 0.95 \text{ V} - 0.47 \text{ V} = 0.48 \text{ V};$$

$$\Delta U_3 = U_4 - U_3 = 1.41 \text{ V} - 0.95 \text{ V} = 0.46 \text{ V};$$

$$\Delta U_4 = U_5 - U_4 = 1.90 \text{ V} - 1.41 \text{ V} = 0.49 \text{ V};$$

$$\Delta U_5 = U_6 - U_5 = 2.36 \text{ V} - 1.90 \text{ V} = 0.46 \text{ V}.$$

逐项逐差的最大差值为

$$\Delta U_4 - \Delta U_5 = 0.49 \text{ V} - 0.46 \text{ V} = 0.03 \text{ V}$$

因为伏特表的允许误差限

$$\Delta = 2.5\% \times 3 \text{ V} = 0.075 \text{ V}$$

逐项逐差之间的差值与仪器的允许误差限是相当的,即逐项逐差之间的差值完全认为是实验误差所产生的,亦即逐项逐差之间的差值为零. 这说明了随电流强度的等间距变化,电压一次逐项逐差等于恒量,所以电压是电流的线性函数.

$$(2)\ \overline{R} = \frac{1}{3} \left(\frac{U_4 - U_1}{I_4 - I_1} + \frac{U_5 - U_2}{I_5 - I_2} + \frac{U_6 - U_3}{I_6 - I_3} \right)$$

$$= \frac{1}{3} \left(\frac{1.41 - 0}{60 \times 10^{-3}} + \frac{1.90 - 0.47}{60 \times 10^{-3}} + \frac{2.36 - 0.95}{60 \times 10^{-3}} \right) \Omega$$

$$= \frac{1}{3} (23.50 + 23.833 + 23.50) \Omega$$

$$= 23.611 \ \Omega$$

$\overline{R}$ 的 A 类不确定度为

$$U_A = \sqrt{\frac{\sum\limits_{i=1}^{3} (R_i - \overline{R})^2}{n(n-1)}} = \sqrt{\frac{\sum\limits_{i=1}^{3} (R_i - 23.611 \ \Omega)^2}{6}} = 0.111 \ \Omega$$

电流表和伏特计的允许误差限分别为

$$\Delta_{m,I} = c\% A_0 = 0.5\% \times 250 \text{ mA} = 1.25 \text{ mA}$$

$$\Delta_{m,U} = c\% U_0 = 2.5\% \times 3 \text{ V} = 0.0075 \text{ V}$$

其 B 类不确定度分别为

$$U_B(I) = \frac{\Delta_{m,I}}{\sqrt{3}} = \frac{1.25}{\sqrt{3}} \text{ mA} = 0.722 \text{ mA}$$

$$U_B(U) = \frac{\Delta_{m,U}}{\sqrt{3}} = \frac{0.0075}{\sqrt{3}} \text{ V} = 0.00433 \text{ V}$$

$\overline{R}$ 的 B 类不确定度为

$$U_{B,\overline{R}} = \frac{1}{3} \sqrt{U_{B,R_1}^2 + U_{B,R_2}^2 + U_{B,R_3}^2}$$

$$\frac{U_{B,R_1}}{R_1} = \sqrt{\frac{2U_{B,I}^2}{(I_4 - I_1)^2} + \frac{2U_{B,U}^2}{(U_4 - U_1)^2}} = \sqrt{\frac{2U_{B,I}^2}{I_4^2} + \frac{2U_{B,U}^2}{U_4^2}}$$

$$U_{B,R_1} = R_1 \sqrt{\frac{2U_{B,I}^2}{I_4^2} + \frac{2U_{B,U}^2}{U_4^2}} = 23.50 \times \sqrt{\frac{2 \times 0.722^2}{60^2} + \frac{2 \times 0.00433^2}{1.41^2}} \ \Omega$$

$$= 23.50 \times \sqrt{2.896 \times 10^{-4} + 0.1886 \times 10^{-4}} \, \Omega = 0.413 \, \Omega$$

$$U_{B,R_2} = R_2 \sqrt{\frac{2U_{B,I}^2}{(I_5 - I_2)^2} + \frac{2U_{B,U}^2}{(U_5 - U_2)^2}} = 23.833 \times \sqrt{\frac{2 \times 0.722^2}{60^2} + \frac{2 \times 0.00433^2}{1.43^2}} \, \Omega$$

$$= 23.833 \times \sqrt{2.896 \times 10^{-4} + 0.1834 \times 10^{-4}} \, \Omega = 0.418 \, \Omega$$

$$U_{B,R_3} = R_3 \sqrt{\frac{2U_{B,I}^2}{(I_6 - I_3)^2} + \frac{2U_{B,U}^2}{(U_6 - U_3)^2}} = 23.50 \times \sqrt{\frac{2 \times 0.722^2}{60^2} + \frac{2 \times 0.00433^2}{1.41^2}} \, \Omega$$

$$= 23.50 \times \sqrt{2.896 \times 10^{-4} + 0.1886 \times 10^{-4}} \, \Omega = 0.413 \, \Omega$$

$\overline{R}$ 的 B 类不确定度为

$$U_{B,\overline{R}} = \frac{1}{3} \sqrt{U_{B,R_1}^2 + U_{B,R_2}^2 + U_{B,R_3}^2} = \frac{1}{3} \sqrt{0.413^2 + 0.418^2 + 0.413^2} \, \Omega = 0.240 \, \Omega$$

不确定度为

$$U_R = 2 \sqrt{U_A^2 + U_B^2} = 2 \sqrt{(0.111)^2 + (0.240)^2} \, \Omega = 0.53 \, \Omega$$

实验结果为

$$R = (23.61 + 0.53) \Omega$$

5. 最小二乘法

1) 回归系数

作图法虽然在数据处理中是一个很便利的方法,但在图线的绘制上往往带有较大的任意性,所得的结果也常常因人而异,而且很难对其进行进一步的误差分析.为了克服这些缺点,在数理统计中研究了直线的拟合问题,常用一种以最小二乘法为基础的实验数据处理方法.由于某些曲线型的函数可以通过适当的数学变换而改写成直线方程,这一方法也适用于某些曲线型的规律.下面对数据处理中的最小二乘法原理进行简单介绍.

求经验公式可以从实验的数据求经验方程,这称为方程的回归问题.方程的回归首先要确定函数的形式,一般要根据理论的推断或从实验数据变化的趋势而推测出来,如果推断出物理量 y 和 x 之间的关系是线性关系,则函数的形式可写为

$$y = B_0 + B_1 x$$

如果推断出是指数关系,则可写为

$$y = C_1 e^{C_2 x} + C_3$$

如果不能清楚地判断出函数的形式,则可用多项式来表示:

$$y = B_0 + B_1 x_1 + B_2 x_2 + \cdots + B_n x_n$$

式中 B_0,B_1,$\cdots$,B_n,C_1,C_2,C_3 等均为参数.可以认为,方程的回归问题就是用实验的数据来求出方程的待定参数.

用最小二乘法处理实验数据,可以求出上述待定参数.设 y 是变量 x_1,x_2,$\cdots$ 的函数,有 m 个待定参数 C_1,C_2,$\cdots$,C_m,即

$$y=f(C_1,C_2,\cdots,C_m;x_1,x_2,\cdots)$$

对各个自变量 x_1, x_2,…和对应的因变量 y 进行 n 次观测得

$$(x_{1i},x_{2i},\cdots,y_i)\quad(i=1,2,\cdots,n)$$

于是 y 的观测值 y_i 与由方程所得计算值 y_0 的偏差为

$$(y_i-y_{0i})\quad(i=1,2,\cdots,n)$$

所谓最小二乘法,就是要求上面的 n 个偏差在平方和最小的意义下,使得函数 $y=f(C_1,C_2,\cdots,C_m;x_1,x_2,\cdots)$ 与观测值 y_1, y_2,…, y_n 最佳拟合,也就是参数应使

$$Q=\sum_{i=1}^{n}\left[y_i-f(C_1,C_2,\cdots,C_m;x_1,x_2,\cdots)\right]^2=最小值 \tag{1.5.10}$$

由微分学的求极值方法可知,C_1, C_2,…, C_m 应满足下列方程组

$$\frac{\partial Q}{\partial C_i}=0\quad(i=1,2,\cdots,n)$$

下面从一个最简单的情况来看怎样用最小二乘法确定参数. 设已知函数形式是

$$y=a_0+a_1x \tag{1.5.11}$$

这是个一元线性回归方程,由实验测得自变量 x 与因变量 y 的数据是

$$x=x_1,x_2,\cdots,x_n$$
$$y=y_1,y_2,\cdots,y_n$$

由最小二乘法,a_0, a_1 应使

$$Q=\sum_{i=1}^{n}\left[y_i-(a_0+a_1x_i)\right]^2=最小值$$

Q 对 a_0 和 a_1 求偏微商应等于零,即

$$\begin{cases}\dfrac{\partial Q}{\partial a_0}=-2\sum_{i=1}^{n}\left[y_i-(a_0+a_1x_i)\right]=0\\[2mm]\dfrac{\partial Q}{\partial a_1}=-2\sum_{i=1}^{n}\left[y_i-(a_0+a_1x_i)\right]x_i=0\end{cases} \tag{1.5.12}$$

由上式得

$$\overline{y}-a_0-a_1\overline{x}=0$$
$$\overline{xy}-a_0\overline{x}-a_1\overline{x^2}=0 \tag{1.5.13}$$

式中 $\overline{x}$ 表示 x 的平均值,即 $\overline{x}=\dfrac{1}{n}\sum_{i=1}^{n}x_i$;$\overline{y}$ 表示 y 的平均值,即 $\overline{y}=\dfrac{1}{n}\sum_{i=1}^{n}y_i$;$\overline{x^2}$ 表示 x^2 的平均值,即 $\overline{x^2}=\dfrac{1}{n}\sum_{i=1}^{n}x_i^2$;$\overline{xy}$ 表示 xy 的平均值,即 $\overline{xy}=\dfrac{1}{n}\sum_{i=1}^{n}x_iy_i$.

解方程(1.29)得

$$a_1=\frac{\overline{x}\,\overline{y}-\overline{xy}}{\overline{x}^2-\overline{x^2}} \tag{1.5.14}$$

$$a_0=\overline{y}-a_1\overline{x} \tag{1.5.15}$$

2）回归系数的标差

（1）y_i 测量列的标准偏差.

设 y 的残差为 $v_i = y_i - (a_0 + a_1 x_i)$，则 y 的标准偏差为

$$S_y = \sqrt{\frac{\sum\limits_{i=1}^{n} v_i^2}{n-2}} = \sqrt{\frac{\sum\limits_{i=1}^{n} [y_i - (a_0 + a_1 x_i)]^2}{n-2}} \quad (1.5.16)$$

斜率 a_1 和截距 a_0 的标准偏差 S_{a_1} 和 S_{a_0} 分别为

$$S_{a_1} = \frac{S_y}{\sqrt{\sum\limits_{i=1}^{n} (x_i - \bar{x})^2}} = \frac{\sqrt{\dfrac{\sum\limits_{i=1}^{n} [y_i - (a_0 + a_1 x_i)]^2}{n-2}}}{\sqrt{\sum\limits_{i=1}^{n} (x_i - \bar{x})^2}} \quad (1.5.17)$$

$$S_{a_0} = S_y \frac{\sqrt{\bar{x^2}}}{\sqrt{\sum\limits_{i=1}^{n} (x_i - \bar{x})^2}} = \sqrt{\frac{\sum\limits_{i=1}^{n} [y_i - (a_0 + a_1 x_i)]^2}{n-2}} \sqrt{\frac{\bar{x}^2}{\sum\limits_{i=1}^{n} (x_i - \bar{x})^2} + \frac{1}{n}}$$

$$(1.5.18)$$

3）相关系数

必须指出，实验中只有当 x 和 y 之间存在线性关系时，拟合的直线才有意义. 在待定参数确定以后，为了判断所得的结果是否有意义，在数学上引进一个称为**相关系数的量**. 通过计算相关系数 r 的大小，才能确定所拟合的直线是否有意义. 对于一元线性回归，r 定义为

$$r = \frac{\sum\limits_{i=1}^{n} (x_i - \bar{x})(y_i - \bar{y})}{\sqrt{\sum\limits_{i=1}^{n} (x_i - \bar{x})^2} \sqrt{\sum\limits_{i=1}^{n} (x_i - \bar{x})^2}} = \frac{\overline{xy} - \bar{x}\,\bar{y}}{\sqrt{(\overline{x^2} - \bar{x}^2)(\overline{y^2} - \bar{y}^2)}} \quad (1.5.19)$$

可以证明，$|r|$ 的值是在 0～1 之间. $|r|$ 越接近于 1，说明实验数据能密集在求得的直线的近旁，用线性函数进行回归比较合理. 相反，如果 $|r|$ 值远小于 1 而接近于零，说明实验数据对求得的直线很分散，即用线性回归不妥当，必须用其他函数重新试探. $|r|$ 的临界值 r_0（当 $|r|$ 大于临界值，回归的线性方程才有意义）与实验观测次数 n 和置信度有关，可查阅有关手册，如选择置信概率 $P = 0.99$，根据测量次数 n 查临界相关系数表（该表可以证明得到）得相关系数临界值为 r_0，若 $|r| < r_0$，则就有99% 的把握可以认为 y-x 之间存在线性相关关系.

非线性回归是一个很复杂的问题. 并无一定的解法. 但是通常遇到的非线性问题多数能够化为线性问题. 已知函数形式为

$$y = C_1 e^{C_2 x}$$

两边取对数得：

$$\ln y = \ln C_1 + C_2 x$$

令 $\ln y = z, \ln C_1 = A, C_2 = B$，则上式变为

$$z = a_0 + a_1 x$$

这样就将非线性回归问题转化成为一个一元线性回归问题.

上面介绍了用最小二乘法求经验公式中的常数 a_0 和 a_1 的方法，用这种方法计算出来的 a_0 和 a_1 是"最佳的"，但并不是没有误差. 它们的不确定度估算比较复杂，这里不再介绍.

4) 直线拟合的结果表示和参量的置信区间

(1) 拟合参数的不确定度.

少数情况下可以估计 a_0 和 a_1 的扩展不确定度. 在此，估计步骤为：先对 y 的误差特性进行更详细的分类分析. 第一类是未能修正的定值系差 $\Delta_{add.c}$（加和误差限）；第二类是纯随机（加和）误差限 $\Delta_{add.r}$；第三类是随被测量 y 不同而具有随机性的加和误差限 $\Delta_{add.s}$；第四类是和测得值成正比的定倍率系差限 $\Delta_{mult} = \beta y$. 纯随机分量 $\Delta_{add.r}$ 和具有随机性的加和分量 $\Delta_{add.s}$ 的影响已经反映到了 S_{a_0} 和 S_{a_1} 之中. 为估计拟合参数的 B 类不确定度，先要估计出 y_i 的定值加和误差限 $\Delta_{add.c}$ 和定值倍率误差限 $\Delta_{mult} = \beta y \cdot \Delta_{add.c}$ 的影响相当于曲线在 y 轴方向的平移，$\Delta_{mult} = \beta y$ 的影响相当于在 y 轴方向上进行一个小比例的拉伸或压缩. 通过分析进而可得考虑这些 B 类分量后的近似估计式

$$U_{a_0} \approx 2\sqrt{S_{a_0}^2 + \left(\frac{\Delta_{add.c}}{\sqrt{3}}\right)^2 + \left(\frac{\beta a_0}{\sqrt{3}}\right)^2} \qquad (1.5.20)$$

$$U_{a_1} \approx 2\sqrt{S_{a_1}^2 + \left(\frac{\beta a_1}{\sqrt{3}}\right)^2} \qquad (1.5.21)$$

一般情况下，对 y_i 的误差特性进行分析十分困难，但有时也是必要而且有意义的.

【例 12】　用伏安表测约 $0.5\ k\Omega$ 的电阻，已知电压表的量程为 $V_m = 10\ V$，准确度等级为 $c\% = 1.5\%$，但是电压表的零点未进行仔细调准. 电流表的准确度为 $\Delta_I = 0.1\% I + 0.001\ mA$，电流误差影响可以忽略. 电压表的基本误差限为 $\Delta_V = c\% \cdot V_m = 0.15\ V$. 假如电压表读数平均偏大 0.5%，$c\% = 1.5\%$ 的电压表预留了约 2/5 甚至更多的倍率系差裕量，以使得在未来的规定检定周期内磁场退化或弹性缓变时仍然可保证 $c\% = 1.5\%$ 的准确度，用上述电压表和电流表测得数据如表 1-5-7 所示.

表 1-5-7　测量数据

测量次数 i	1	2	3	4	5	6
U_i/V	0	2.00	4.00	6.00	8.00	10.00
I_i/mA	0	3.85	8.15	12.05	15.80	19.90

求：(1)电流 I 与电压 U 的函数关系；

(2)电阻值 R.

解 (1)因为电流误差较小，电压测量误差较大，故设 $x=I, y=U$，则

$$l_{11} = \sum_{i=1}^{n} I_i^2 - \frac{1}{n}(\sum_{i=1}^{n} I_i)^2$$

$$= (3.85^2 + 8.15^2 + 12.05^2 + 15.80^2 + 19.90^2) \times 10^{-6} - \frac{1}{6}(0 + 3.85 + 8.15 +$$

$$12.05 + 15.80 + 19.90)^2 \times 10^{-6} (\text{mA})^2$$

$$= 2.770\ 871 \times 10^{-4} (\text{mA})^2$$

$$l_{22} = \sum_{i=1}^{n} U_i^2 - \frac{1}{n}(\sum_{i=1}^{n} U_i)^2 = 70\ \text{V}^2$$

$$l_{12} = \sum_{i=1}^{n} (I_i - \bar{I})(U_i - \bar{U}) = \sum_{i=1}^{n} I_i U_i - \frac{1}{n}(\sum_{i=1}^{n} I_i)(\sum_{i=1}^{n} U_i) = 139.25 \times 10^{-3} \text{mV} \cdot \text{V}$$

则

$$r = \frac{l_{12}}{\sqrt{l_{11}} \sqrt{l_{22}}} = 0.999\ 857\ 3$$

查临界相关系数表，测量次数为 $n=6$，置信概率为 $p=0.99$，临界相关系数为 $r_0 = 0.917$，相关系数满足 $r > r_0$，所以电压与电流之间的关系为线性关系.设

$$U = a_0 + RI$$

$$R = \frac{\overline{IU} - \bar{I} \cdot \bar{U}}{\overline{I^2} - \bar{I}^2} = \frac{l_{12}}{l_{11}} = \frac{139.25 \times 10^{-3}}{2.770\ 871 \times 10^{-4}} \Omega = 502.549\ 56\ \Omega$$

$$a_0 = \bar{U} - R\bar{I} = 5 - 502.549\ 56 \times 9.958\ 333 \times 10^{-3}\ \text{V} = -0.0\ 045\ 559\ \text{V}$$

由公式(1.34)可以计算 a_0 的标准偏差为

$$s_{a_0} = \sqrt{\frac{\sum_{i=1}^{n}[U_i - (a_0 + RI_i)]^2}{n-2}} \cdot \sqrt{\frac{\bar{I}^2}{\sum_{i=1}^{n}(I_i - \bar{I})^2} + \frac{1}{n}}$$

$$= \sqrt{\frac{\sum_{i=1}^{n}[U_i - (-0.0\ 045\ 559 + 502.549\ 56 I_i)]^2}{4}} \cdot \sqrt{\frac{99.168\ 4}{\sum_{i=1}^{n}(I_i - 9.958\ 33)^2} + \frac{1}{6}}\ \text{V}$$

$$= \sqrt{\frac{0.01\ 996\ 959}{4}} \cdot \sqrt{\frac{99.168\ 4}{277.087} + \frac{1}{6}}\ \text{V} = 0.051\ \text{V}$$

即使不考虑第一类是未能修正的定值系差 $\Delta_{\text{add.c}}$(加和误差限)和第四类定倍率系差限 $\Delta_{\text{mult}} = \beta y$ 的影响，反映随机误差的标准偏差也已经超过截距 a_0 的值，所以可以认为截距等于零，而计算结果不等于零是由于实验误差所致，所以电压与电流以及电阻

三者之间的关系为

$$U=RI$$

电阻的标准偏差为

$$S_R = \frac{S_U}{\sqrt{\sum_{i=1}^{n}(I_i-\overline{I})^2}} = \frac{\sqrt{\dfrac{\sum_{i=1}^{n}[U_i-(a_0+RI_i)]^2}{n-2}}}{\sqrt{\sum_{i=1}^{n}(I_i-\overline{I})^2}}$$

$$= \frac{\sqrt{\dfrac{0.01\,994\,883}{4}}}{\sqrt{277.087}}\,\Omega = 0.00\,424\,\Omega$$

电阻的不确定度为

$$U_R \approx 2\sqrt{S_R^2+\left(\frac{0.6\%\cdot R}{\sqrt{3}}\right)^2} = 2\sqrt{0.00\,424^2+\left(\frac{0.006\times502.549\,56}{\sqrt{3}}\right)}\,\Omega$$

$$= 1.8\,\Omega$$

电阻的测量结果为

$$R=(502.5\pm1.8)\,\Omega$$

习 题

1. 指出下列情况属于随机误差还是系统误差：

(1)视差；(2)仪器零点漂移；(3)螺旋测微器零点不准；(4)照相底板收缩；(5)电表的接入误差；(6)水银温度计毛细管不均匀；(7)米尺因低温而收缩；(8)单摆公式测 g 时未考虑最大摆角 $\theta\neq0$.

2. 有甲、乙、丙、丁四人，用螺旋测微器测量一铜球的直径，各人所测得的结果分别是：甲：$(1.283\,2\pm0.000\,1)$ cm；乙：$(1.283\pm0.000\,1)$ cm；丙：$(1.28\pm0.000\,1)$ cm；丁：$(1.3\pm0.000\,1)$ cm. 问哪个人表示得正确？其他人错在哪里？

3. 指出下列各量是几位有效数字位数：

(1)63.74 cm；　　　　(2)0.302 cm；　　　　(3)0.010 0 cm；

(4)1.000 0 kg；　　　 (5)0.025 cm；　　　　(6)1.35 ℃

(7)12.6 s；　　　　　(8)0.203 0 s；　　　　(9)1.530×10^{-3} m.

4. 粗略计算下列结果：

(1)107.50 −2.5；　　　　(2) 273.5÷0.1；　　　 (3) 1.50÷0.500−2.97；

(4)$\dfrac{8.042\,1}{6.038-6.034}+30.9$；　　　　(5)$\dfrac{50.0\times(18.30-16.3)}{(103-3.0)\times(1.00+0.001)}$；

(6)$V=\pi d^2 h/4$，已知 $h=0.005$ m，$d=13.984\times10^{-3}$ m，计算 V.

5. 改正下列错误，写出正确答案：

(1) $L = 0.010\ 40$ km 的有效数字是五位；

(2) $d = 12.435 \pm 0.02$ cm；

(3) $h = 27.3 \times 10^4 \pm 2\ 000$ km；

(4) $R = 6\ 371$ km $= 6\ 371\ 000$ m $= 637\ 100\ 000$ cm；

(5) $\theta = 60° \pm 2'$.

6. 单位变换.

(1) 将 $L = (4.25 \pm 0.05)$ cm 的单位变换成 μm、mm、m、km.

(2) 将 $m = (1.750 \pm 0.001)$ kg 的单位变换成 g、mg、t.

7. 已知周期 $T = (1.2566 \pm 0.0001)$ s，计算角频率 ω 的测量结果，写出标准式.

8. 计算 $\rho = \dfrac{4m}{\pi D^2 H}$ 的结果，其中 $m = (236.124 \pm 0.002)$g；$D = (2.345 \pm 0.005)$cm；$H = (8.21 \pm 0.01)$cm. 并且分析 m、D、H 对 σ_ρ 的合成不确定度的影响.

9. 利用单摆测重力加速度 g，当摆角 $\theta < 5°$ 时，$T = 2\pi\sqrt{\dfrac{L}{g}}$，式中摆长 $L = (97.69 \pm 0.02)$cm，周期 $T = (1.984\ 2 \pm 0.000\ 2)$ s. 求 g 和 σ_g，并写出标准式.

10. 测某一约为 1.5 V 电压，要求其结果的相对误差小于 1.5%，应选择下列哪种规格的伏特表？

(A) 0.5 级，量程为 5 V；

(B) 1.0 级，量程为 2 V；

(C) 2.5 级，量程为 1.5 V.

11. 测某一阻值约为 200 Ω 的电阻，要求其结果的相对误差小于 2.5%，应选择下列哪组仪器（不计电表内阻影响）？

(A) 电流表 1.0 级，量程为 10 mA，电压表 1.0 级，量程为 2 V；

(B) 电流表 1.5 级，量程为 10 mA，电压表 1.5 级，量程为 2 V；

(C) 电流表 2.5 级，量程为 15 mA，电压表 2.5 级，量程为 2 V；

(D) 电流表 0.5 级，量程为 50 mA，电压表 0.5 级，量程为 2 V.

12. 下面是一组伏安法测电阻的数据：

V/V	0.50	1.00	1.50	2.00	2.50	3.00
I/mA	39	77	116	155	194	231

用逐差法求出电阻值 R 的公式：$R =$ _____ $=$ _____ Ω

13. 在初速度 $v_0 = 0$ 的匀加速直线运动中，测得速度 v 与时间 t 的变化关系为

t/s	12.0	20.0	25.5	37.0	60.0	78.5
v/(cm/s)	1.45	2.60	3.00	4.25	7.20	9.30

试绘出 v-t 关系图，并用图解法求加速度 a.

第2章

物理实验基本仪器

§2.1 力学和热学基本仪器

在力学、热学实验中,长度、质量、时间、温度等是最常见、最基本的物理量,物理实验中测量这些物理量的仪器是米尺、游标卡尺、螺旋测微计、读数显微镜、天平、秒表、数字毫秒计、温度计等.下面分别介绍这些仪器的结构、原理和使用方法.

2.1.1 游标卡尺

1. 仪器结构

游标卡尺主要由两部分构成:与量爪 A、A' 相连的主尺 D(主尺按米尺刻度)以及与量爪 B、B' 及深度尺 C 相连的游标 E,如图 2-1-1 所示.游标可紧贴着主尺滑动.量爪 A、B 用来测量厚度和外径,量爪 A'、B' 用来测量内径,深度尺 C 用来测量槽的深度.它们的读数值都是由游标的 0 线与主尺的 0 线之间的距离表示出来.F 为固定螺钉.

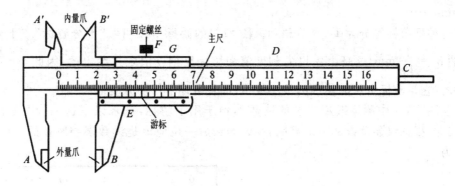

图 2-1-1　游标卡尺

在使用游标卡尺时,可一手拿物体,另一手持尺,如图 2-1-2 所示.要特别注意,不能把被夹紧的物体在量爪刀内挪动,避免磨损,更不能用来测量粗糙物体.

2. 读数方法

游标卡尺在构造上的主要特点是:游标上 P 个分格的总长与主尺上 $(P-1)$ 个分格的总长相等.设 y 代表主尺上一个分格的长度,x 代表游标上一个分格的长度.则有

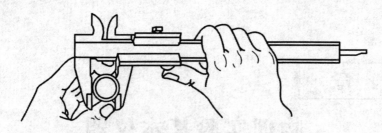

图 2-1-2 使用游标卡尺的正确姿势

$$xP = (P-1)y$$

那么,主尺与游标上每个分格的差值是

$$\delta x = y - x$$

以 $P=10$ 的游标卡尺为例,主尺上一分格长是 1 mm,那么游标上 10 分格的总长等于 9 mm,这样游标上一个分格的长度是 0.9 mm,$\delta x = y - x = 0.1$ mm.

当量爪 A、B 合拢时,游标上的"0"线与主尺上的"0"线重合,如图 2-1-3 所示. 这时,游标上第一条刻线在主尺第一条刻线的左边 0.1 mm 处,游标上第二条刻线在主尺第二刻线的左边 0.2 mm 处,……,依此类推. 这就提供了利用游标进行测量的依据. 如果在量爪 A、B 间放进一张厚度为 0.1 mm 的纸片,那么,与量爪 B 相连的游标就要向右移动 0.1 mm,这时,游标的第一条线就与主尺的第一条线相重合,而游标上所有其他各条线都不与主尺上任一条刻度线相重合;如果纸片厚 0.2 mm,那么,游标就要向右移动 0.2 mm,游标的第二条线就与主尺的第二条线相重合,……,依此类推. 反过来讲,如果游标上第二条线与主尺的刻度线重合,那么纸片的厚度就是 0.2 mm,……

这种把游标等分为 10 个分格(即 $P=10$)的游标卡尺叫做"十分游标". "十分游标"的 $\delta x = \frac{1}{10}$ mm,这是由主尺的刻度值和游标尺刻度值之差给出的,因此,δx 不是估读的,它是游标卡尺能读准的最小数值,即是游标卡尺的分度值.

在图 2-1-4 中测量纸片厚度的读数 l,由于用了游标,毫米以下这一位数是准确的. 因此,根据仪器读数的一般规则,读数的最后一位应该是读数误差所在的一位,应该写为

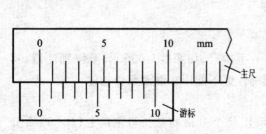

图 2-1-3 0 线重合

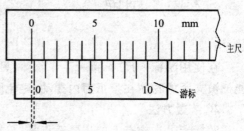

图 2-1-4 测量纸片厚度

$$l=0.20 \text{ mm}=0.020 \text{ cm}$$

最后加的一个"0"表示读数误差出现在最后这一位上. 如果不能判定游标上相邻的两条刻度线哪一条与主尺重合或更相近些, 则最后一位可估读"5", 即如图 2-1-5 所示, 可读为 $l = 0.55$ mm$=0.055$ cm.

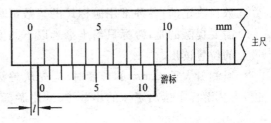

图 2-1-5　估读 5 的情况

由此可见, 使用游标可以提高读数的准确程度. 游标卡尺的估读误差不大于 $\frac{1}{2}\delta x$.

还有一种常见的游标是"二十分游标"$(P=20)$, 即将主尺上的 19 mm 等分为游标上的二十格(见图 2-1-6), 或者将主尺上的 39 mm 等分为游标上的二十格(见图 2-1-7). 这样它们的分度值为

$$\delta x=1.0-\frac{19}{20} \text{ mm}=0.05 \text{ mm} \quad \text{或} \quad \delta x=2.0-\frac{39}{20} \text{ mm}=0.05 \text{ mm}.$$

在这种情况下, 主尺上两格(2 mm)与游标上一格相当.

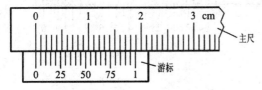

图 2-1-6　二十分游标之一

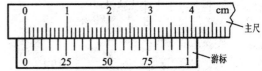

图 2-1-7　二十分游标之二

二十分游标常在游标上刻有 0、25、50、75、1 等标度, 以便于直接读数. 如游标上第 5 根刻线(标 25)与主尺对齐, 则读数的尾数为 $5\times\delta x=0.25$ mm, 即可直接读出. 二十分游标的估读误差 $\left(\text{小于} \frac{1}{2}\delta x\right)$ 可认为在 0.01 mm 这一位上, 因此, 如 $l=0.55$ mm, 不再在后面加"0".

另一种常用的游标是五十分游标$(P=50)$, 即主尺上 49 mm 与游标上 50 格相当, 如图 2-1-8所示. 五十分游标的分度值 $\delta x=0.02$ mm. 游标上刻有 0、1、2、3、…、9, 以便于读数. 五十分游标的读数结果也写到 0.01 mm 这一位上.

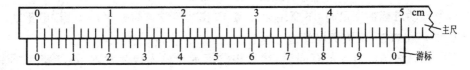

图 2-1-8　五十分游标

综上所述:游标尺的分度值是由主尺与游标尺刻度的差值决定的,亦即是由游标分度数目决定的;各种常用游标尺的读数都写到 0.01 mm 这一位上.

需要提醒的是,游标只给出毫米以下的读数,毫米以上的读数要从游标"0"线在主尺上的位置读出.

当测量大于 1 mm 的长度时.应先从游标尺"0"线在主尺的位置读出毫米的整数位,再从游标上读出毫米的小数位.即用游标尺测量长度的普遍表达式为

$$l = ky + n\delta x \qquad (2.1.1)$$

k 是游标的"0"线所在处主尺上刻度的整毫米数,n 是游标的第 n 条线与主尺的某一条线重合,$y = 1$ mm. 具体读数示例如图 2-1-9 所示.

用游标尺测量之前,应先把量爪合拢,检查游标尺的"0"线和主尺的"0"线是否重合. 如不重合,应记下零点读数,加以修正. 这一点在游标卡尺的使用中已经做过介绍,这里不再重复.

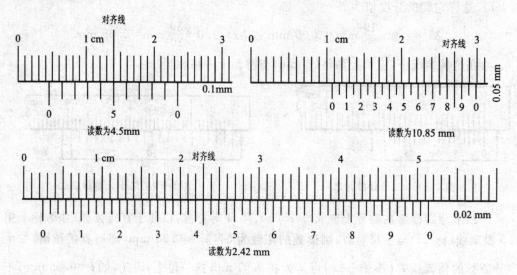

图 2-1-9　五十分游标读数

3. 注意事项

(1) 游标卡尺使用前,应该先将游标卡尺的卡口合拢,检查游标尺的 0 线和主刻度尺的 0 线是否对齐. 若对不齐说明卡口有零误差,应记下零点读数,用以修正测量值.

(2) 推动游标刻度尺时,不要用力过猛,卡住被测物体时松紧应适当,更不能卡住物体后再移动物体,以防卡口受损.

(3) 用完后两卡口要留有间隙,然后将游标卡尺放入包装盒内. 不能将游标卡尺随便放在桌上,更不能将其放在潮湿的地方.

2.1.2　螺旋测微器

1. 仪器结构

如图 2-1-10 所示,螺旋测微器内部螺旋的螺距为 0.5 mm,因此副刻度尺(微分筒)每旋转一周,螺旋测微器内部的测微螺丝杆和副刻度尺同时前进或后退0.5 mm,而螺旋测微器内部的测微螺丝杆套筒每旋转一格,测微螺丝杆沿着轴线方向前进0.01 mm,0.01 mm 即为螺旋测微器的最小分度数值. 在读数时可估计到最小分度的1/10,即 0.001 mm,故螺旋测微器又称千分尺.

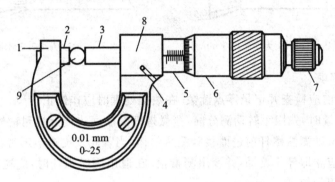

图 2-1-10　螺旋测微器

1—尺架;2—测砧;3—测微螺旋;4—锁紧装置;
5—固定套筒;6—微分筒;7—棘轮;8—螺母套管;9—被测物

2. 读数方法

读数可分两步:首先,观察固定标尺读数准线(即微分筒前沿)所在的位置,可以从固定标尺上读出整数部分,每格 0.5 mm,即可读到半毫米;其次,以固定标尺的刻度线为读数准线,读出 0.5 mm 以下的数值,估计读数到最小分度的 1/10,然后两者相加.

如图 2-1-11 所示,整数部分是 5.5 mm(因固定标尺的读数准线已超过了 1/2 刻度线,所以是 5.5 mm,副刻度尺上的圆周刻度是 20 的刻线正好与读数准线对齐,即0.200 mm. 所以,其读数值为 5.5+0.200 mm=5.700 mm. 如图 2-1-12 所示,整数部分(主尺部分)是 5 mm,而圆周刻度是 20.9,即 0.209 mm,其读数值为 5+0.209 mm=5.209 mm. 使用螺旋测微器时要注意 0 点误差,即当两个测量界面密合时,看一下副刻度尺 0 线和主刻度尺 0 线所对应的位置. 经过使用后的螺旋测微器 0 点一般对不齐,而是显示某一读数,使用时要分清是正误差还是负误差. 如果零点误差用 δ_0 表示,测量待测物的读数是 d. 此时,待测量物体的实际长度为 $d'=d-\delta_0$. δ_0 可正可负.

在图 2-1-13 中,$\delta_0=-0.006$ mm,$d'=d-(-0.006)=d+0.006$(单位:mm)

在图 2-1-14 中,$\delta_0=+0.008$ mm,$d'=d-0.008=d-0.008$(单位:mm)

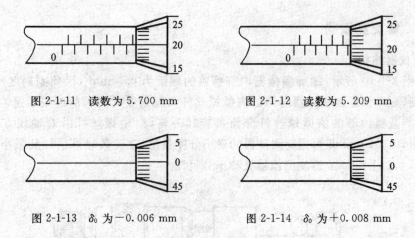

图 2-1-11　读数为 5.700 mm　　　　图 2-1-12　读数为 5.209 mm

图 2-1-13　δ_0 为 -0.006 mm　　　　图 2-1-14　δ_0 为 $+0.008$ mm

3. 注意事项

(1) 测量前应检查并记录零点读数. 在数据处理时应作修正.

(2) 在测量时,先用手转动测分筒,测微螺杆的砧面快接近被测物体时,应立即改为旋动棘轮,带动测微螺杆前进而接触测量物体,当棘轮发出喀喀声时,就达到了标准的紧贴程度,应立即停止旋动,并读出测量值. 在退出测微螺杆时,应逆时针旋动测分筒,而禁止使用棘轮.

(3) 当为了保留读数而使用锁紧装置锁住测微螺杆,在进行新的测量时,应注意锁紧装置是否松开. 不得当锁紧装置锁住时强制拧转,以免损坏器件.

(4) 螺旋测微器用后应使两个测砧之间留有一定的间隙,以免受热膨胀时损坏仪器.

(5) 螺旋测微器存放时要把锁紧装置锁定,放在盒中.

2.1.3　天平

1. 仪器结构

物理天平结构如图 2-1-15 所示,横梁上装有三个刀口 1、3 和 $3'$,主刀口 1(刀口朝下)置于支柱上,两侧刀口 3 和 $3'$(刀口朝上)各支承一个吊耳 2 和 $2'$,吊耳下悬挂秤盘 10 和 $10'$. 整个天平横梁是一个等臂杠杆,横梁中央固定一个指针 8,当横梁摆动时,指针尖端就在支柱下方的标尺 9 前摆动,用以指示横梁的平衡度;制动旋钮 12 可使横梁上升或下降. 横梁下降时,支柱上的制动架就会把它托住,以免磨损刀口. 横梁两端的平衡螺母 4 和 $4'$ 是天平空载时调节平衡用的. 横梁上装有游码 5,用于不足 1 g 的质量的称量. 支柱左边的托板 13 可以托住不被称量的物体(如不被称量的盛水的烧杯). 底座上装有水准仪,其水平度由两个可上下调节的螺丝钉 11 和 $11'$ 来实现.

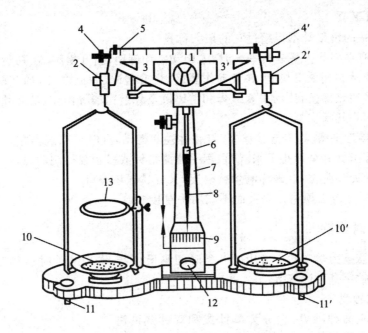

图 2-1-15 物理天平结构图

2. 称量方法

用天平测量金属圆筒和金属球的质量,先"左物右码"测得质量为 m_1,后"左码右物"测得质量为 m_2,各进行一次测量. 具体步骤如下:

(1)调节底板水平:调节底脚螺丝钉,使底座上水准器中的气泡处于中心,保证支架竖直.

(2)调节横梁平衡:将游码移到横梁左端零点,将两侧吊耳挂在相应的刀口上,顺时针缓慢旋转制动旋钮,观察横梁指针指向立柱标尺中线或以其为平衡位置做等幅摆动;若不是,使横梁落下置于制动架上,调节平衡螺母. 再重复上面的操作,直到横梁平衡.

(3)称量:先制动横梁,将待测物体放左盘中央,估计其质量,从大到小依次将砝码放入右盘中央,略微旋转制动旋钮,观察天平是否平衡,即横梁指针指向立柱标尺中线或以其为平衡位置做等幅摆动;如不平衡,制动横梁后,加或减砝码使天平横梁近似平衡,即横梁指针非常接近立柱标尺中线或以其为平衡位置做近似等幅摆动;再移动游码,直至横梁平衡. 记下砝码和游码的读数,根据"左边=右边+游码",算出待测物的质量 m.

(4)采用交换法(或复称法)消除天平两臂不等长测物体质量 m:先"左物右码"测得质量为 m_1,后"左码右物"测得质量为 m_2,则物体质量为

$$m=\sqrt{m_1 m_2}$$

(2.1.2)

3. 注意事项

（1）天平的负载量不得超过它的最大称量.

（2）只有在判断天平是否平衡时，才旋动制动旋钮，抬升横梁.在判断后应立即降下，使横梁支承在托承支架上，并且动作要轻，慢升慢降.除此之外，如在取物、放物件和砝码、调节底足螺丝、拨动平衡螺母和游码以及称量完毕等操作，都必须将天平横梁放下，使之搁在托承支架上.

（3）当接近平衡时，升起横梁，指针往往左右摆动，这时可以观察左右摆动是否对称，而不必等指针完全静止下来.切忌用手碰撞指针或横梁强行制动，这样做容易将横梁碰掉，或使刀口脱位，既破坏测量精确度，又容易损坏刀口.

（4）天平砝码必须用砝码夹而不能用手直接取放.

2.1.4 计时仪器

计时仪器是力学实验中常用的一类时间测量仪器，常用的计时仪器有机械秒表、电子秒表和数字毫秒计等等.

1. 机械秒表

机械秒表简称秒表，它分为单针式和双针式两种.单针式秒表只能测量一个过程所经历的时段，双针式秒表能分别测量两个同时开始不同时结束的过程所经历的时间.图 2-1-16所示的秒表是一种单针式秒表.秒表由频率较低的机械振荡系统，锚式擒纵调速器，操纵秒针起动、制动和指针回零的控制机构（包括按钮），发条以及齿轮等机械零件组成.

秒表有各种规格.一般的秒表有两个针，长针为秒针，每转一圈是 30 s（也有 60 s、10 s 和 3 s）；短针为分针，每转一圈是 15 min 或30 min（即测量范围为 0～15 min 或 0～30 min）.表面上的数字分别表示 s 和 min 的数值.

图 2-1-16　单针式秒表示意图

使用机械秒表测量所产生的误差可分为两种情况.

（1）短时间的测量（几十秒内），其误差主要是按表和读数的误差.

（2）长时间的测量（1 min 以上），其误差主要是秒表走动快慢与标准时间之差.对不同的秒表，这种误差有所不同.因此，在进行长时间测量前，应先用标准钟对使用的秒表进行校准.

机械秒表的一般使用方法如下：

（1）使用秒表前，先检查发条的松紧程度，若发条已经松弛，应旋动秒表上端的按钮，上紧发条，但不宜过紧.

（2）测量时按下按钮，指针开始运动；再按按钮，指针停止运动；再按一次按钮，指针便会回到零点位置.

使用秒表时应注意轻拿轻放,尽量避免振动与摇晃.当指针不指零时,应记下零读数,计时完毕后,再对读数进行修正.

2. 电子秒表

电子秒表是一种较先进的电子计时器.目前国产的电子秒表一般都是利用石英振荡器的振荡频率作为时间基准,采用 6 位液晶数字显示时间.电子秒表的使用功能比机械秒表要多,它不仅能显示分、秒,还能显示时、日、月及星期,并且有 1/100 s 的功能.一般的电子秒表连续累计时间为 59 min 59.99 s,可读到 1/100 s,平均日差 ±0.5 s.

电子秒表配有三个按钮,如图 2-1-17 所示.在图 2-1-17 中,S_1 为秒表按钮,S_2 为功能变换按钮,S_3 为调整按钮,基本显示的计时状态为"时"、"分"、"秒".

电子秒表的基本使用方法如下:

(1)在计时器显示的情况下,将按钮 S_2 按住 2 s,即可出现秒表功能,如图 2-1-17(a)所示.按一下按钮 S_1 开始自动计秒,再按一下 S_1 按钮,停止计秒,显示出所计数据,如图 2-1-17(b)所示.按住 S_3 按钮 2 s,则自动复零,即恢复到图 2-1-17(a)所示状态.

(2)若要记录甲、乙两物体同时出发,但不同时到达终点的运动,可采用双计时功能方式.即首先按住 S_2 按钮 2 s,秒表出现如图 2-1-17(a)所示的状态.然后按一下 S_1 按钮,秒表开始自动计秒.待甲物体到达终点时再按一下 S_3 按钮,则显示甲物体的计秒数停止,此时液晶屏上的冒号仍在闪动,内部电路仍在继续为乙物体累积计秒.把甲物体的时间记录下后,再按一下 S_3 按钮,显示出乙物体的累积计数.待乙物体到达终点时,再按一下 S_1 按钮,冒号不闪动,显示出乙物体的时间.这时若要再次测量就按住 S_3 按钮 2 s,秒表出现 2-1-17(a)所示的状态.若需要恢复正常计时显示,可按一下 S_2 按钮,秒表就进入正常计时显示状态,在图 2-1-17(c)中显示出 9h17min18s.

(3)若需要进行时刻的校正与调整,可先持续按住 S_2 按钮,待显示时、分、秒的计秒数字闪动时,松开 S_2 按钮,然后间断地按 S_1 按钮,直到显示出所需要调整的正确秒数时为止.如还需校正分,可按一下 S_3 按钮,此时,显示分的数字闪动,再间断地按 S_1 按钮,直到显示出所需的正确分数时为止.时、日、月及星期的调整方法同上.

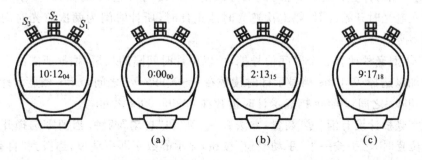

$$S_3 \quad S_2 \quad S_1$$

| 10:12$_{04}$ | 0:00$_{00}$ | 2:13$_{15}$ | 9:17$_{18}$ |

(a)　　　　(b)　　　　(c)

图 2-1-17 电子秒表及其调节示意图

3. 数字毫秒计

数字毫秒计是用数码管显示时间数字的一种精确计时仪器,这种仪器的显著特点是能够测量很短的时间.一般的数字毫秒计可以测量的最小时间间隔为 0.1 ms,最大量程为 99.999 s.

虽然数字毫秒计的种类很多,但其工作原理基本相同.它是利用石英晶体振荡器所产生的 10 kHz 的电脉冲(即每秒内准确产生 10 000 个脉冲,每个脉冲相隔的时间为 0.1 ms)在开始计数和停止计数的时间间隔内推动计数器计数,一个脉冲计一个数字.通过计数器所计的数字可以知道从"计"到"停"这段时间的长短,并用数码管直接显示出来.现以 HMJ 型数字毫秒计为例,简要说明其使用方法.

HMJ 型数字毫秒计的面板如图 2-1-18 所示."机控"和"光控"为两种控制计时的方式.用"机控"时,将拨动开关拨到"机控"位置,并将双线插头插入"机控"插座内,这时就可以用机械接触开关的通断来控制计时的"计"和"停".用"光控"时,把拨动开关拨到"光控"位置,将四芯插头插入"光控"插座,将三色四线插头插入光电门插座,把光电门灯泡电源线插入后面板的灯泡电源插孔内,就可以利用光的被遮与否来控制毫秒计的计时动作.

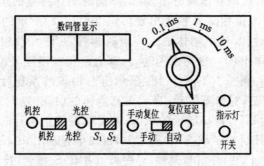

图 2-1-18　HMJ 型数字毫秒计面板图

"光控"又分为 S_1 和 S_2 挡,若要求光源被遮住,即光敏二极管不受光照时开始计时,再受光照时停止计时(所计时间为连续遮光时间),可选用 S_1 挡;若要求光敏二极管第一次遮光时开始计时,第二次遮光时停止计时(所计时间为两次遮光时间间隔),可选用 S_2 挡.

HMJ 型毫秒计有三个时间信号挡,可以由计时间隔的长短,根据所需的有效数字的位数加以选择.0.1 ms 挡显示计时读数在 0~0.999 9 s 之间,1 ms 挡显示计时读数在 0~9.999 s 之间,10 ms 挡显示计时读数在 0~99.99 s 之间.

数字毫秒计设有消"零"装置,方法有"手动"和"自动"两种.当消零选择开关拨到"手动"位置时,用手按一下"手动复位"按钮,显示的数字即可消掉;当拨到"自动"位置时,显示的数字在经过一定时间后可自动消除.保留显示数字时间的长短可用"复位延迟"旋钮加以控制.读数的大小为显示数字与选择挡位级别二者的乘积.例如,若数码

管显示的数字为4 017,选择开关在 0.1 ms 挡,则计时为

$$4\ 017 \times 0.1\ \text{ms} = 401.7\ \text{ms} = 0.401\ 7\ \text{s}$$

2.1.5 常用温度测量仪器

表示物体热状态程度的物理量称为温度.摄氏温度 $t(℃)$ 与热力学温度$T(K)$的关系为

$$T = 273.15 + t \qquad (2.1.3)$$

测量温度的仪器有许多种,如液体温度计、气体温度计、电阻温度计、热电偶、光测温度计等,物理实验室常用的测温仪器主要为玻璃水银温度计和热电偶.

1. 水银温度计

以水银、酒精或其他有机液体作为测温工作物质的玻璃柱状温度计统称为玻璃液体温度计,这种温度计是利用测温物质的热胀冷缩性质来测量温度的.测温液体封装在玻璃柱的一端成球泡形,上接一个内径均匀的毛细玻璃管.液体受热后,毛细管中的液柱升高,从管壁的标度可读出相应的温度值.

由于水银具有不润湿玻璃、随温度上升均匀膨胀以及 1 个标准大气压下(101 kPa)可在 −38.87(水银凝固点)~356.58 ℃(水银沸点)较广的温度范围内保持液态等诸多优点,因此较精密的玻璃液体温度计均为水银温度计.

水银温度计的规格有标准水银温度计、实验玻璃水银温度计和普通玻璃水银温度计三种.标准水银温度计主要用于校正各类温度计,其又分为一等和二等标准水银温度计.前者总测温范围为 −30~300 ℃,其分度值为 0.05 ℃,仪器误差为0.01 ℃,每套由 9 支或 13 支测温范围不同的温度计组成,用于校正二等标准水银温度计;后者总的测温范围也为 −30~300 ℃,分度值为 0.1 ℃或 0.2 ℃,用于校正各种常用玻璃液体温度计.实验玻璃温度计主要用于实验室和工业中的温度测量,总测量范围为 −30~250 ℃,由 6 支不同测温范围的温度计组成,分度值为 0.1 ℃或 0.2 ℃,仪器误差为 0.05 ℃.普通玻璃水银温度计的测温范围分为 0~60 ℃、0~100 ℃、0~150 ℃、0~300 ℃等几种,分度值为 1 ℃或 2 ℃.

2. 热电偶

1)热电偶的测温原理

热电偶又称**温差电偶**,它由两种不同成分的金属丝 A、B 构成,其端点紧密接触,如图 2-1-19 所示.当两个接点处于不同的温度 t 和t_0时,在回路中会产生温差电动势.温差电动势的大小只与组成热电偶的两根金属丝的材料、热端温度 t 和冷端温度 t_0三个因素有关,而与热电偶的大小、长短及金属丝的直径等无关.当组成热电偶的材料确定后,温差电动势只决定于温差 $t-t_0$.一般而言,温差电动势 ε 与温差 $t-t_0$的关系为

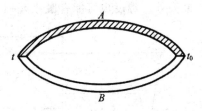

图 2-1-19 热电偶示意图

$$\varepsilon = c(t-t_0) + d(t-t_0)^2 + e(t-t_0)^3 + \cdots \tag{2.1.4}$$

其第一级近似为

$$\varepsilon = c(t-t_0) \tag{2.1.5}$$

式中 c 称**温差系数**(或热电偶常量),其物理意义为单位温差时的电动势,其大小由组成热电偶的材料决定.

可以证明,在 A、B 两种金属之间插入第三种金属 C 时,若它与 A、B 的两个连接点处于同一温度 t_0(见图 2-1-20),则该闭合回路的温差电动势与前述只有 A、B 两种金属组成回路时的数值完全相同.所以,把 A、B 两根不同材料的金属丝(如一个为铂,另一个为铂-铑合金)的一端焊接在一起,构成热电偶的热端(工作端),将另两端各与铜引线(即第三种金属 C)焊接在一起,构成两个同温度 t_0 的冷端(自由端),铜引线又与测量电动势的仪器(如电位差计)相接,这样就组成了一个热电偶温度计,如图 2-1-21 所示.测温时使热电偶的冷端温度 t_0 保持恒定(如冰点),将热端置于待测温度处即可测出相应的温差电动势.再根据事先校正好的曲线或数据表格可求出温度 t.这种热电偶的优点是热容量小、测温范围广、灵敏度高,若配以精密的电位差计则测量准确度更高.

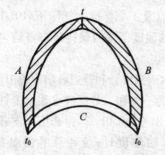

图 2-1-20 三种金属构成的热电偶

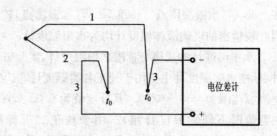

图 2-1-21 热电偶温度计之一

对于铜-康铜、铜-考铜一类的热电偶,由于其中的一根金属丝和引线一样也是铜,因此,在整个电路中实际上只有两个接点,如图 2-1-22 所示.

在使用热电偶测温时若要求不高,为方便起见也可采用如图 2-1-23 所示的接线法,t_0 取室温.此种方法比较简单,但由于室温并不十分稳定,而且连接电位差计的两接头处的温度也可能有微小差别,所以准确度相对较差.

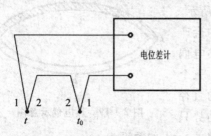

图 2-1-22 热电偶温度计之二

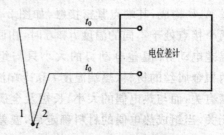

图 2-1-23 热电偶温度计之三

2)热电偶的校准

在实际测温中,式(2.1.5)所表示的电动势与温差的关系较为粗糙.较为准确的方法是先用实验确定出 ε 与 $(t-t_0)$ 关系曲线,然后根据热电偶与未知温度接触时产生的 ε 值,从曲线上查出相应的未知温度.对于标准的热电偶,其校准曲线(或校准数据)在相关的手册上可以查出,不必自己校准.如果使用的热电偶并非标准热电偶,则校准工作必不可少.校准的方法有两种,一种是固定法,即利用适当的纯物质,在一定的气压下把它们的熔点或沸点作为已知温度,测出 ε 与 $(t-t_0)$ 的关系曲线;另一种是比较法,即利用一个标准热电偶与未知热电偶测量同一温度,由标准热电偶的数据校准未知热电偶.

§2.2 电磁学基本仪器

2.1.1 电磁学实验基本知识

电磁学是现代科学技术的主要基础之一,在此基础上发展起来的电工技术和电子技术不仅广泛应用于农业、工业、通信、交通、国防以及科学技术的各个领域,并且已经深入到家用设备,对国计民生有着十分重要的意义.掌握电磁学实验研究的基本方法已成为各学科领域的基本要求.

电磁学从其建立之初就是一门实验科学.很早以前,人们就发现了毛皮擦过的琥珀能吸引轻微物体.后来,随着著名的库仑定律、安培定律等实验定律的提出,电磁学逐渐形成了日益完整的理论体系.现代的电磁学实验尽管所用仪器设备已经很复杂、精密,但仍然是人们观察研究电磁现象、学习理论知识的重要途径.并通过这些实验掌握各种电磁测量的基本技能.

电磁学实验包括基本电磁量的测量方法及主要电磁测量仪器仪表的工作原理和使用方法两部分.但是不同性质的电磁量的测量有很大差异,所用仪器也千差万别.下面简单介绍电磁测量的方法、电磁学实验中常用的一些仪器及电磁学实验中一般应遵循的操作规则.

2.2.2 电磁测量的方法

1. 电磁测量的作用、特点和内容

1)电磁测量的作用

物理实验是物理学的基础,是物理教学的一个重要环节.电磁学实验是物理实验的一个重要组成部分,它可以使学生在实验室中对电磁学的基本规律、基本现象进行观察、分析和测量.

电磁测量在测量技术中占有重要的地位.电磁测量的方法是测量技术中的基本方

法,电磁测量仪器、仪表是基本的测量器具,在测量技术领域中,都不同程度地使用电磁测量仪器、仪表.

电磁测量的范围很广泛,尤其是近年来随着科学技术的发展,电磁测量技术突飞猛进,测量仪器的制造工艺不断改进,使电磁学实验内容更加丰富.电磁测量可以实现各种电磁量和电路元件特性的测量还可以通过各种传感器,将各种非电量转换为电量进行测量.

电磁测量在物理学和其他科学领域中获得了极其广泛的应用,已经成为科学研究及工农业生产的强有力的手段.

2) 电磁测量特点

电磁测量之所以成为科研与现代生产技术的重要基础,是因为它具有以下特点:

(1) 测量精度高.特别是从 1990 年起,电学计量体系的基准从实物基准过渡到量子基准,从而可以利用这些量子标准来校准电子测量仪器,使电子仪器与测量技术的精确度达到接近理论值的水平.例如,数字式电压表的分辨率可达 10^{-9} V.

(2) 反应迅速.电子仪器与电子测量速度很快,也就是说响应时间很短.

(3) 测量范围大.电子仪器的测量数值范围和工作的量程是很宽的.例如,数字电压表的量程可达 10^{11} V 以上,数字欧姆表可测范围为 $10^{-5} \sim 10^{17} \Omega$.

(4) 可进行遥控,实现远距离测量.

(5) 可实现自动化测量.

(6) 非电量可以通过传感器转换为相应的电磁量进行测量.

3) 电磁测量的内容

电磁测量的内容非常广泛,包括以下几个方面:

(1) 电磁量的测量.例如,电压、电流、电功率、电场强度、介电常数、磁感应强度、磁导率等的测量.

(2) 信号特性的测量.例如,信号频率、周期、相位、波形、逻辑状态等的测量.

(3) 电路网络特性的测量.例如,幅频特性、相移特性、传输系数等的测量.

(4) 电路元器件参数的测量.例如,电阻、电容、电感、耗损因数、Q 值、晶体管参数等的测量.

(5) 电子仪器性能的测量.例如,仪器仪表的灵敏度、准确度,输入、输出特性等的测量.

(6) 各种非电量(例如,温度、位移、压力、速度、重量等)通过传感器转化为电学量的测量.

2. 电磁测量的方法

电磁测量的内容很丰富,测量的方法也很多,一个物理量,常可以通过不同的方法来测量.

1) 测量方法的分类

电磁测量的方法很多,分类方式也各不相同,除了可分为大家所熟悉的"直接测量法"和"间接测量法"以外,还常将电磁测量方法分为"直读测量法"和"比较测量法"两大类.

(1) 直读测量法.

直读测量法是根据一个或几个测量仪器的读数来判定被测物理量的值,而这些测量仪器是事先按被测量的单位或与被测量有关的其他量的单位而分度的.

直读测量法又可以分为两种.一是直接测量法(或称直接计值法).例如,用安培表测量电流,用伏特表测量电压,用欧姆表测量电阻.测量仪器安培表、伏特表和欧姆表的刻度尺是分别按安培、伏特和欧姆事先分度的.这种情况,被测量的大小直接从仪器的刻度尺上读出,它既是直读法又是直接测量法.二是间接测量法(或称间接计值法).例如,利用部分电路欧姆定律 $R=V/I$,用安培表直接测量流过待测电阻的电流 I,用伏特表直接测量电阻两端的电压 V,然后间接计算出电阻值 R.这种方法使用的仍然是直读式仪器,而被测量 R 是由函数关系 $R=V/I$ 计算得到的.

直读测量法由于方法简单,被普遍采用,但是由于其准确度比较低(相对于比较法),因此适用于对测量结果不要求十分准确的各种场合.

(2) 比较测量法.

比较测量法是将被测的量与该量的标准量进行比较而决定被测量值的方法.这种方法的特点,是在测量过程中要有标准量参加工作.例如,用电桥测量电阻、用电位差计测量电压的方法都是比较法.

比较测量法也有直接测量和间接测量两种,被测量直接与它的同种类的标准器相比较就是直接比较法.例如,某一电阻与标准电阻相比较就是直接比较法.间接比较法是利用某一定律所代表的函数关系,用比较法测量出有关量,再由函数关系计算出被测量的值.例如,用比较法测出流经标准电阻 R_s 上的电压 V,再利用欧姆定律 $I=V/R_s$ 算出电流强度 I 的大小,就是间接比较法.

比较测量法又分为三类:

① 零值测量法.它是被测量对仪器的作用被同一种类的已知量的作用相抵消到零的方法.由于比较时电路处于平衡状态,所以这种方法又称平衡法.例如,用电位差计测量电池的电动势时,就是用一已知的标准电压降和被测电动势相抵消,从已知标准电压降的电压值来得知被测电动势的值.零值法的误差取决于标准量的误差及测量的误差.

② 差值测量法.它也是被测量与标准量进行比较,不过被测量未完全平衡,其值由这些量所产生的效应的差值来判断.差值法的测量误差取决于标准量的误差及测量差值的误差.差值越小,则测量差值的误差对测量误差的影响越小.差值测量法所用的仪器有非平衡电桥、非完全补偿的补偿器等.

③ 替代测量法. 将被测量与标准量先后代替接入于同一测量装置中,在保持测量装置工作状态不变的情况下,用标准量值来确定被测量的方法称为**替代测量法**. 当标准量为可调时,用可调标准量的方法保持测量装置工作状态不变,则称为**完全替代法**. 如果标准量是不可调的,允许测量装置的状态有微小的变动,这种方法称为**不完全替代法**. 在替代法测量中,由于测量装置的工作状态不变,或者只有微小变动,测量装置自身的特性及各种外界因素对测量产生的影响是完全或绝大部分相同的,在替代时可以互相抵消,测量准确度就取决于标准量的误差.

2) 选择测量方法的原则

一个物理量,可以通过直接测量得到,也可以通过间接测量得到,可以用直读测量法,也可以用比较测量法进行测量. 那么如何选择合适的测量方法呢? 选择测量方法的原则是:

(1) 所选择的测量方法必须能够达到测量要求(包括测量的精确度);

(2) 在保证测量要求的前提下,选用简便的测量方法;

(3) 所选用的测量方法不能损坏被测元器件;

(4) 所选用的测量方法不能损坏测量仪器.

下面我们举例说明如何根据具体情况选择合适的测量方法:

(1) 根据被测物理量的特性选择测量方法.

例如,测量线性电阻(如金属膜电阻),由于其阻值不随流经它的电流的大小而变化,可选用电桥(比较式仪器)直接测量;这种方法简便,精确度高.

测量非线性电阻(如二极管、灯丝电阻等),由于这类电阻的阻值随流经它的电流的大小而变化,宜选用伏安法间接测量,并作 I-V 曲线和 R-I 曲线,然后由曲线求得对应于不同电流值的电阻.

同理,测量线性电感时,可选用交流电桥直接测量;测量非线性电感时,可选用伏安法间接测量.

(2) 根据测量所要求的精度,选择测量方法.

从测量的精度考虑,测量可分为精密测量和工程测量. 精密测量是指在计量室或实验室进行的需要深入研究测量误差问题的测量. 工程测量是指对测量误差的研究不很严格的一般性测量,往往是一次测量获得结果. 例如,测量市电 220 V 电压,可用指针式电压表(或万用表)直接测量,它直观、方便. 而在测量电源的电动势时,不能用指针式电压表(或万用表)直接测量,这是由于指针式电压表的内阻不很大,接入后电压表指示的电压是电源的端电压,而不是电动势. 在测量标准电池的电动势时,更不能用电压表或万用表. 其原因之一是电压表或万用表的内阻都不是很大,接入后,标准电池通过电压表或万用表的电流会远远超过标准电池所允许的额定值. 标准电池只允许在短时间内通过几微安的电流. 其原因之二是标准电池的电动势的有效数字要求较多,一般有 6 位,指针式电压表达不到要求. 因此,测量标准电池电动势应该选用电位差计用平衡法进行测量,平衡时,标准电池不供电.

(3) 根据测量环境及所具备的测量仪器的技术情况选择测量方法.

例如,用万用表欧姆挡测量晶体管 PN 结电阻时,应选用 $R\times100$ 或 $R\times1K$ 挡,而不能选用 $R\times1$ 挡或高阻挡.这是因为,若用 $R\times1$ 挡测量时,万用表内部电池提供的流经晶体管的电流较大,可能烧坏晶体管,而高阻挡内部配有高电动势(9 V、12 V 或 15 V)的电池,高电压可能使晶体管击穿.

总之,进行某一测量时,必须事先综合考虑以上情况选择正确的测量方法和测量仪器,否则,得出的数据可能是错误的,或产生不容许的测量误差,也可能损坏被测的元器件,或损坏测量仪器、仪表.

3. 电磁测量仪器

一般地讲,凡是利用电子技术对各种信息进行测量的设备,统称为**电子测量仪器**,其中包括各种指示仪器(如电表)、比较式仪器、记录式仪器以及各种传感器.从电磁测量角度说,利用各种电子技术对电磁学领域中的各种电磁量进行测量的设备及配件称为**电磁测量仪器**.电磁测量仪器的种类很多,而且随着新材料、新器件、新技术的不断发展,仪器的门类越来越多,而且趋向多功能、集成化、数字化、自动化、智能化发展.

电磁测量仪器有多种分类方法.

1) 按仪器的测量方法分

(1) 直读式仪器:指预先用标准量器进行比较而分度的能够指示被测量值的大小和单位的仪器,如各类指针式仪表.

(2) 比较式仪器:是一种被测量与标准器相比较而确定被测量的大小和单位的仪器,如各类电桥和电位差计.

2) 按仪器的工作原理分

(1) 模拟式电子仪器:指具有连续特性并与同类模拟量相比较的仪器.

(2) 数字式电子仪器:指通过模拟/数字转换,把具有连续性的被测的量变成离散的数字量,再显示其结果的仪器.

3) 按仪器的功能分

这是人们习惯使用的分类方法.例如,显示波形的有各类示波器、逻辑分析仪等;指示电平的有指示电压电平的各类电表(包括模拟式和数字式)、指示功率电平的功率计和数字电平表等;分析信号的有电子计数式频率计、失真度仪、频谱分析仪等;网络分析的有扫频仪、网络分析仪等;参数检测的有各类电桥、Q 表、晶体管图示仪、集成电路测试仪等;提供信号的有低频信号发生器、高频信号发生器、函数信号发生器、脉冲信号发生器等.

2.2.3 电磁学实验中常用仪器简单介绍

1. 电源

实验室常用的电源有直流电源和交流电源.

常用的直流电源有直流稳压电源、干电池和蓄电池.直流稳压电源的内阻小,输出功率较大,电压稳定性好,而且输出电压连续可调,使用十分方便,它的主要指标是最大输出电压和最大输出电流,如 DH1718C 型直流稳压电源最大输出电压为 30 V,最大输出电流为5 A.干电池的电动势约为 1.5 V,使用时间长了,电动势下降得很快,而且内阻也要增大.铅蓄电池的电动势约为 2 V,输出电压比较稳定,储藏的电能也比较大,但需经常充电,比较麻烦.

交流电源一般使用 50 Hz 的单相或三相交流电.市电每相 220 V,如需用高于或低于 220 V 的单相交流电压,可使用变压器将电压升高或降低.

不论使用哪种电源,都要注意安全,千万不要接错,而且切忌电源两端短接.使用时注意,不得超过电源的额定输出功率,对直流电源要注意极性的正负,常用"红"端表示正极,"黑"端表示负极,对交流电源要注意区分相线、零线和地线.

2. 电表

电表的种类很多,在电学实验中,以磁电式电表应用最广,实验室常用的是便携式电表.磁电式电表具有灵敏度高、刻度均匀、便于读数等优点,适合于直流电路的测量,其结构可以简单地用图 2-2-1 表示,永久磁铁的两个极上连着带圆孔的极掌,极掌之间装有圆柱形软铁制的铁芯,极掌和铁芯之间的空隙磁场很强,磁力线以圆柱的轴线为中心呈均匀辐射状. 在圆柱形铁芯和极掌间空隙处放有长方形线圈,两端固定了转轴和指针,当线圈中有电流通过时,它将因为受电磁力矩而偏转,同时固定在转轴上的游丝产生反方向的扭力矩. 当两者达到平衡时,线圈停在某一位置,偏转角的大小与通入线圈的电流成正比,电流方向不同,线圈的偏转方向也不同.下面具体介绍几种磁电式电表.

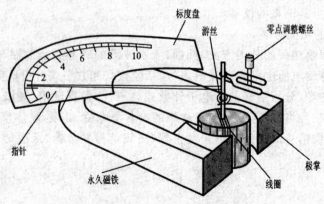

图 2-2-1 磁电式电表

1）灵敏电流计

灵敏电流计的特征是指针零点在刻度中央，便于检测不同方向的直流电．灵敏电流计常用在电桥和电位差计的电路中作为平衡指示器，即检测电路中有无电流，故又称**检流计**．

检流计的主要规格是：

（1）电流计常数：即偏转一小格代表的电流值．AC-5/2 型的指针检流计一般约为 10^{-6} A/格．

（2）内阻：AC-5/2 型检流计内阻一般不大于 50 Ω．

AC-5/2 型检流计的面板如图 2-2-2 所示，使用方法如下：

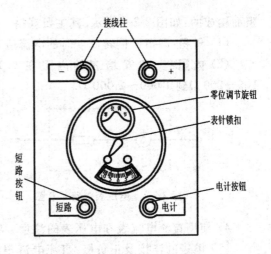

图 2-2-2　AC-5/2 型检流计

表针锁扣打向红点（左边）时，由于机械作用锁住表针，打向白点（右边）时指针可以偏转．检流计使用完毕后，锁扣应打向红点．零位调节旋钮应在检流计使用前调节使表针在零线上．锁扣打向红点时，不能调节零位调节旋钮，以免损坏表头，把接线柱接入检流电路，按下电计按钮并旋转此按钮（相当于检流计的开关），检流电路接通．短路按钮实际上是一个阻尼开关，使用过程中，可待表针摆到零位附近按下此按钮，而后松开，这样可以减少表针来回摆动的时间．

2）直流电压表

直流电压表是用来测量直流电路中两点之间电压的．根据电压大小的不同，可分为毫伏表（mV）和伏特表（V）等．电压表是将表头串联一个适当大的降压电阻而构成的，如图 2-2-3 所示，它的主要规格是：

（1）量程：即指针偏转满度时的电压值．例如，伏特表量程为 0—7.5 V—15 V—30 V，表示该表有三个量程，第一个量程在加上 7.5 V 电压时偏转满度，第二、三个量程在加上 15 V、30 V 电压时偏转满度．

（2）内阻：即电表两端的电阻，同一伏特表不同量程内阻不同．例如，0—7.5 V—15 V—30 V 伏特表，它的三个量程内阻分别为 1 500 Ω、3 000 Ω、6 000 Ω，但因为各量程的每伏欧姆数都是 200 Ω/V，所以伏特表内阻一般用 Ω/V 统一表示，可用下式计算某量程的内阻．

内阻＝量程×每伏欧姆数

3）直流电流表

直流电流表是用来测量直流电路中的电流的．根据电流大小的不同，可分为安培表（A）、毫安表（mA）和微安表（μA），电流表是在表头的两端并联一个适当的分流电

阻而构成的,如图 2-2-4 所示.其主要规格:

(1) 量程:即指针偏转满度时的电流值,安培表和毫安表一般都是多量程的.

(2) 内阻:一般安培表的内阻在 0.1 Ω 以下.毫安表、微安表的内阻可从 100~200 Ω 到 1 000~2 000 Ω.

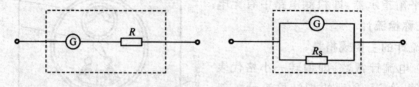

图 2-2-3　电压表电路示意图　　　　图 2-2-4　电流表电路示意图

4) 使用直流电流表和电压表的注意事项

(1) 电表的连接及正负极:直流电流表应串联在待测电路中,并且必须使电流从电流表的"+"极流入,从"−"极流出.直流电压表应并联在待测电路中,并应使电压表的"+"极接高电位端,"−"极接低电位端.

(2) 电表的零点调节:使用电表之前,应先检查电表的指针是否指零,如不指零,应小心调节电表面板上的零点调节螺钉,使指针指零.

(3) 电表的量程:实验时应根据被测电流或电压的大小,选择合适的量程.如果量程选得太大,则指针偏转太小,会使测量误差太大.量程选得太小,则过大的电流或电压会使电表损坏. 在不知道测量值范围的情况下,应先试用最大量程,根据指针偏转的情况再改用合适的量程.

(4) 视差问题:读数时应使视线垂直于电表的刻度盘,以免产生视差.级别较高的电表,在刻度线旁边装有平面反射镜.读数时,应使指针和它在平面镜中的像相重合.

5) 电表误差

(1) 测量误差.电表测量产生的误差主要有两类:

仪器误差:由于电表结构和制作上的不完善所引起,如轴承摩擦、分度不准、刻度尺划的不精密、游丝的变质等原因的影响,使得电表的指示与其值有误差.

附加误差:这是由于外界因素的变动对仪表读数产生影响而造成的.外界因素指的是温度、电场、磁场等.

当电表在正常情况下(符合仪表说明书上所要求的工作条件)运用时,不会有附加误差,因而测量误差可只考虑仪器误差.

(2) 电表的测量误差与电表等级的关系.

各种电表根据仪器误差的大小共分为七个等级,即 0.1、0.2、0.5、1.0、1.5、2.5、5.0.根据仪表的级数可以确定电表的测量误差.例如,0.5 级的电表表明其相对额定误差为 0.5%.它们之间的关系可表示如下:

$$相对额定误差 = \frac{绝对误差}{表的量程}$$

$$仪器误差＝量程×仪表等级\%$$

【例1】　用量程为 15 V 的伏特表测量时,表上指针的示数为 7.28 V,若表的等级为 0.5 级,读数结果应如何?

　　解　　　仪器误差:$\Delta V_仪＝$量程×表的等级$\%＝15×0.5\%$ V
$$＝0.08 \text{ V(误差取一位)}$$

$$相对误差:\frac{\Delta V}{V}＝\frac{0.08}{7.28}＝1\%$$

由于用镜面读数较准确,可忽略读数误差,因此绝对误差只用仪器误差.读数结果为

$$V＝(7.28±0.08)\text{V}$$

(3) 根据电表的绝对误差确定有效数字.

【例2】　用量程为 15 V,0.5 级的伏特表测量电压时,应读几位有效数字?

　　解　根据电表的等级数和所用量程可求出

$$\Delta V＝15×0.5\% \text{ V}＝0.08 \text{ V}$$

故读数值时只需读到小数点后两位,以下位数的数值按数据的舍入规则处理.

6) 数字电表

数字电表是一种新型的电测仪表,在测量原理、仪器结构和操作方法上都与指针式电表不同,数字电表具有准确度高、灵敏度高、测量速度快的优点.

数字电压表和电流表的主要规格是:量程、内阻和精确度.数字电压表内阻很高,一般在 MΩ 以上,要注意的是其内阻不能用统一的每伏欧姆数表示,说明书上会标明各量程的内阻.数字电流表具有内阻低的特点.

下面着重介绍数字电表的误差表示方法以及在测量时如何选用数字电表的量程.

数字电压表常用的误差表示方法是

$$\Delta＝±(A\%V_x＋b\%V_m) \tag{2.2.1}$$

式中 Δ 为绝对误差值,V_x 为测量指示值,V_m 为满度值,A 为误差的相对项系数,b 为误差的固定项系数.

从上式可以看出数字电压表的绝对误差分为两部分,式中第一项为可变误差部分;式中第二项为固定误差部分,与被测值无关.

由上式还可得到测量值的相对误差 r 为

$$r＝\frac{\Delta}{V_x}＝±\left(a\%＋b\%\frac{V_m}{V_x}\right) \tag{2.2.2}$$

此式说明满量程时 r 最小,随着 V_x 的减小 r 逐渐增大,当 V_x 略大于 $0.1V_m$ 时,r 最大.当 $V_x≤0.1V_m$ 时,应该换下一个量程使用,这是因为数字电压表量程是十进位的.

【例3】　一个数字电压表在 2.000 0 V 量程时,若 $A＝0.02,b＝0.01$,其绝对误差为

$$\Delta＝±(0.02\%V_x＋0.01\%V_m)$$

当 $V_x=0.1\ V_m=0.200\ 0\ V$ 时相对误差为

$$r=\pm(0.02\%+10\times0.01\%)=\pm0.12\%$$

而满度时 r 值只有 $\pm0.03\%$. 所以,在使用数字电压表时,应选合适的量程,使其略大于被测量,以减小测量值的相对误差.

3. 电阻

实验室常用的电阻除了有固定阻值的定值电阻以外,还有电阻值可变的电阻,主要有电阻箱和滑线变阻器.

1) 电阻箱

电阻箱外形如图 2-2-5(b)所示,它的内部有一套用锰铜线绕成的标准电阻,按图 2-2-5(a)联接. 旋转电阻箱上的旋钮,可以得到不同的电阻值. 在图 2-2-5(b)中,每个旋钮的边缘都标有数字 0、1、2、… 、9,各旋钮下方的面板上刻 ×0.1、×1、×10、…、×10 000 的字样,称为**倍率**. 当每个旋钮上的数字旋到对准其所示倍率时,用倍率乘上旋钮上的数值并相加,即为实际使用的电阻值. 如图 2-2-6(b)所示的电阻值为

$$R=8\times10\ 000+7\times1\ 000+6\times100+5\times10+4\times1+3\times0.1\ \Omega=87\ 654.3\ \Omega$$

电阻箱的规格:

(1) 总电阻:即最大电阻,如图 2-2-5 所示的电阻箱总电阻为 99 999.9 Ω.

(2) 额定功率:指电阻箱每个电阻的功率额定值,一般电阻箱的额定功率为 0.25 W,可以由它计算额定电流. 例如,用 100 Ω 挡的电阻时,允许的电流 $I=\sqrt{\dfrac{W}{R}}=\sqrt{\dfrac{0.25}{100}}$ A=0.05 A,各挡容许通过的电流值如表 2-2-1 所示.

表 2-2-1　各挡允许通过的电流值

旋钮倍率	×0.1	×1	×10	×100	×1000	×10000
容许负载电流/A	1.5	0.5	0.15	0.05	0.015	0.005

(3) 电阻箱的等级:电阻箱根据其误差的大小分为若干个准确等级,一般分为 0.02、0.05、0.1、0.2 等,它表示电阻值相对误差的百分数. 例如,0.1 级,当电阻为 87 654.3 Ω 时,其误差为 87 654.3×0.1% Ω≈87.7 Ω.

电阻箱面板上方有 0、0.9 Ω、9.9 Ω、9 999.9 Ω 四个接线柱,0 分别与其余三个接线柱构成所使用的电阻箱的三种不同调整范围. 使用时,可根据需要选择其中一种,如使用电阻小于 10 Ω 时,可选 0~9.9 Ω 两接线柱,这种接法可避免电阻箱其余部分的接触电阻对使用的影响,不同级别的电阻箱,规定允许的接触电阻标准亦不同. 例如,0.1 级规定每个旋钮的接触电阻不得大于 0.002 Ω,在电阻较大时,它带来的误差微不足道,但在电阻值较小时,这部分误差却很可观. 例如,一个六钮电阻箱,当阻值为 0.5 Ω 时接触电阻所带来的相对误差为 $\dfrac{6\times0.002}{0.5}=2.4\%$,为了减少接触电阻,一些电阻

箱增加了小电阻的接头.如图 2-2-5 所示的电阻箱,当电阻小于 10 Ω 时,用 0 和 9.9 Ω 接头可使电流只经过 ×1 Ω、×0.1 Ω 这两个旋钮,即把接触电阻限制在 2×0.002 Ω= 0.004 Ω 以下;当电阻小于 1 Ω 时,用 0 和 0.9 接头可使电流只经过 ×0.1 Ω 这个旋钮,接触电阻就小于 0.002 Ω.标称误差和接触电阻误差之和就是电阻箱的误差.

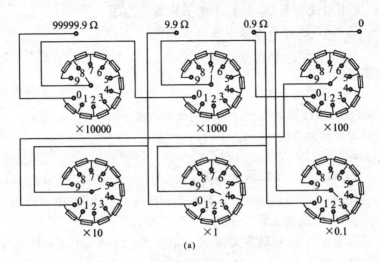

(a)

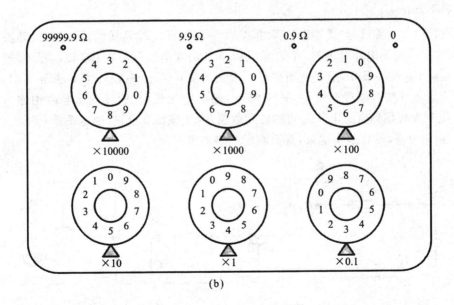

(b)

图 2-2-5　电阻箱

2) 滑线变阻器

滑线变阻器的结构如图 2-2-6 所示,电阻丝密绕在绝缘瓷管上,电阻丝上涂有绝缘物,各圈电阻丝之间相互绝缘.电阻丝的两端与固定接线柱 A、B 相连,A、B 之间的电阻为总电阻.滑动接头 C 可以在电阻丝 AB 之间滑动,滑动接头与电阻丝接触处的绝缘物被磨掉,使滑动接头与电阻丝接通.C 通过金属棒与接线柱 C' 相连,改变 C 的位置,就改变 AC 或 BC 之间的电阻值.使用滑线变阻器,虽然不能准确地读出其电阻值的大小,但却能近似连续地改变电阻值.

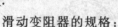

图 2-2-6　滑线变阻器

滑动变阻器的规格:

(1) 全电阻:AB 间的全部电阻值.

(2) 额定电流:滑线变阻器允许通过的最大电流.

滑线变阻器有两种用法:

(1) 限流电路.

如图 2-2-7 所示,A、B 两接线柱使用一个,另一个空着不用.当滑动 C 时,AC 间电阻改变,从而改变了回路总电阻,也就改变了回路的电流(在电源电压不变的情况下).因此,滑线变阻器起到了限制(调节)线路电流的作用.

为了保证线路安全,在接通电源前,必须将 C 滑至 B 端,使 R_{AC} 有最大值,回路电流最小.然后,逐步减小 R_{AC} 值,使电流增至所需要的数值.

(2) 分压电路.

如图 2-2-8 所示,滑线变阻器两端 A、B 分别与开关 K 两接线柱相连,滑动头 C 和一固定端 A 与用电部分连接.接通电源后,AB 两端电压 V_{AB} 等于电源电压 E.输出电压 V_{AC} 是 V_{AB} 的一部分,随着滑动端 C 位置的改变,V_{AC} 也在改变.当 C 滑至 A 时,输出电压 $V_{AC}=0$;当 C 端滑至 B 时,$V_{AC}=V_{AB}$,输出电压最大.所以分压电路中输出电压可以调节为从零到电源电压之间的任意数值,为了保证安全,接通电源前,一般应使输出电压 V 为零,然后逐步增大,直至满足线路的需要.

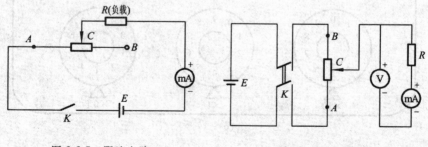

图 2-2-7　限流电路　　　　图 2-2-8　分压电路

4) 开关

开关通常以它的刀数(即接通或断开电路的金属杆数目)及每把刀的掷数(每把刀可以形成的通路数)来区分.经常使用的有单刀单掷开关、单刀双掷开关、双刀双掷及换向开关等.开关的符号如图 2-2-9 所示.

单刀单掷开关　　　　　　　　　　　　单刀双掷开关

双刀双掷开关　　　双刀单掷开关　　　换向开关

图 2-2-9　开关

2.2.4　电磁学实验操作规程

（1）准备.做实验前要认真预习,做到心中有数,并准备好数据表.实验时,先要把本组实验仪器的规格弄清楚,然后根据电路图要求摆好仪器位置(基本按电路图排列次序,但也要考虑到读数和操作方便).

（2）连线.要在理解电路的基础上连线.例如,先找出主回路,由最靠近电源开关的一端开始连线(开关都要断开),连完主回路再连支路.一般在电源正极、高电位处用红色或浅色导线连接,电源负极、低电位处用黑色或深色导线连接.

（3）检查.接好电路后,先复查电路连接是否正确,再检查是否符合其他要求.例如,开关是否打开,电表和电源正负极是否接错,量程是否正确,电阻箱数值是否正确,变阻器的滑动端(或电阻箱各挡旋钮)位置是否正确,等等.直到一切都做好,再请教师检查.经其同意后,再接上电源.

（4）通电.在闭合开关通电时,要首先想好通电瞬间各仪表的正常反应是怎样的(如电表指针是指零不动或是应摆动什么位置等),闭合开关时要密切注意仪表反应是否正常,并随时准备不正常时断开开关.实验过程中需要暂停时,应断开开关,若需要更换电路,应将电路中各个仪器拨到安全位置然后断开开关,拆去电源,再改换电路,经教师重新检查后,才可接电源继续进行实验.

（5）实验.细心操作,认真观察,及时记录原始实验数据,原始数据须经教师过目并签字.原始实验数据单一律要附在实验报告后一齐交上.

（6）安全.实验时一定要爱护仪器和注意安全.在教师未讲解、未弄清注意事项和操作方法之前不要乱动仪器.不管电路中有无高压,要养成避免用手或身体接触电路中导体的习惯.

（7）归整.实验做完,应将电路中仪器拨到安全位置,断开开关,经教师检查原始实验数据后再拆线,拆线时应先拆去电源,最后将所有仪器放回原处,再离开实验室.

§2.3 光学和热学基本仪器

2.3.1 读数显微镜

1. 仪器结构

仪器结构如图 2-3-1 所示.

（1）目镜 2 及目镜接筒 1：松开锁紧螺钉 3，伸缩目镜，使目镜视场中的分划板十字叉丝线清晰.

（2）调焦手轮 4：调节调焦手轮 4，可使视场中观察到的物体清晰.

（3）标尺 5：与测微鼓轮 6 一起读数.在标尺上读取整数，最小读数值为 1 mm.

（4）棱镜室 19：可在 360°方向内旋转.

（5）测微鼓轮 6：与标尺 5 一起读数.测微鼓轮上读取小数，最小读数值为 0.01 mm，读数可估计到 0.001 mm.

（6）物镜组 15 与 45°半反射镜 14：使用时应调节 45°半反射镜正对光源.

（7）反光镜旋轮 12：旋转反光镜旋轮，可调节与之相连的反光镜方位.

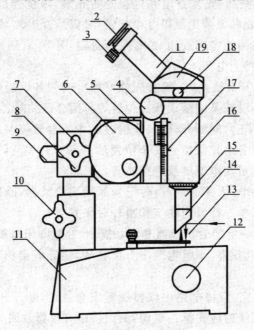

图 2-3-1 读数显微镜

1—目镜接筒；2—目镜；3—锁紧螺钉；4—调焦手轮；5—标尺；6—测微鼓轮；7—锁紧手轮 I；
8—接头轴；9—方轴；10—锁紧手轮 II；11—底座；12—反光镜旋轮；13—压片；14—半反镜组；
15—物镜组；16—镜筒；17—刻尺；18—锁紧螺钉；19—棱镜室

2. 读数方法

（1）把待测物放置于显微镜的载物台上，转动载物台下的反射镜，将待测物的视场照亮.

（2）调节目镜，使目镜内分划板平面上的十字叉丝清晰，并且转动目镜使十字叉丝中的一条线与刻度尺的刻线平行.

（3）调节显微镜镜筒，使其与待测物有一个适当的距离（避免与待测物相碰而损坏物镜和待测物），然后自下而上地调节显微镜的焦距，在视场中看到清晰的物像，并消除视差，即眼睛左右移动时，叉丝与物像间应无相对位移.

（4）转动读数鼓轮（副尺），使竖直叉丝分别与待测物体的两端相切，记下主副尺的两次读数值 x_1、x_2，其差值的绝对值即为待测物体线度 L（如物体长度、宽度和直径等），即

$$L = |x_2 - x_1| \qquad\qquad (2.3.1)$$

3. 注意事项

（1）调节显微镜焦距时，严禁在镜筒下移过程中碰伤或损坏物镜和待测物.

（2）测量时，十字叉丝中的一条线必须与主尺刻线平行，显微镜的走向应与待测物的两个位置连线平行.

（3）表达式待测物的读数（x_1，x_2）必须无螺纹回程误差. 所谓螺纹回程误差是指由于螺纹方向改变而引起的空程误差. 其产生的原因是：当读数鼓轮和丝杠转动方向改变后，开始会有因螺纹间隙产生的空转过程，即螺纹转动没有带动螺母运动，即没有带动显微镜移动. 这样读数与显微镜的移动就没有对应关系了.

为了避免螺纹回程误差，测量时应注意：

（1）每次测量，读数鼓轮只能向一个方向转动，不能时而正转，时而反转.

（2）如果正向前进的镜筒要朝反向转动，不能在读数位置突然后转，而应使镜筒沿原先方向在转动两圈，然后在改变转动方向，使丝杠消除空转，重新带动镜筒反向运动后，再进行测量.

（3）测量时必须直接用手握住读数鼓轮来控制镜筒移动，而不能用摇把，以保证测量准确.

2.3.2　分光计

分光计是在光的反射、折射、干涉和偏振各项实验中测量角度的精密光学仪器. 用它可以测量折射率、色散率、光的波长等. 分光计的基本部件和调节原理与其他较复杂的光学仪器如摄谱仪、单色仪有很多相似之处，因此，学习和使用分光计可以为今后使用更为精密的光学仪器打下基础.

分光计装置较精密，结构较复杂，调节要求较高，对初学者来说有一定的难度. 在操作时要明确每一个调节步骤的目的要求，按教材介绍的调节要求和步骤耐心调节，

千万不要乱调,缺乏耐心是不能做好有关实验的.

1. 分光计的结构

分光计主要由平行光管、望远镜、载物台和读数刻度圆盘组成.常用的 JJY 型分光计的结构如图 2-3-2 所示.

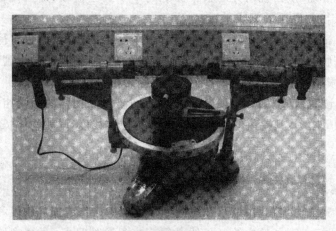

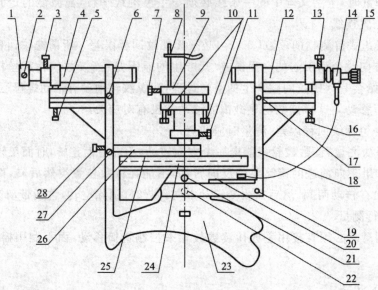

图 2-3-2 分光计的结构正视图

1—狭缝装置;2—狭缝宽度调节手轮;3—狭缝套筒锁紧螺钉;4—平行光管镜筒;5—平行光管高低调节螺钉;

6—平行光管水平微调螺钉;7—弹簧片锁紧螺钉;8—夹物弹簧片;9—载物平台;10—载物平台调节螺钉(三只);

11—载物平台锁紧螺钉;12—望远镜镜筒;13—望远镜套筒锁紧螺钉;14—照明小灯、分划板及全反射棱镜;

15—望远镜目镜调节手轮;16—望远镜高低调节螺钉;17—望远镜水平调节螺钉;18—望远镜支臂;

19—望远镜微调螺钉;20—望远镜转座;21—望远镜与读数盘联结螺钉;22—望远镜制动螺钉;23—三角底座;

24—读数盘(刻度盘);25—游标盘;26—游标盘制动架;27—游标盘微调螺钉;28—游标盘制动螺钉

分光计下部的三脚底座是整个分光计的支座，其中心竖直轴就是分光计的中心轴.望远镜、读数刻度圆盘（角度游标）和载物平台都可绕中心轴旋转.现对分光计中的主要部分进行介绍.

1）平行光管

平行光管是一个柱形圆管，其一端装有消色差物镜，另一端有狭缝1，其狭缝宽可由狭缝宽度调节手轮2调节.放松螺钉3可使狭缝套管前后移动.平行光管的高低倾斜可由螺钉5调节.平行光管的作用是使光源（如钠光）通过平行光管产生平行光.

2）望远镜

望远镜是用来观察确定光线方向的.它装在支架上，可绕中心轴转动，其转动方向可由读数刻度圆盘测出（望远镜支架与读数刻度圆盘同步绕中心轴转动）.望远镜的物镜和目镜分别装在镜筒两端，叉丝在目镜筒一端，可随目镜前后移动.JJY型分光计用的是阿贝目镜，其结构如图 2-3-3 所示.

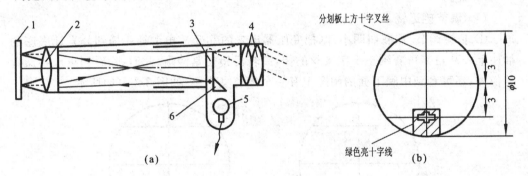

图 2-3-3　阿贝式自准直望远镜原理图

3）载物平台

载物平台是放置平面反射镜、三棱镜、光栅等光学元件的平台，可绕中心轴转动.其高低可调.螺钉11可以锁紧载物平台，使位置固定.

4）读数刻度圆盘

读数刻度圆盘由刻度盘24和游标盘25组成.圆盘分为360°，最小刻度为半度（30'），游标刻度有30格，每一格为1'.显然，此刻度圆盘为角度游标，其读数方法与一般的游标卡尺相同.根据游标尺的度数方法易知，图 2-3-4（a）和（b）中的读数分别为149°22'和149°44'.

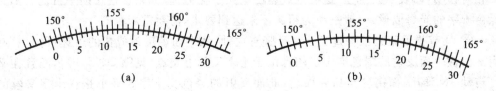

图 2-3-4　游标读数示意图

为了避免刻度盘的偏心差,在圆盘上对称装有两个游标刻度(一些光学仪器如旋光仪等皆如此).测量时两个游标都要读数,然后算出每个游标两次读数的差,再取平均值,此平均值即为测量值(望远镜的转角).

2. 仪器调节

从分光计的结构可知,为了做到精确测量,测量前必须调节好分光计.其要求是:平行光管射出的光应是平行光;望远镜聚焦于无穷远即接收平行光;平行光管和望远镜的光轴均与仪器的竖直主轴垂直.下面介绍仪器的调节步骤(注意调节顺序,第一步调好后不能再改变).

1)粗调(凭眼睛观察判断)

用水平尺把载物平台(调平台下面三个螺钉)、平行光管和望远镜(均调其下面的调节螺钉)调至与刻度圆盘尽量平行的位置,即与仪器竖直主轴垂直.

2)细调

(1)调节望远镜.

①目镜调节.点亮照明小灯(把变压器出来的 6.3 V 电源插头插到分光计底座的插座上).从目镜可看到正十字叉丝的像,旋转目镜使其清晰.此时,除看到正十字叉丝的像外,还可看到中间下面的阴影中有一个绿色亮十字,如图 2-3-5(a)所示.

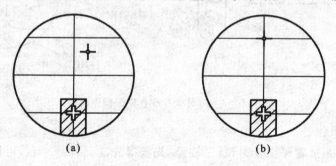

(a)   (b)

图 2-3-5 绿色亮十字反射像示意图

②调节望远镜使其聚焦于无穷远.将两面反射的平面镜放在载物平台上.缓慢转动平台,从目镜中可看到平面镜反射回来的绿色光斑.如果合适,则可看到绿色亮十字反射的像(阴影中绿色十字经平面反射镜反射后的像).若像不清晰,则可前后移动目镜部分的镜筒.此时的像如图 2-3-7(a)所示.再把眼睛左右稍微晃动,如绿色十字的像无相对移动,即表示无视差,这样望远镜已聚焦于无穷远.如果缓慢转动平台仍看不到绿色十字的光斑或像,一般是因为粗调还未达到要求,需要重新粗调.

③调节望远镜光轴垂直于分光计竖直主轴.从平面镜反射成像的道理可知,只有当平面镜一面反射的绿色亮十字的像位于十字叉的上交点(见图 2-3-5(b)),而且在平台转动 180°即平面镜转至另一面后,此面反射的绿色亮十字的像也是在十字叉丝的上交点时,才可认为望远镜的光轴垂直于分光计的竖直主轴.为此,可以这样调节:(a)

在按细调的②步完成后,此时可看到绿色亮十字,但其不一定在十字叉丝的上交点,暂时不调它;(b)把平台即平面镜转 180°(眼睛在目镜上一边观察一边转动平台),又可看到绿色十字像,若看不到,又要细调平台下面三个螺钉或望远镜的调节水平螺钉,直至从平面镜两个面都可以看到绿色亮十字像后,才进行下一步的细调;(c)最简单和快捷的方法是采用渐近法,即先细调平台下的螺钉使绿色亮十字像与十字叉丝上交点间的距离靠近一点,再调节望远镜的调水平螺钉使其距离又靠近一点;(d)将平台转180°,重复(c)的操作.这样,两个面经过交替重复的调节,最终可以调好(千万不要想一步到位,一定要两面反复调试逐步逼近,否则绿色亮十字就可能又找不到了).

(2)调节平行光管.

此步调节的目的是将已聚焦于无穷远的望镜远作为标准,使平行光管光轴垂直于分光计的竖直主轴.

① 调节平行光管使其产生平行光.(a)关闭望远镜目镜照明小灯泡电源,取走载物平台上的平面镜;(b)从已调好的望远镜正对平行光管观察,调节狭缝宽度调节手轮使狭缝打开,从望远镜可观察到狭缝模糊的像,前后移动狭缝管的位置便可看到狭缝清晰的像.调节手轮使缝宽约 1 mm.

② 调节平行光管光轴垂直于分光计主轴.仍以已调好的望远镜作为标准,当从望远镜看到狭缝像的中点与正十字叉丝中的交点重合时,则说明平行光管已经垂直于主轴了.为此,只要微调平行光管的水平螺钉和高低调节螺钉便可达到.通过以上的调整,分光计便可供测量使用.

§2.4　物理实验仪器的基本调节方法与操作规程

以上较详细地介绍了物理实验中常用的实验仪器及其使用方法,本节将概述物理实验中的基本调节和操作方法.掌握正确的调节和操作方法不仅可将系统误差减小到最低限度,而且对提高实验结果的准确度有直接的影响.

2.4.1　物理实验仪器的基本调节方法

1. 零位调节

绝大多数测量工具及仪表,如游标卡尺、螺旋测微器、电流表、电压表、万用表等都有零位(零点).在使用它们之前,必须检查或校正仪器零位.对于一些特殊的仪器或精度要求较高的实验,还必须在每次测量前校正仪器零位.

零位校正的方法一般有两种.一种是测量仪器本身带有零位校正装置,如电表,应使用零位校正装置使仪器在测量前处于零位;另一种仪器本身不能进行零位调整,如端点已经磨损的米尺、钳口已被磨损的游标卡尺,对于这类仪器,则应先记下零点读数,然后对测量数据进行零点修正.

2. 水平或铅直调整

有些仪器和实验装置必须在水平或铅直状态下才能正常地进行实验,如天平、气垫导轨、三线摆和一些光学仪器等,因此,在实验中经常遇到要对实验仪器进行水平或铅直调整.这种调整常借助水准仪或悬锤进行.凡是要进行水平或铅直调整的仪器,在其底座上大多数设有三个底脚螺丝(或一个固定脚,两个可调脚),通过调节底脚螺丝,借助于水准仪或悬锤,可将仪器装置调整到水平或铅直状态.

3. 消视差调节

在实验中,经常会遇到仪器的读数标线(指针、叉丝)和标尺平面不重合的情况.例如,电表的指针和刻度面总是离开一定的距离.因此,当眼睛在不同位置观察时,读得的指示值有时会有差异,这一现象称为视差.为了获得准确的测量结果,实验时必须消除视差.消除视差的方法有两种.一是使视线垂直标尺平面读数,如 1.0 级以上的电表表盘上均附有平面镜,当观察到指针与其像重合时,读取指针所指刻度值即为正确的;二是使读数标线与标尺平面密合在同一平面内,如将游标卡尺上的游标尺加工成斜面,便是为了使游标尺的刻线下端与主尺接近处于同一平面,以减小视差.

光学实验中的视差问题较为复杂,除了观测者的读数方法外,主要是由于仪器没有调节好,造成较大的视差.下面分析光学仪器测量时的视差.

在用光学仪器进行非接触式测量时,常使用带有叉丝的望远镜或读数显微镜,其基本光路如图 2-4-1 所示.它们的共同点是在目镜焦平面内侧附近装有一个十字叉丝(或带有刻度的分划板),若待测物体经物镜后成像(A_1B_1)在叉丝所在的位置处,人眼经目镜观察到叉丝与物体的最后虚像(A_2B_2)都在明视距离处的同一平面上,这样便无视差.

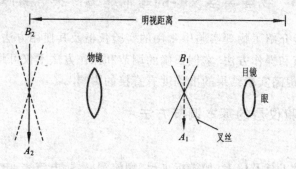

图 2-4-1　望远镜基本光路示意图

要消除视差,可仔细调节目镜(连同叉丝)与物镜之间的距离,使待测物体经物镜成像在叉丝所在的平面上.一般是一边调节一边稍稍左右、上下移动眼睛,看看待测物体的像与叉丝像之间是否有相对运动,直至二者无相对运动为止.

4. 逐次逼近调节

在物理实验中,仪器的调节大多不能一步到位.例如,电桥达到平衡状态、电势差计达到补偿状态、灵敏电流计零点的调节、分光计中望远镜光轴的调节等,都要经过反复多次地调节才能完成."逐次逼近调节"是一个能迅速、有效地达到调整要求的调节技巧.

依据一定的判断标准,逐次缩小调整范围,较快地获得所需状态的方法称为逐次逼近调节法.在不同的仪器中判断标准是不同的,如调节天平是观察其指针在标度前来回摆动,左右两边的振幅是否相等;平衡电桥是看检流计的指针是否指零.逐次逼近调节不仅在天平、电桥、电势差计等仪器的平衡调节中用到,而且在光路的共轴调整、分光计的调节中也要用到,它是一种经常使用的调节方法.

5. 先定性、后定量原则

在测量某一物理量随另一物理量变化的关系时,为了避免测量的盲目性,应采用"先定性、后定量"的原则进行测量.即在定量测量前,先对实验的全过程进行定性观察,在对实验数据的变化规律有初步了解的基础上,再进行定量测量.例如,测绘晶体二极管的伏安特性曲线时,对于电流 I 随电压 U 变化的情况,可先进行定性观察,然后在分配测量间隔时,采用不等间距测量.在电压增量 ΔU 相等的两点之间,如果电流 I 的变化较大时,就应多测几个点.这样采用由不同间隔测得的数据来作图就比较合理.

6. 回路接线法

在电磁学实验中,常会遇到按电路图接线的问题.这时,可将一张电路图分解为若干个闭合回路,接线时由回路Ⅰ的始点(往往为高电势点或低电势点)出发,依次首尾相连,最后仍回到始点,再依次连接回路Ⅱ、回路Ⅲ、……这种接线方法称为回路接线法.按此法接线和查线,可确保电路连接正确.

7. 避免空程误差

由丝杠和螺母构成的传动与读数机构,由于螺母与丝杠之间有螺纹间隙,往往在测量刚开始或刚反向转动时,丝杠须要转过一定角度(可能达几十度),才能与螺母啮合.结果与丝杠连接在一起的鼓轮已有读数改变,而由螺母带动的机构尚未产生位移,造成虚假读数而产生空程误差.为了避免产生空程误差,使用这类仪器(如螺旋测微器、读数显微镜)时,必须待丝杠与螺母啮合后才能进行测量,且只能向一个方向旋转鼓轮,切忌反转.

2.4.2　电磁学实验基本规则

1. 仪器的布局

对电学实验,合理布局仪器是保证顺利进行实验的重要一环.仪器布局得当,可使接线顺手,操作方便,不易出错,出现了错误也容易查出.为了连线方便,一般各仪器应按照电路图中的位置摆放好.但是,为了便于操作,易于观察,保证安全,有的仪器不一定完全按照电路图的位置对应布置.例如,经常要调节或读数的仪器可放在离操作者较近的地方,电源可放在较远的地方,在电源开关前不要放置其他东西,以使电路出现故障时能及时断开电源.仪器总体摆放要整齐.

2. 电路的连接

电路连接是电磁学实验的基本功.在充分理解电路图的原理和安排好仪器布局之后,即可开始接线.接线一般先从电源的正极开始(接线时电源开关要断开),依照电路原理图,按高电位到低电位的顺序连接.如果电路比较复杂,可分成几个回路,连好一个回路再连接另一个回路,切忌乱连.连线时要注意电路中的等位点,不宜在一个接线柱上连接过多的导线,否则,容易出现接触不良或接头脱落等现象.电路连线要整齐,接头要旋紧(但不要旋死).接完电路后,要首先自己检查一遍,再请教师检查,确保无误方可通电试验.

3. 通电试验

通电之前要先把各变阻器调至安全位置,限流器的阻值要调至最大,分压器要调到输出电压最小的位置.当不知道电压或电流的数值范围时,应取电表最大量程.检流计的保护电阻应置最大位置,在可能的情况下应事先预估各表针的正常偏转位置.

接通电源时应手握电源开关,充分利用视觉和嗅觉,注视全部仪器.当发现表针有反向偏转或超出量程,电路打火、冒烟、出现焦臭味或特殊响声等异常现象时,应立即切断电源,重新检查.在排除故障前千万不能再通电.在实验过程中如要改接电路,必须断开电源.

4. 断电和整理仪器

实验完后不要忙于拆线路,应先分析数据是否合理,有无漏测或可疑数据,必要时要及时重测或补测.在实验课上须经老师检查,确认实验数据无误后方可拆线.拆线前应首先把分压器和限流器调至安全位置,以减小电压和电流,避免断电时电表剧烈打针.然后切断电源开关,开始拆线.拆线应从电源开始,这样可以防止万一忘记关闭电源时因导线短路而引起烧坏仪器、触电和起火等事故.整理好拆下的导线后,再将仪器和仪表摆放整齐.

5. 安全用电

安全用电是实验中必须充分注意的问题.要预防触电就不能直接接触高于安全电压(36 V)的带电体,特别不能用双手触及电位不同的带电体.实验使用的电源通常是220 V 交流电和0~24 V 的直流电,但有时实验电压可高达1 万伏以上.所以,在做电学实验过程中要特别注意人身安全,谨防触电事故发生.实验时应注意以下几点:

(1) 接线和拆线必须在断电状态下进行;

(2) 操作时人体不能触及仪器的高压带电部位;

(3) 在带电情况下操作时,凡不必用双手操作就尽可能用单手操作,以减小触电危险;

(4) 在做高压实验时,必须采取一定的保护措施.例如,使操作人员站在胶皮绝缘垫上进行操作,并使机壳接地等.

2.4.3　光学实验基本规则

光学仪器的主体是光学元件.光学元件大多是用光学玻璃制成,对其光学性能都有一定要求,而它们的机械性能和化学性能都很差.在光学仪器出厂前,均经过精密调整和校正,如果使用维护不当,很容易损坏和报废.为了维护好光学元件和仪器的正常工作,确保实验顺利进行,光学实验中必须注意以下几点:

(1)使用仪器前,必须了解仪器的操作和使用方法,切不可在不了解仪器操作和使用的情况下,随意调整和拆卸光学元件.搬动时要防止光学元件位置移动.

(2)轻拿轻放,勿使光学仪器或光学元件受到冲击或振动,特别要防止摔落.

(3)不许用手触摸光学元件的光学面.若要用手拿光学元件,只能接触其磨砂面或边缘.

(4)光学表面上如有灰尘,应使用专用的干燥脱脂软毛笔将其轻轻掸去,或用橡皮吹球吹掉.若光学表面有轻微污痕或指纹印,应用特制镜头纸或清洁的麂皮轻轻地拂去,不可加压擦拭,更不准用手、手帕、卫生纸和衣角擦拭,不可用嘴吹气.所有镀膜面均不能触碰或擦拭.

(5)除实验规定外,不允许任何溶液接触光学表面,不要对着光学元件表面说话,更不能对着它咳嗽、打喷嚏.

(6)光学仪器的机械结构一般都比较精密,操作时动作要轻而缓慢,用力要平稳均匀,不得强行扭动,也不能超出其行程范围.若使用不当仪器精密度会大大降低,甚至损坏.

(7)实验完毕,不得将光学元件随意乱放,应归还原箱(盒)内,注意防尘、防湿和防腐蚀.

§2.5　物理实验测量仪器的选择

2.5.1　等不确定度(或等误差)分配原则

根据不确定度(或误差)传递公式(1.17)可知,测量量的相对不确定度(或相对误差)等于各个分相对不确定度(或分相对误差)平方和的方根,即设某测量量的不确定度(或相对误差)为 $R_r = \dfrac{U_y}{y}$,各个分相对不确定度(或分相对误差)分别为 $r_1, r_2, \cdots,$ r_n,在直接测量中 $r_1 = 2\dfrac{S_x}{x}, r_2 = 2\dfrac{\Delta_m}{\sqrt{3}\,x}$;在间接测量中

$$r_1 = \frac{\partial \ln f}{\partial x_1} U_{x_1}, \ r_2 = \frac{\partial \ln f}{\partial x_2} U_{x_2}, \cdots, r_n = \frac{\partial \ln f}{\partial x_n} U_{x_n}$$

则
$$R_r = (r_1^2 + r_2^2 + \cdots + r_n^2)^{\frac{1}{2}}$$

根据多元函数求极值可得,当 $r_1 = r_2 = \cdots = r_n = 0$ 相对不确定度(相对误差)最小,但是各个分相对不确定度(或分相对误差) $r_1, r_2, \cdots, r_n$ 都是非常小的量而不可能等于零,又考虑到 R_r 是 $r_1, r_2, \cdots, r_n$ 的连续函数,所以 $|r_1|, |r_2|, \cdots, |r_n|$ 越小, R_r 越小,只要有一个分不确定度(或分相对误差)的绝对值明显大于其他分不确定度(或分相对误差)的绝对值,都会导致测量量的相对不确定度(或相对误差)很大,所以选择仪器时应该保证各个分相对不确定度(或分相对误差)的绝对值满足 $|r_1| \approx |r_2| \approx \cdots \approx |r_n| \ll 1$,才能保证相对不确定度(或分相对误差)较小. 细圆柱体体积为 $V = \pi r^2 h$, $(r \ll h)$,体积的相对不确定度为 $R_V = \dfrac{U_V}{V} = \sqrt{\left(2\dfrac{U_r}{r}\right)^2 + \left(\dfrac{U_h}{h}\right)^2}$,显然根据等相对不确定度分配原则可知,小量 r 应该用精确度较高的仪器测量,大量应该用精确度较低的仪器测量.

2.5.2 测量仪器的选择

1. 直接测量仪器选择

对于给定测量量的精确度的要求和 A 类不确定度,则将计算出的测量该量不确定度 U 的大小. 再根据不确定度表达式 $U = 2\sqrt{U_A^2 + \left(\dfrac{\Delta_m}{\sqrt{3}}\right)^2}$ 计算出仪器误差限 Δ_{max},选择的误差限 Δ_{ins} 应该小于 Δ_{max} 的仪器进行测量;若只给定测量量的精确度的要求根据等不确定度分配原则,近似取 $U_A = \dfrac{\Delta_m}{\sqrt{3}}$ 计算出最小误差限 $\Delta_{min} = \dfrac{\sqrt{6}}{4}U$,再根据该最小误差限选测量量具,测量量具的误差限应该近似等于该最小误差限 Δ_{min}.

【例4】 一杆长 $L = 50$ mm,要求测量相对不确定度 $\dfrac{U_L}{L} \leqslant 0.2\%$,试选择测量该长度的量具.

解 由题意可得
$$U_L \leqslant L \times 0.2\% = 50 \times 0.2\% \text{ mm} = 0.10 \text{ mm}$$
$$\Delta_{min} = \frac{\sqrt{6}}{4}U = \frac{\sqrt{6}}{4} \times 0.1 \text{ mm} = 0.06 \text{ mm}$$

因为二十分度游标卡尺的分度值为 $\delta x = 0.05$ mm,误差限也为 $\Delta_{max} = 0.05$ mm,故选二十分度游标卡尺测量该长度.

2. 间接测量仪器选择

先假设各个分相对不确定度或不确定度对测量量的相对不确定度或不确定度影响都相等,即服从等分相对不确定度或分不确定度原则,再根据实际情况对分不确定度均分加以适当的调节,以保证满足实际的测量条件和测量仪器以及实验精确度的要求.

【例5】 根据欧姆定律 $I = \dfrac{V}{R}$ 测量通过电阻 R 的电流强度. 该电阻值约为20 Ω,电阻两端的电压为 16 V.若要求测量的电流不确定度不大于 0.01 A,电阻和电压的测量仪器

如何选择?(已知测量量的标准偏差明显小于仪器误差,即 $S_x < \frac{1}{3}\sigma_{仪}$)

解　根据等不确定度分配原则可得

$$U(V) = \frac{1}{\sqrt{2}\left(\frac{1}{R}\right)}U(I) = \frac{20}{\sqrt{2}} \times 0.01 \text{ V} = 0.14 \text{ V}$$

由

$$U_V = \sqrt{U_{AV}^2 + U_{BV}^2},$$
$$U_{AV} = U_{BV}$$
$$= 2S_V = 2\frac{1}{\sqrt{3}}\Delta_V$$

可得

$$\Delta_V = \frac{\sqrt{3}}{2}U_V = 0.12 \text{ V}$$

$$U(R) = \frac{1}{\sqrt{2}\left(\frac{V}{R^2}\right)}U(I) = \frac{400}{\sqrt{2}\times 16} \times 0.01 \text{ }\Omega = 0.18 \text{ }\Omega$$

$$\Delta_R = \frac{\sqrt{3}}{2}U_R = 0.16 \text{ }\Omega$$

根据实际情况加以调整,测量 16 V 电压时,为了减少测量误差,需在仪表的 $\frac{2}{3}$ 量程~满量程之间测量,故需用 25 V 0.5 级的电压表,仪表的误差限约为 0.13 V,再考虑其他误差因素,要使电压测量的误差小于 0.12 V 是有困难的.当然我们可以选择精度更高的电压表(如数字电压表),但进行全面分析可知,对 20 Ω 电阻的测量来讲,如用惠斯登电桥来测量,将测量误差控制在 0.1 Ω 并不困难.于是可进行如下调整.使 $\Delta_R \leqslant 0.1$ Ω,代入误差公式

$$\Delta_I^2 = \frac{1}{R^2}\Delta_V^2 + \left(\frac{V}{R^2}\right)\Delta_R^2$$

移项得

$$\Delta_V^2 = R^2\left(\Delta_I^2 - \frac{V^2}{R^4}\Delta_R^2\right) = (20)^2\left[(0.008\ 7)^2 - \frac{(16)^2}{(20)^4}\times(0.1)^2\right]\text{V}^2$$

$$= 400\left[0.000\ 07\ 569 - \frac{256}{160\ 000}\times 0.01\right]\text{V}^2 \approx 0.000\ 000\ 15\ \text{V}^2$$

$$\Delta_V = 3.9\times 10^{-4}\ \text{V} < 0.12\ \text{V}$$

可见把 Δ_R 调整到小于 0.1 Ω 时,就可以用 0.5 级直流电压表在 $\Delta_V < 0.12$ V 的情况下满足电流不确定度 $U_I < 0.01$ A.

【例6】　利用单摆测量重力加速度 g,测得摆长 $l \approx 1$ m,单摆周期 $T \approx 2$ s.如何测量可以保证重力加速度的相对误差小于 0.3%?

解　已知　$g = 4\pi^2\frac{l}{T^2}$,根据单次测量的误差绝对值合成法的传递公式可得

$$\frac{\Delta g}{g} = \frac{\Delta l}{l} + 2\frac{\Delta T}{T}$$

利用误差等分配原则可得

$$\frac{\Delta l}{l} \leqslant \frac{1}{2}\frac{\Delta g}{g} = 0.15\%$$

$$\frac{\Delta T}{T} \leqslant \frac{1}{4}\frac{\Delta g}{g} = 0.075\%$$

$$\Delta l = 0.15\% l = 0.0015 \text{ m} = 1.5 \text{ mm}$$

故摆长可以用米尺测量,因为米尺的测量误差限为 $\Delta_{\text{ins}} = 0.5 \text{ mm} < 1.5 \text{ mm}$. $\frac{\Delta_{\text{ins}}}{l} = \frac{0.5}{1\,000} = 0.05\%$,这时周期的测量可以放宽条件,

根据传递公式

$$0.3\% = 0.05\% + 2\frac{\Delta T}{T}$$

$$\frac{\Delta T}{T} = \frac{1}{2}(0.3\% - 0.05\%) = 0.125\%$$

$$\Delta T = 0.125\% T = 0.0025 \text{ s}$$

这就是对周期的测量,其精确度至少应达到毫秒的量级.这个要求可以考虑用电子毫秒计来测量,但必须具备相应的光电触发器,否则如果只是用手控方式测量,由于人的反应时间约为几十毫秒,致使周期测量误差仍大于 0.0025 s.其实我们可以使用普通秒表采用多周期测量法便可达到要求.秒表的启动和制动误差各为 0.1 s,因此用秒表测量一个周期的最大绝对误差为 0.2 s.如果连续测量 100 个周期,则相对误差为

$$g = 4\pi^2\frac{l}{\left(\frac{t}{n}\right)^2} = 4\pi^2 n^2\frac{l}{t^2}$$

$$\frac{\Delta g}{g} = \frac{\Delta l}{l} + 2\frac{\Delta t}{t} = \frac{\Delta l}{l} + 2\frac{\Delta t}{nT}$$

$$\frac{\Delta t}{nT} \leqslant \frac{1}{2}(0.3\% - 0.05\%) = 0.125\%$$

时间的相对误差为

$$\frac{0.2}{2 \times 100} = 0.1\%$$

显然已经满足要求.

§2.6 物理实验中的基本测量方法

物理实验一般都离不开物理量的测量.物理测量泛指以物理理论为依据,以实验装置和实验技术为手段进行测量的过程.待测物理量的内容非常广泛,包括力学量、热

学量、电学量和光学量等.对于同一物理量通常有多种测量方法.本节将对物理实验中的几种基本测量方法进行概括性的介绍.

2.6.1　比较法

比较法是将标准量与相同类型的被测量直接或间接地进行比较,测出其大小的测量方法.比较法可分为直接比较法和间接比较法两种.

1. 直接比较法

将被测量直接与已知其值的同类量进行比较,测出其大小的测量方法,称为**直接比较测量法**.这种方法所使用的测量仪器,通常是直读式,它所测量的物理量一般为基本量.例如,用米尺、游标卡尺和螺旋测微计测量长度;用秒表和电脑通用计数器测量时间;用伏特计测量电压等.仪表刻度预先用标准仪器进行分度和校准,测量人员只需根据指示值乘以测量仪器的常数或倍率,就可以知道待测量的大小,无须作附加的操作或计算.由于测量过程简单方便,在物理量测量中应用最广泛.

2. 间接比较法

当一些物理量难以用直接比较法测量时,可以利用物理量之间的函数关系,将被测量与同类标准量进行间接比较测出其值.图 2-6-1 所示为应用欧姆定律将待测电阻 R_x 与一个可调节的标准电阻 R_s 进行间接比较的测量示意图.若电源输出电压 U 保持不变,调节标准电阻 R_s,使开关 K 分别接在"1"和"2"两个位置时,电流表指示值不变,则

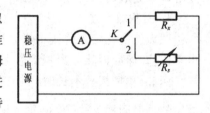

图 2-6-1　间接比较法示意图

$$R_x = R_s = \frac{U}{I}$$

再如,在示波器的 X 偏转板和 Y 偏转板上分别输入一待测频率的正弦信号和一可调频率的标准信号,则可以通过观察荧光屏上出现的李萨如图形,间接地比较两个电信号的频率,从而求得待测信号的频率.

2.6.2　放大法

物理实验中常遇到一些微小物理量的测量.为了提高测量精度,常常需要采用某一种合适的放大法,选用合适的测量装置,将被测量放大后再进行测量.常用的放大法有机械放大法、光学放大法、电子放大法和累积放大法等.

1. 机械放大法

螺旋测微放大法是一种典型的机械放大法.其放大原理是,将沿轴线方向的微小位移,通过螺旋用半径较大的鼓轮圆周上的较大弧长精确地表示出来,从而大大提高测量精度(可提高 100 倍以上).这种放大方法除了用在螺旋测微计上外,还在其他装置的测量系统中被采用,如读数显微镜、迈克尔逊干涉仪等高精度测量仪器.

另外,各种指针式电表中也应用了机械放大法,即通过加大指针的长度,将电表中线圈转子受力后的偏转转化为容易读取的数据.

2. 光学放大法

常用的光学放大法有两种,一种是使被测物通过光学装置形成放大像,便于观察和判别,而测量时仍以常规测微长度仪器进行.例如,放大镜、显微镜、望远镜等就是用的这种放大法.另一种是使用光学装置将待测微小物理量进行间接放大,通过测量放大后的物理量来获得微小物理量.例如,测量微小长度和微小角度变化的光杠杆镜尺法,即是第二种光学放大法的应用.而且光杠杆的放大原理还在高灵敏度的电表中得到应用,如冲击电流计、灵敏电流计等.

3. 电子放大法

实验中往往需要测量变化微弱的电信号,如电流、电压等,或者利用微弱的电信号去控制某些机构的动作.这时必须用电子放大器将微弱信号放大后,才能利用普通的仪器有效地进行观察、控制和测量,这就是电子放大法.电子放大作用是由三极管或集成电路来完成的,各种放大电路可参见电子学方面的有关资料.

4. 累积放大法

把数值变化相等的微小量累积,达到便于用比较法测量的大小后,再用比较法测出累积值,然后再除以累积倍数求得微小量的值,这种方法即为累积放大法.

例如,单摆摆长不长时,周期 T 很小,不便用秒表直接测量.这时若累积测 100 个周期的总时间即 $t = 100T$,则 t 是可以测准的.然后再由 $T = \dfrac{t}{100}$ 就可以较准确地求得待测微小时间——单摆的周期 T.

2.6.3　补偿法

补偿法是通过调节一个或几个与被测物理量有已知平衡关系(或已知其值)的同类标准物理量,去抵消(或补偿)被测物理量的作用,使系统处于补偿(平衡)状态.处于补偿状态的测量系统中,被测量与标准量具有明确的关系,由此可测得被测量值.补偿法的特点是测量系统中包含标准量具,还有一个指零部件.在测量中,被测量与标准量直接比较,测量时可调整标准量,使标准量与被测量之差为零,这个过程称为补偿或平衡操作.

图 2-6-2 所示为一种补偿法测量电动势的典型原理图.图中 E_0 为连续可调的标准电源,E_x 为待测电源,G 为检流计.调节 E_0 的大小使检流计 G 指零,此时电路处于补偿状态,即 $E_x = E_0$,从而可以测出待测电源的电动势.

同样,在平衡电桥测电阻、天平测质量等实验中也可以用补偿原理,在此不再详述.

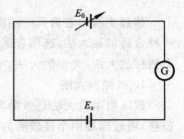

图 2-6-2　补偿法测电动势 I

采用补偿法进行测量的优点是,可以消除一些恒定系统误差,获得比较高的测量精度.但这种方法的测量过程复杂,在测量时应首先进行补偿操作.

2.6.4　模拟法

人们在研究物质运动规律、各种自然现象和进行科学研究及解决工程技术问题中,常会遇到一些由于研究对象过分庞大,变化过程太迅猛或太缓慢,所处环境太恶劣太危险等情况,以致对这些研究对象难以进行直接研究和实地测量.于是,人们以相似理论为基础,在实验室中,模仿实际情况,制造一个与研究对象的物理现象或过程相似的模型,使现象重现、延缓或加速等来进行研究和测量,这种方法称为模拟法.模拟法可分为物理模拟和数学模拟两类.

1. 物理模拟法

物理模拟法就是使人为制造的模型与实际研究对象保持相同的物理本质的模拟.例如,为研制新型飞机在空中高速飞行时的动力学特性,通常先制造一个与实际飞机几何形状相似的模型,将此模型放入风洞(高速气流装置),创造一个与原飞机在空中实际飞行完全相似的运动状态,通过对飞机模型受力情况的测试,便可方便地在较短的时间内以较小的代价取得可靠的有关数据.

2. 数学模拟法

数学模拟是指把两个物理本质完全不同,但具有相同的数学形式的物理现象或过程的摸拟.例如,静电场与稳恒电流场本来是两种不同的场,但这两种场所遵循的物理规律具有相同的数学形式,因此,可以用稳恒电流场来模拟难以直接测量的静电场,用稳恒电流场中的电位分布来模拟静电场的电位分布.

把上述两种模拟法很好地配合使用,就能更见成效.随着计算机的不断发展和广泛应用,用计算机进行模拟实验更为方便,并能将两者很好地结合起来.

模拟法是一种简单易行的测试方法,在现代科学研究和工程设计中广泛地应用.例如,在发展空间科学技术的研究中,通常先进行模拟实验,获得可靠的必要实验数据.模拟法在水电建设、地下矿物勘探、电真空器件设计等方面都大有用处.

2.6.5　干涉法

干涉法是应用相干波产生干涉时所遵循的规律进行有关物理量测量的方法.通常用机械波(如声波)、光波、无线电波等发生干涉.其中以光波干涉应用最广,主要用来测量长度、角度、波长、气体或液体的折射率和检测各种光学元件的质量等.

利用劈尖干涉法进行测量及检测是比较简单且常见的一种方法.如图 2-6-3 所示,它是以光的等厚干涉原理为基础的.利用它一方面可以测量细丝(也可以是其他微小厚度的物体)的直径,即将待测的细丝放在两块平板玻璃间的一端,由此形成劈尖形空气隙.

当用波长为 λ 的单色光垂直照射在玻璃板上时,在空劈尖干涉气隙的上表面形成一组平行于劈尖棱边的明暗相间的等间距干涉条纹.并且,两相邻明(或暗)条纹所对应的空气隙厚度之差为半个波长.因此,若劈尖的棱边到细丝所在处的总长度为 L,单位长度中所含条纹数为 n,则细丝的直径为 $d=nL\dfrac{\lambda}{2}$.

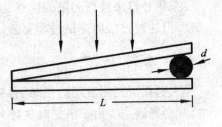

图 2-6-3 劈尖干涉法

另一方面,劈尖干涉法还可以用来检测光学表面的平整度,即将待测表面与一块标准平板光学玻璃构成劈尖,当用单色光垂直照射时,观察其形成的等厚干涉条纹,若条纹产生弯曲,则说明待测表面在该处不平整.

除此以外,依照干涉原理还可以制作出许多其他用途的干涉仪.如精密测长用的迈克尔森干涉仪.用来测定折射率的折射干涉仪,测天体用的天体干涉仪,工业上用来测定机件光学面光洁度的显微干涉仪等.

2.6.6　非电量电测法

在科学研究、工农业生产、国防建设和日常生活中,人们得到的信息绝大多数是非电量信息,这些信息往往难以精确测量,而且即使能被检测出,也难以放大、处理和传输.为此,常常借助于一种特殊功能的装置来灵敏地、精确地检测有关信息,把这些信息转换为便于处理的物理量.由于电信号易于放大、处理、存储和远距离传输,加之当代计算机只能处理电信号,所以目前大多数是将被测的非电量转换为电量进行测量,从而形成非电量电测技术.非电量电测法也是一种转换测量法.

非电量电测系统一般包括传感器、测量电路、放大器、指示器、记录仪等部分.其中,最关键的部件是实现变量转换的器件——传感器,它能以一定的精确度把非电量转换为电子放大、计算、显示等装置能测量的电信号.传感器种类很多,如电阻式、电感式、磁电式、压电式、热电式、光电式等.

由于非电量电测技术有测量精度高、反应速度快、能自动连续测量、便于远距离测量等优点,其应用领域越来越广.下面介绍几种常用的非电量电测方法.

1. 热电转换

热电转换是将热学量转换成电学量测量.例如,利用温差电动势原理,将温度的测量转换成热电偶的温差电动势的测量;利用电阻随温度变化的规律,将温度的变化转换成热敏电阻的阻值变化的测量等.

2. 压电转换

这是一种压力和电压间的变换,压电陶瓷片和压力传感器即属于这种转换器件.常见的电子秤就是一种应用.另外,传声器和扬声器也是大家所熟悉的这种传感器.传声器把声波的压力变化转换为相应的电压变化,而扬声器则进行相反的转换,即把变化的电信号转换成声波.利用这种变换,还可以用电学仪器测量声压、声速、声频率等物理量.

3. 光电转换

这是一种将光通量变换为电学量的换测法.其变换的原理是光电效应.转换器有光电管、光电倍增管、光电池、光敏二极管等.各种光电转换器件在控制和测量系统中已获得相当广泛的应用.近年来又广泛用于光通信和计算机的光输入设备等.应用光电元件,可以把光学测量转变为电学测量.

4. 磁电转换

这是一种利用电磁感应原理或霍耳效应将被测量,如位移、转速、压力、磁场、速度等转换成电动势的转换测量.由于测量原理的不同,磁电转换法常用的传感器有磁电感应式传感器和霍耳式传感器两种.其中磁电感应式传感器由于测量原理的限制,只适用于动态测量,可直接测量振动物体的速度和旋转物体的角速度.如果在其测量电路中接入积分电路或微分电路,就可用来直接测量位移或加速度.

转换测量法种类繁多、应用广泛.在设计与使用时应注意以下几点:

(1) 确定变换原理和参量关系式的正确性;

(2) 传感器要有足够的输出量和稳定性,便于放大或传输;

(3) 判明在变换过程中是否伴随其他效应.若有,则必须采取措施进行补偿或消除;

(4) 要考虑变换系统和测量过程的可行性和经济效益.

第 3 章

力 学 实 验

实验 1　物体质量密度的测量

【实验目的】

1. 掌握游标卡尺、螺旋测微器及天平的原理及使用方法.
2. 掌握等精度测量中不确定度的估算方法和有效数字的基本运算.

【实验内容】

1. 用游标卡尺测量金属圆柱体的尺寸.
2. 用螺旋测微器测量金属球的直径.
3. 用物理天平测量金属圆柱体的质量.

【实验器材】

游标卡尺,螺旋测微计,待测金属圆柱体,物理天平.

【实验原理】

1. 原理公式

（1）物体质量.当天平水平后,先"左物右码"测得质量为 m_1,后"左码右物"测得质量为 m_2,则物体质量为

$$m = \sqrt{m_1 m_2} \tag{3.1.1}$$

（2）金属圆柱体密度

$$\rho = \frac{4m}{\pi D^2 H} \tag{3.1.2}$$

（3）金属球密度

$$\rho = \frac{m}{\frac{1}{6}\pi d^3} \tag{3.1.3}$$

2. 原理图

原理图如图 3-1-1 所示.

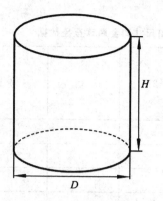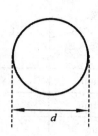

图 3-1-1　实验原理图

【实验步骤】

1. 参考第 2 章基本仪器的读数原理,用游标卡尺测量有底金属圆筒的外径、内径、深度、高度,各作五次测量,将数据填入表 3-1-1 中.

2. 用螺旋测微计测量金属球的直径,共作五次测量,将数据填入表 3-1-1 中.

3. 用螺旋测微计测圆柱体直径,用卡尺测圆柱体高,各测 5 次.

4. 用天平测量金属圆筒和金属球的质量,先"左物右码"测得质量为 m_1,后"左码右物"测得质量为 m_2,各进行一次测量.具体步骤如下:

(1) 调节底板水平:调节底脚螺钉,使底座上水准器中的气泡处于中心,保证支架竖直.

(2) 调节横梁平衡:将游码移到横梁左端零点,将两侧吊耳挂在相应的刀口上,顺时针缓慢旋转制动旋钮,观察横梁指针指向立柱标尺中线或以其为平衡位置做等幅摆动;若不是,使横梁落下置于制动架上,调节平衡螺母.再重复上面的操作,直到横梁平衡.

(3) 称量:先制动横梁,将待测物体放左盘中央,估计其质量,从大到小依次将砝码放入右盘中央,略微旋转制动旋钮,观察天平是否平衡,即横梁指针指向立柱标尺中线或以其为平衡位置做等幅摆动;如不平衡,制动横梁后,加或减砝码使天平横梁近似平衡,即横梁指针非常接近立柱标尺中线或以其为平衡位置做近似等幅摆动;再移动游码,直至横梁平衡.记下砝码和游码的读数,根据"左边＝右边＋游码",算出待测物的质量 m,将数据填入表 3-1-2 中.

(4) 采用交换法(或复称法)消除天平两臂不等长测物体质量 m:先"左物右码"测得质量为 m_1,后"左码右物"测得质量为 m_2,则物体质量为 $m = \sqrt{m_1 m_2}$.

(5) 称量完毕,秤衡结束时,应放下天平横梁,取出被测物体.砝码和镊子应按原位放回砝码盒中,将桌子和仪器清理干净.

【实验数据】

表 3-1-1 测量金属圆筒尺寸和金属球直径数据

待测量 \ 数据 \ 次数	1	2	3	4	5
金属圆筒外径 D_2/mm					
金属圆筒内径 D_1/mm					
金属圆筒高度 h/mm					
金属圆筒深度 H/mm					
金属球直径 d/mm					

表 3-1-2 测量金属圆筒和金属球的质量数据

待测物 \ 数据 \ 待测量	左码右物测质量 m_1/g	右码左物测质量 m_2/g
金属圆筒		
金属球		

【实验讨论】

1. 误差分析;

2. 合理化建议;

3. 实验现象的解释.

【注意事项】

1. 游标卡尺

(1) 游标卡尺使用前,应该先将游标卡尺的卡口合拢,检查游标尺的 0 线和主刻度尺的 0 线是否对齐. 若对不齐说明卡口有零误差,应记下零点读数,用以修正测量值.

(2) 推动游标刻度尺时,不要用力过猛,卡住被测物体时松紧应适当,更不能卡住物体后再移动物体,以防卡口受损.

(3) 用完后两卡口要留有间隙,然后将游标卡尺放入包装盒内,不能将其随便放在桌上,更不能将其放在潮湿的地方.

2. 螺旋测微器

(1) 测量前应检查并记录零点读数. 在数据处理时应作修正.

（2）在测量时，先用手转动测分筒，测微螺杆的砧面快接近被测物体时，应立即改为旋动棘轮，带动测微螺杆前进而接触测量物体，当棘轮发出喀喀声时，就达到了标准的紧贴程度，应立即停止旋动，并读出测量值. 在退出测微螺杆时，应逆时针旋动测分筒，而禁止使用棘轮.

（3）当为了保留读数而使用锁紧装置锁住测微螺杆，在进行新的测量时，应注意锁紧装置是否松开. 不得当锁紧装置锁住时，强制拧转，以免损坏器件.

（4）螺旋测微器用后应使两个测砧之间留有一定的间隙，以免受热膨胀时损坏仪器.

（5）螺旋测微器存放时要把锁紧装置锁定，放在盒中.

3. 天平

（1）天平的负载量不得超过其最大称量.

（2）只有在判断天平是否平衡时，才旋动制动旋钮，抬升横梁. 在判断后应立即降下，使横梁支承在托承支架上，并且动作要轻，慢升慢降. 除此之外，如在取物、放物件和砝码、调节底足螺钉，拨动平衡螺母和游码以及称量完毕等操作，都必须将天平横梁放下，使之搁在托承支架上.

（3）当接近平衡时，升起横梁，指针往往左右摆动，这时可以观察左右摆动是否对称，而不必等指针完全静止下来. 切忌用手碰撞指针或横梁强行制动，这样做容易将横梁碰掉，或使刀口脱位，既破坏测量精确度，又容易损坏刀口.

（4）天平砝码必须用砝码夹而不能用手直接取放.

【数据处理】

1. 计算金属圆筒和金属球的密度和不确定度.

2. 写出密度测量结果表达式.

【实验习题】

1. 何谓仪器分度值？米尺、二十分度游标卡尺和螺旋测微器的分度值各为多少？如果用它们测量约 7 cm 的长度，问各能读得几位有效数字？

2. 有一角游标，主尺 29°（29 分格）对应于游标 30 个分格，问这个角游标的分度值是多少？有效数字最后一位应读到哪一位？

3. 已知一游标卡尺的游标刻度有 50 个，用它测得某物体的长度为 5.428 cm，在主尺上的读数是多少？通过游标的读数是多少？游标上的哪一刻线与主尺上的某一刻线对齐？

4. 测同一玻璃板的厚度，用不同的测量工具测出的结果如下所示，分析各值是使用哪种量具测量的，其分度值是多少？

　　（1）2.4 mm；　　　　　　（2）2.42 mm；　　　　　　（3）2.425 mm.

5. 分度值为 0.1 g 的普通天平，当测量质量约为 20 g 的物体时，一次测量的有效数字位数是几位？

实验 2　转动惯量的测定

【实验内容】

1. 测量悬盘的转动惯量.
2. 测量圆环的转动惯量.
3. 验证平行轴定理.

【实验目的】

1. 学会用三线摆法测定物体的转动惯量.
2. 学会用累积放大法测量周期运动的周期.
3. 掌握转动惯量的平行轴定理.

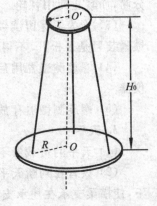

【实验器材】

转动惯量测试仪,圆柱体,圆环,直尺,游标卡尺,水准仪.

【实验原理】

1. 原理图

图 3-2-1　实验原理图

原理图如图 3-2-1 所示.

2. 原理公式

1) 圆环的转动惯量的测量

如图 3-2-1 所示,当悬盘转动角度很小,且略去空气阻力时,扭摆的运动可以近似看做简谐振动. 根据转盘和地球系统的机械能守恒定律可以导出物体绕中心轴 OO' 的悬盘转动惯量

$$I_0 = \frac{m_0 g R r}{4\pi^2 H_0} T_0^2 \qquad (3.2.1)$$

式中,m_0 为悬盘的质量,r、R 分别为定盘与悬盘悬点离各自圆盘的中心的距离,H_0 为平衡时定盘和悬盘的垂直距离,T_0 为悬盘作简谐振动的周期,g 为重力加速度($g=9.801\ \text{m/s}^2$).

将质量为 m 的圆环放在悬盘上,并使圆环中心轴与仪器转轴 OO' 重合,即圆环的外圆周在转盘四个刻度尺为同一刻度,测出此时摆运动周期 T_1 和上下圆盘的垂直距离 H_0,同理可求得圆环和下圆盘对仪器转轴 OO' 轴的总的转动惯量为

$$I_1 = \frac{(m_0 + m) g R r}{4\pi^2 H_0} T_1^2 \qquad (3.2.2)$$

圆环绕其轴的转动惯量为

$$I = I_1 - I_0 = \frac{g R r}{4\pi^2 H_0} \left[(m + m_0) T_1^2 - m_0 T_0^2 \right] \qquad (3.2.3)$$

通过长度、质量和时间的测量,便可求出圆环绕轴的转动惯量.

2) 验证平行轴定理

用三线摆法还可以验证平行轴定理. 实验上是用质量为 m 的插柱进行验证的,它

是由一个大圆柱体和一个小圆柱体组成的,因为小圆柱体的质量远远小于大圆柱体的质量,故小圆柱体的质量可以忽略不计,即大圆柱体的质量近似视为插柱的质量.设大圆柱体对其质心对称轴的转动惯量为 I_c,对于与质心对称轴平行且距离等于 x 的任意的轴的转动惯量为 I_x,则二者之间的关系为

$$I_x = I_c + mx^2 = \frac{1}{2}mR'^2 + mx^2 \tag{3.2.4}$$

这个结论称为**平行轴定理**.式中 m 为插柱亦即大圆柱体的质量,R' 为大圆柱体的半径.

实验上改变 x,测出对应的转动惯量 I_x,作出 I_x-x^2 图像,若图像为直线,而且直线的斜率近似等于插柱的质量,截距近似等于 $\frac{1}{2}mR'^2$,即实验值与理论值之差的绝对值小于实验值的不确定度,则说明平行轴定理是正确的.

【实验步骤】

1. 圆环转动惯量的测量

(1) 调整定盘:将水准仪放到定盘的上表面上,调节底座的三个旋扭,使水准仪气泡在居中.

(2) 调整悬盘水平:将水准仪放到悬盘上,松开卡位旋扭,再调整定盘上的三个旋扭,改变三悬丝的长度,直至水准仪气泡居中.

(3) 用米尺测出两圆盘之间不同部位的垂直距离 H_0,共测五次求其等效平均值(即等效于同一个物理量测量五次),用米尺中间部分的刻度(两端由于磨损可能存在系统误差)测量上下定盘和悬盘三悬点之间的距离 a 和 b,共测五次,然后算出悬点到中心距离 r 和 R $\left(r = \frac{\sqrt{3}}{3}a, R = \frac{\sqrt{3}}{3}b \right)$ 和其平均值 $\bar{r} = \frac{\sqrt{3}}{3}\bar{a}, \bar{R} = \frac{\sqrt{3}}{3}\bar{b}$.

(4) 轻轻转动定盘的小金属杆约 5°,随即退到原处.这样,通过悬线的带动就能使悬盘平稳地转动.一次启动后,可以连续转动四五百次.测量其绕中心轴 OO' 转动的运动周期 T_0.并用累积放大法测出三线摆运动的 30 个周期,$T_0 = \frac{t}{30}$ 代入(3.2.1)式求 I_0.

(5) 将待测圆环置于悬盘上,注意使两者中心重合,重复步骤(4)测出它们一起运动的周期 T_1,代入(3.2.3)式求圆环的转动惯量 I.

(6) 记录各刚体的质量.

2. 验证平行轴定理

为了保持三线悬盘三根线的张力相等,实验上采用了两个完全相同的插柱.首先将两个小圆柱体插入两个刻度尺的 5 cm 的插孔内,仿照上述步骤测定它们的转动惯量.此数值的一半就是一个插柱对仪器转轴的转动惯量.依此类推,再将两个小圆柱体分别插入两个刻度尺的 4 cm、3 cm、2 cm、1 cm 的插孔内,分别测定它们的转动惯量.

【实验数据】

将数据分别填入表 3-2-1 至表 3-2-4 中.

表 3-2-1　悬盘及悬盘加圆环的时间测定

		悬盘		悬盘加圆环	
摆动 30 次所需时间/s	1		1		
	2		2		
	3		3		
	4		4		
	5		5		
	平均		平均		
周期/s	$T_0 =$		$T_1 =$		

表 3-2-2　悬盘加两个插柱的时间测定

时间 ＼ 次数	1	2	3	4	5
摆动 30 次所需时间/s					
周期 T_2/s					

表 3-2-3　长度测定

次数 ＼ 项目	定盘悬孔间距 a/cm	悬盘悬孔间距 b/cm	待测圆环 内直径 $2R_内$/cm	待测圆环 外直径 $2R_外$/cm	插柱上大圆柱体直径 $2R_2$/cm	插孔间距 $2x$/cm	大圆盘与小圆盘间摆线长度 H_0
1							
2							
3							
4							
5							

表 3-2-4　装置常数记录

悬盘质量 m_0/kg	圆环质量 m_1/kg	圆柱体质量 m_2/kg

【实验讨论】

1. 误差分析；

2. 合理化建议；

3. 实验现象的解释.

【注意事项】

1. 要认真调节定盘与悬盘水平,且一定是先调定盘水平后再调悬盘水平.只有两盘保持水平状态,三条悬线所受的张力才大致相等,悬盘的扭转才会稳定.

2. 由于推导原理公式时作了 $\sin\theta \approx \theta$ 的近似,才将扭动视为简谐振动,这样将使实验结果偏大.不过在本实验所给定的实验参量和计时仪的条件下,只要角振幅不超过 $5°$,三线摆的运动就可以认为是简谐振动.

3. 测量时周期时,必须先让悬盘做纯转动.

【数据处理】

1. 利用公式(3.2.1)、(3.2.3)计算悬盘和圆环的转动惯量实验值.

2. 按转动惯量的理论公式 $I_0 = \frac{1}{2}m_0 R^2$、$I_1 = \frac{1}{2}m(R_1^2 + R_2^2)$,计算悬盘与圆环的转动惯量理论值,并与实验值进行比较,计算出相对误差

$$E_{百} = \frac{|I_{实} - I_{理}|}{I_{理}} \times 100\%$$

3. 计算悬盘与圆环的不确定度 U_{I_0}、U_1.

4. 作出 I_x-x^2 图像,若图像为直线求出直线的斜率和 I_x 轴截距并分别与 m' 和 $I_{理} = \frac{m'}{2}R_x'^2$ 比较,判断二者是否近似相等进而判断平行轴定理是否正确.

【实验讨论】

1. 摆线要足够长,即 $l \gg R$.只有满足这个条件,在推导原理公式过程中,才可以对级数展开式作的一级近似,它所带来的误差才可以忽略不计.

2. 因 I 正比于 T^2,所以 T 的精度对 I 的影响较大.所以,在测量中尽量提高周期 T 的测量精度.实验时测量悬盘扭转 30 个周期所用的时间,这样每个周期的仪器误差就只有原来的 1/30,再测量五次以减小随机误差.

【实验习题】

一、选择题

1. 三线摆放上待测物后,它的转动周期比空盘的转动周期

(A)大;　　　　(B)小;　　　　(C)相等;　　　　(D)不一定.

2. 测量圆环的转动惯量时,把圆环放在悬盘的圆心位置上.若圆环圆心偏离仪器转轴,测出的结果

(A)偏大;　　　　(B)偏小;　　　　(C)相等;　　　　(D)不一定.

3. 应用三线摆测量圆环的转动惯量,若计时仪走得偏慢,则转动惯量的实验值

与理论值相比

　　(A)偏大；　　　　　(B)偏小；　　　　　(C)相等；　　　　　(D)不一定.

二、问答题

1. 用三线摆测物体转动惯量实验中,分析下列因素对测量结果不确定度的影响

(1) 悬线长些好还是短些好?

(2) 测周期时,扭转次数多些好还是少些好?

(3) 扭转角大些好还是小些好? 最大应是多少?

2. 用三线摆测刚体转动惯量时,为什么必须保持悬盘水平?

3. 在测量过程中,如悬盘出现晃动,对周期测量有影响吗? 如有影响,应如何避免?

4. 三线摆在摆动中受空气阻尼,振幅越来越小,它的周期是否会变化? 对测量结果影响大吗? 为什么?

【实验附录】

1. 光电计时计使用说明

(1) 打开电源,程序预置周期为 $T=30$(数显),即悬盘来回经过光电门的次数为 $N=2T+1$.

(2) 根据具体要求,若要设置 50 个周期,按上调(或下调)改变周期 T,当 $T=50$ 时,此时即可按"执行"键开始计时,信号灯不停闪烁,即为计时状态,当物体经过光电门的周期次数达到设定值,数显将显示具体时间,单位为"秒".须重复执行 50 个周期时,无须重设置,只要按"返回"键即可回到上次刚执行的周期数"50",再按"执行"键,便可以第二次计时.注意:按"置数"键,置数被锁定,再按"置数"键,置数开启.(当断电再开机时,程序从头预置 30 次周期,须重复上述步骤)

2. 原理公式的推导

已知三线摆悬线的下悬点距离中心铅直轴的距离为 R,上悬点距离中心铅直轴的距离为 r,转盘的质量为 m,上下盘的最大距离为 H_0,即转盘在最低位置时,上下两个盘的距离为 H_0,且 $R<H_0,r\ll H_0$.

设任意位置悬盘转角为 θ,上下两个盘的距离为 D,离为转盘上升的高度为 h,转盘达到最高位置时转角为 θ_0,转盘上升的高度为 h_0,

如图 3-2-2 所示,有

$$H_0^2=L^2-(R-r)^2 \qquad (3.2.5)$$

$$D^2=L^2-(R^2+r^2-2Rr\cos\theta) \qquad (3.2.6)$$

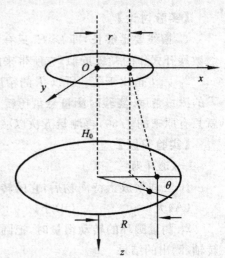

图 3-2-2　原理公式推导用图

由式(3.2.5)可得

$$L^2 = H_0^2 + (R-r)^2 = H_0^2 + R^2 - 2Rr + r^2 \tag{3.2.7}$$

将式(3.2.7)代入式(3.2.6)得

$$D^2 = H_0^2 - 2Rr(1 - \cos\theta)$$

任意位置转盘上升的高度为

$$h = H_0 - D = H_0 - H_0 \left[1 - \frac{2Rr(1 - \cos\theta)}{H_0^2} \right]^{\frac{1}{2}} \tag{3.2.8}$$

考虑到实验条件 $R < H_0$, $r \ll H_0$. (3.2.8)式作泰勒级数展开,并作一级近似有

$$h = H_0 - D = H_0 - H_0 \left[1 - \frac{1}{2}\frac{2Rr(1 - \cos\theta)}{H_0^2} \right] = \frac{Rr(1 - \cos\theta)}{H_0^2} \tag{3.2.9}$$

根据式(3.2.9)可得转盘的平动速度为

$$v = \frac{dh}{dt} = \frac{\omega_z Rr}{H_0}\sin\theta \tag{3.2.10}$$

转盘在摆动过程中,绳中张力始终与其作用的质点速度方向垂直,故不作功,空气阻力的功远远小于系统机械能的增量,故可以忽略不计,所以转盘和地球系统的机械能守恒,即

$$\frac{1}{2}I_0\omega_z^2 + \frac{1}{2}mv^2 + mgh = mgh_0 \tag{3.2.11}$$

因为

$$\frac{1}{2}mv^2 = \frac{1}{2}m\frac{\omega_z^2 R^2 r^2}{H_0^2}\sin^2\theta \ll \frac{1}{2}J\omega_z^2 = \frac{1}{4}mR^2\omega_z^2$$

所以

$$\frac{1}{2}I_0\omega_z^2 + mgh = mgh_0 \tag{3.2.12}$$

由(3.2.12)式可得

$$I_0\omega_z\frac{d^2\theta}{dt^2} + mg\,\frac{dh}{dt} = 0 \tag{3.2.13}$$

将(3.2.10)式代入(3.2.13)式可得

$$\frac{d^2\theta}{dt^2} + mg\,\frac{Rr}{H_0 I_0}\theta = 0 \tag{3.2.14}$$

显然,转盘的角位移 θ 在做简谐振动,亦即转盘在做简谐振动,其振动周期为

$$T_0 = 2\pi\sqrt{\frac{H_0 I_0}{mgRr}} \tag{3.2.15}$$

由(3.2.15)式可得,转盘的转动惯量为

$$I_0 = \frac{m_0 gRr}{4\pi^2 H_0}T_0^2 \tag{3.2.16}$$

实验 3 声速测定

【实验内容】
1. 利用相位比较法测量声速；
2. 利用驻波共振法测量声速.

【实验目的】
1. 了解相位比较法与驻波共振法测量声速的原理；
2. 掌握两种测量空气中声速的方法；
3. 进一步熟悉示波器的使用.

【实验器材】
超声声速测量仪,信号发生器,示波器.

【实验原理】

1. 超声波与压电效应

人耳能够听到的声波频率为 20 Hz～20 kHz. 当声波频率高于 20 kHz 时,称为**超声波**. 超声波同声波的传播速度相同,具有方向性好、穿透能力强、易于获得较集中的声能及定向发射等优点,因此通常为声速实验所采用.

正压电效应：当晶体受到某固定方向外力的作用时,内部就产生电极化现象,同时在某两个表面上产生符号相反的电荷. 当外力撤去后,晶体又恢复到不带电的状态. 当外力作用方向改变时,电荷的极性也随之改变. 晶体受力所产生的电荷量与外力的大小成正比. 逆压电效应：对晶体施加交变电场引起晶体机械变形的现象. 利用压电效应可制成机械振动信号与电场变化信号相互转换的换能器.

换能器由压电陶瓷和轻、重金属做成的振子和基座组成. 压电陶瓷的两面为两块金属,头部用轻金属做成喇叭形,尾部用重金属做成锥形,头冠端面为平面,用于发射和接收超声波. 如图 3-3-1 所示,S_1 与 S_2 分别为发射与接收超声波信号的压电陶瓷. 当交变电场频率与压电陶瓷的固有频率相同时,振动幅度最大,因此实验中所选取信号的频率通常与压电陶瓷的固有频率相同,以获取最佳的效果.

2. 实验线路图

图 3-3-1 所示为实验线路图. 信号源可生成 25～45 kHz 的电信号,分别通过 S_1 与 Y_1 两个端口输出至压电陶瓷 S_1 与示波器的 CH_1 输出端口. 利用正压电效应,压电陶瓷 S_1 将接收到的电信号转换为声音信号进行传输. 压电陶瓷 S_2 接收到 S_1 发出的声音信号后,利用逆压电效应,将声音信号再转换为电信号,并输入到信号源 S_2. 信号源将接收到的电信号进行放大,再通过 Y_2 端口输入到示波器的 CH_2 端口. 这样,在示波器上就可以同时看到发射信号与接收信号所产生的波形.

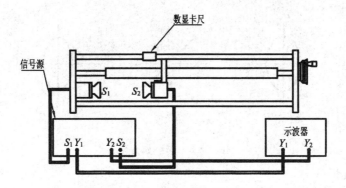

图 3-3-1　实验原理图

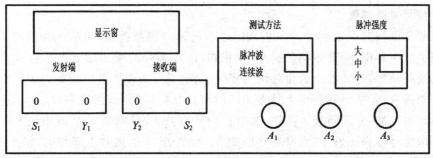

A_1—连续波强度；A_2—接收增益；A_3—频率调节；S_1—换能器；Y_1—波形；Y_2—波形；S_2—换能器

图 3-3-2　信号源

3. 相位比较法

由机械波的性质可知，在同一波线上，相位差为 2π 的两点间距离为一个波长 λ. 由此可知，相距为 Δx 的任意两点间的相位差为

$$\Delta\varphi=\frac{2\pi}{\lambda}\Delta x$$

当 $\Delta x=n\lambda/2$ 时，$\Delta\varphi=n\pi$. 因此，当固定发射端不动，接收端沿波线方向移动半个波长时，其发射与接收的信号间的相位差将会改变 π，移动一个波长时，相位差将会改变 2π. 利用李萨如图形可以观测两个信号间的相位变化. 从图 3-3-1 可知，示波器的 CH_1 与 CH_2 端口分别输入发射信号与接收信号. 由于发射与接收的信号频率相同，所以合成的李萨如图形为椭圆形. 当移动接收端时，由于两信号间的相位差变化将会导致示波器屏上的椭圆形状发生变化. 图 3-3-3 所示为两信号间相位差取不同值时所对应的李萨如图形. 从图中可以看出，当李萨如图形从正斜线变化为反斜线时，表明两信号间相位差改变了 π，接收端移动的距离为半个波长. 当图形再次变回到正斜线时，表明接收端移动了一个波长.

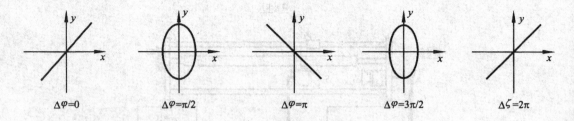

图 3-3-3 李萨如图形

4. 驻波共振法

声波在空气中传播时,由于振动会使压强发生改变,这种由于声扰动而引起的超出静态大气压强的那部分压强称为声压.声压越大,压电陶瓷接收到的能量越多,其转换的电信号也就越强.

接收压电陶瓷 S_2 在接收声波的同时也会将部分声波反射.反射的声波与 S_1 发射声波传播方向相反、振动方向相同、频率相同,因此两列波叠加后会产生驻波.形成驻波后的反射面处,空气质点的位移恒为零,也就是说反射面所处位置始终为波节.只有当两压电陶瓷 S_1 与 S_2 间距离 L 满足 $L=n\lambda/2,n=1,2,3,\cdots$ 时,反射波与入射波才会形成稳定的驻波,并获得最大振幅,这时称为驻波共振.此时的波节声压最大,示波器观察到的信号振幅也最大.当移动接收端 S_2,使距离 L 远离共振条件时,波节处声压减小,观察到的信号振幅也随之减小.因此,当示波器观察的信号振幅由最大值变为最小值,再变为最大值时,表明接收端 S_2 移动了 $\lambda/2$,如图 3-3-4 所示.由于声波在空气中衰减较大,随着 L 的增加,信号振幅的最大值会越来越小.

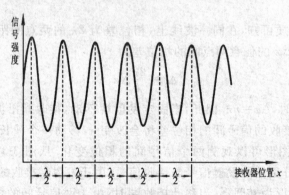

图 3-3-4 信号强度随接收器位置的变化

【实验步骤】

1. 按图 3-3-1 所示连接线路.其中,信号源中的 S_1、Y_1、Y_2、S_2 如图 3-3-2 所示.示波器中的 Y_1、Y_2 分别为 $CH_1(X)$ 与 $CH_2(Y)$.给定换能器谐振频率 $f_0=36.337\ kHz$,调节 S_1 与 S_2 间距离大于 50 mm.

2. 相位比较法测声速

把两个电信号分别加到 x 轴(CH_1)和 y 轴(CH_2)输人端,关闭扫描信号,则屏幕上光点的运动轨迹是两个互相垂直的简谐振动的合成,其轨迹是一个稳定的闭合曲线(李萨如图形),如图 3-3-3 所示.改变 S_2 的位置,图形发生周期性变化.当出现 45°斜线时,将 S_2 的位置记为 x_1,然后继续沿同一个方向转动鼓轮,图形会变化为椭圆—反方向斜线—椭圆.当再次出现斜线时,S_2 移动的距离为一个声波波长.连续测出 9 个李萨如图形为斜线时 S_2 的位置 x_i.

3. 驻波共振法测声速

打开扫描信号,示波器同时接收信号源发出和接收到的信号,$CH_1(X)$ 为发射信号,$CH_2(Y)$ 为接收信号.改变 S_2 与 S_1 之间的距离,发射信号的波形不发生变化,而接收信号的波形因 S_2 的位置不同而产生周期性的变化,选择接收波形振幅最大的时刻,将 S_2 位置记为 x_1,然后继续沿同一个方向转动鼓轮,当接收波振幅变到最小又变到最大时,S_2 移动的距离为声波波长的一半,即半波长.连续测出 15 个振幅最大时 S_2 的位置 x_i.

4. 操作要点

(1) 实验过程中,信号发生器上显示的谐振频率要保持不变.

(2) 测量过程中要注意 S_2 的位置,不能超出仪器的测量范围,同时也要避免两压电陶瓷相互接触.

(3) 数显卡尺有两种读数,英寸与毫米,测量时应使用毫米作为单位.做完实验要及时关闭数显卡尺.

【实验数据】

将数据填入表 3-3-1 中.

表 3-3-1　声速测定的测量数据

室温 $t=$ _____℃；频率 $f=$ _____Hz

次数	S_2位置 x_i/mm		逐差值/mm		
	相位法	驻波法	N_i	相位法	驻波法
1			$N_1=$		
2					
3			$N_2=$		
4					
5			$N_3=$		
6					
7			$N_4=$		
8					

续表

次数	S_2位置 x_i/mm		逐差值/mm		
	相位法	驻波法	N_i	相位法	驻波法
9			$N_5 =$		
10					
11			$N_6 =$		
12					
13			$N_7 =$		
14					
15			$N_8 =$		
16					

【数据处理】

1. 用逐差法计算 $\overline{N}$；

2. 分别算出两种方法声速的平均值；

3. 求出声速的理论值并计算相对误差

$$v_{理} = 331.4\sqrt{1 + \frac{t}{273.13}}, (m/s) \quad E = \frac{|v - v_{理}|}{v_{理}} \times 100\%$$

计算时 t 取摄氏度.

【实验讨论】

1. 误差分析；

2. 合理化建议；

3. 实验现象的解释.

【实验习题】

1. 怎样判断压电陶瓷处于共振状态？

2. 为什么换能器要在谐振频率条件下进行声速测定？

3. 能否用此方法测液体中的声速？

4. 为何换能器的面要互相平行？不平行会产生什么问题？

实验 4 拉伸法测量金属丝杨氏弹性模量

【实验内容】

测量金属丝杨氏弹性模量.

【实验目的】

1. 了解杨氏模量的性质.
2. 掌握用光杠杆测量微小长度的原理和方法.
3. 学会测量并计算金属丝的杨氏模量.

【实验器材】

数显液压杨氏模量测定仪,游标卡尺,千分尺,卷尺.

【实验原理】

1. 杨氏模量

杨氏模量是工程材料的重要参数,它反映了材料弹性形变与内应力的关系,表征在弹性限度内物质材料抗拉或抗压的物理量.

根据胡克定律,在物体的弹性限度内,应力与应变成正比,比值被称为材料的**杨氏模量**,它是表征材料性质的一个物理量,仅取决于材料本身的物理性质.设长为 L,截面积为 S 的均匀金属丝,在外力 F 的作用下,伸长为 ΔL.则在弹性范围内,金属丝单位面积受到的拉力(正应力)与金属丝的相对伸长成正比,其比值为杨氏模量,可写为

$$Y = \frac{FL}{S\Delta L} = \frac{4FL}{\pi d^2 \Delta L} \quad (3.4.1)$$

从公式可以看出,弹性模量可视为衡量材料产生弹性变形难易程度的指标,其值越大,使材料发生一定弹性变形的应力也越大,即在一定应力作用下,金属丝伸长越小.

2. 数显液压杨氏模量测定仪

数显液压杨氏模量测定仪结构如图 3-4-1所示.待测金属丝上下两端用钻头夹具夹紧,上端固定于双立柱的横梁上,下端与"圆盘"固定在一起,并穿过固定平台中间的套孔与拉力传感器相连.液压加力盒内的压力通过连接管转为拉力后传递给金属丝,所施加的力的大小通过传感器由电子数字显示系统显示在液晶显示屏上.加力盒内压力的大小可通过旋转加力螺杆来调节.

由于待测金属丝为直径约 1 mm 的弹簧钢丝,受力后其长度变化很小,这种微小变化很难直接测量,因此在测量中采

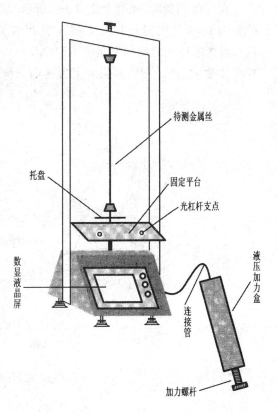

待测金属丝

托盘

固定平台

光杠杆支点

数显液晶屏

液压加力盒

连接管

加力螺杆

图 3-4-1　数显液压杨氏模量测定仪

用了光杠杆放大原理,利用多次反射方法将金属丝伸长放大.

3. 光杠杆放大原理

光杠杆结构如图 3-4-2 所示.等腰三角形的塑料板的三个角上各有一个尖头螺钉.底边连线上的两个螺钉称为**前足尖**,顶点上的螺钉称为**后足尖**.仰角调节螺钉与水平转动螺钉可以调节光杠杆反射镜的位置.测量时,两个前足尖放在固定平台的光杠杆支点上,后足尖放在托盘上.由于托盘与金属丝下端夹头固定在一起,当金属丝受力后,产生微小伸长,托盘会随金属丝的伸长而下降,光杠杆的后足尖会跟着下降.由于前足尖放在固定不动的支点上,后足尖下降会使光杠杆上的反射镜绕前足尖转动微小的角度.显然,反射镜的转角与金属丝的伸长成正比.如果一束光照射到光杠杆反射镜上,如果反射镜绕前足尖转动角度 θ,则入射光线与反射光线的夹角会改变 2θ.由于反射镜的转角与金属丝伸长成正比,则反射光线将金属丝的伸长也相应的放大了 2 倍.

如图 3-4-3 所示,光杠杆后足尖到两前足尖连线的距离称为**光杠杆常数**,用 b 表示.如金属丝伸长为 ΔL,光杠杆反射镜转动角度为 θ,则转动角度与伸长量间关系为

$$\Delta L = b\tan\theta \approx b\theta \tag{3.4.2}$$

在实际测量时,光路如图 3-4-4 所示.标尺和观察者在两侧,调节反射镜到标尺的距离为 D,开始时光杠杆反射镜与标尺在同一平面,在望远镜上读到的标尺读数为 P_0,当光杠杆反射镜的后足尖下降 ΔL 时,产生一个微小偏转角 θ,在望远镜上读到的标尺读数 P_1,$P_1 - P_0$ 即为放大后的钢丝伸长量 N,常称作**视伸长**.由图可知

$$N = P_1 - P_0 = D\tan 4\theta \approx 4D\theta \tag{3.4.3}$$

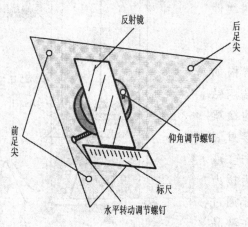

图 3-4-2 光杠杆结构

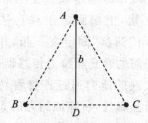

图 3-4-3 光杠杆常数

由公式(3.4.2)与(3.4.3)可得放大倍数为

$$A_0 = \frac{N}{\Delta L} = \frac{P_1 - P_0}{\Delta L} = \frac{4D}{b} \tag{3.4.4}$$

带入式(3.4.1)可得:

$$Y = \frac{16FLD}{\pi d^2 bN} \qquad (3.4.5)$$

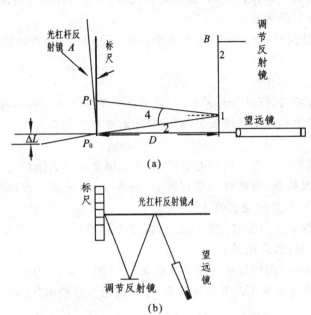

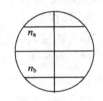

图 3-4-4 杨氏模量光路图

平面镜到标尺的距离 D 可用光学方法在望远镜中间接测得. 调节望远镜的目镜, 聚焦后可清晰地看到叉丝平面上有上、中、下三条平行基准线, 如图 3-4-5 所示, 其中间基准线称为**测量准线**, 用于读金属丝长度变化的测量值 $n_1, n_2, \cdots$, 上下两条准线称为**辅助准线**. 它们之间的距离 $n_a - n_b$ 称为**视距**, 则有

$$D = \frac{100}{3} \times 视距 \qquad (3.4.6)$$

图 3-4-5 望远镜视距

【实验步骤】

1. 将光源放置在距杨氏模量测定仪 55～80 cm 位置. 调节杨氏模量测定仪底角螺钉, 使水准仪上的水泡居中.

2. 调节光路:

(1) 将光杠杆放置好, 两前足尖放在平台槽内, 后足尖置于与钢丝固定的圆形托盘上, 并使光杠杆反射镜平面与照明标尺基本在一个平面上. 调节光杠杆平面镜的倾角螺钉, 使平面镜与平台面基本垂直.

(2) 调节望远镜与反射镜高度, 使其与光杠杆基本处于等高位置. 调节反射镜的倾角螺丝, 使反射镜镜面与光杠杆镜面基本平行.

（3）小心转动调节反射镜至目测能看到照明标尺经调节反射镜投射到光杠杆反射镜的像为止.

（4）通过望远镜找到标尺的像. 若找不到,应调节光杠杆和反射镜倾角螺钉以及望远镜的位置,直至找到为止.

3. 调节望远镜的目镜焦距看清叉丝平面的三条准线. 调节物镜焦距清晰地看清反射回的标尺像并无视差.

4. 测量:

（1）按下数显测力秤的"开/关"键. 待显示器出现"0.000"后,用液压加力盒的调节螺杆加力,显示屏上会出现所施拉力(顺时针转动螺杆为加力方向,反时针转动为减力方向).

（2）顺时针转动加力盒上的加力螺杆,当液晶屏显示拉力读数为 10 kg 时,记下测量准线所对应标尺读数. 继续转动螺杆加力,每隔 2 kg 记录一次标尺读数,共记录 8 组读(加至 24 kg),结果记录表格 3-4-1 中.

（3）逆时针转动加力螺杆,减小拉力,重复上述步骤,记录拉力从 24 kg 减小至 10 kg 时的标尺读数,结果记录表 3-4-1 中.

（4）从望远镜读出两辅助准线间的视距 h,记录到表 3-4-2 中.

（5）观测完毕应将液压调节螺杆旋至最外,使测力秤指示"0.000"附近后,再关掉测力秤"电源".

5. 用卷尺测量金属丝原长 L. 用游标卡尺测量光杠杆常数 b. 最后,用千分尺测量金属丝直径 d. 其中,L、b 只测量一次,d 测量 6 次.

6. 操作要点:

（1）测量时,不要用手触摸光杠杆及反射镜的光学面.

（2）在加力或减力时,由于仪器灵敏度较高,当要达到测量值时必须缓慢转动加力螺杆以确保拉力准确达到测量值.

（3）做完实验后,必须将拉力减小至零后再关闭数显液晶屏.

【实验数据】

表 3-4-1　标尺读数记录

| 次数 | 拉力/kg | 标尺读数/mm | | | 逐差值/mm |
		加力	减力	平均值	
1	10.00				N_1
2	12.00				
3	14.00				N_2
4	16.00				

续表

次数	拉力/kg	标尺读数/mm			逐差值/mm
		加力	减力	平均值	
5	18.00				N_3
6	20.00				
7	22.00				N_4
8	24.00				

表 3-4-2　长度记录

h/mm	L/mm	b/mm

表 3-4-3　金属丝直径

千分尺零点值：mm

次数	1	2	3	4	5	6
d/mm						

【数据处理】

1. 利用逐差法计算经过光杠杆放大后金属丝加力伸长的平均值 $\overline{N}$，将 L、D、b、$\overline{d}$、$\overline{N}$ 等测量结果代入公式(3.4.2)，算出金属丝的杨氏模量；

2. 计算不确定度.

【实验习题】

1. 实验中，测量长度分别用了哪些仪器，为什么不同的长度要用不同仪器进行测量？

2. 试根据公式(3.4.5)说明如何提高金属丝长度变化的灵敏度？

3. 试证明：若测量前光杠杆反射镜与调节反射镜不平行，不会影响测量结果.

第 4 章

热学实验

实验 1 用落球法测定液体的黏滞系数

液体的黏滞系数又称**内摩擦系数**或**黏度**,是描述液体内摩擦力性质的一个重要物理量.它表征液体反抗形变的能力,只有在液体内存在相对运动时才表现出来.黏滞系数除了因材料而异之外还比较敏感地依赖温度,液体的黏滞系数随着温度升高而减少.研究和测定液体的黏滞系数,不仅在材料科学研究方面,而且在工程技术以及其他领域有很重要的作用.

【实验目的】

1. 理解黏滞系数的概念;
2. 学会用落球法测量液体的黏滞系数.

【实验内容】

1. 读数显微镜测量钢球的直径;
2. 用落球法测量液体的黏滞系数.

【实验器材】

盛有甘油的量筒,比重计,温度计,读数显微镜,米尺,秒表,镊子,卡尺.

【实验原理】

实验装置如图 4-1-1 所示.

当物体球在液体中运动时,物体将会受到液体施加的与运动方向相反的摩擦阻力的作用,这种阻力称为**黏滞阻力**,简称**黏滞力**.黏滞阻力并不是物体与液体间的摩擦力,而是由附着在物体表面并随物体一起运动的液体层与附近液层间的摩擦而产生的.黏滞力的大小与液体的性质、物体的形状和运动速度等因素有关.

当小球在无限大的黏滞液体中以不大的速度直线下降时,作用于小球黏滞阻力大小可由斯托克斯定律给出

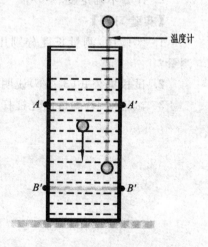

图 4-1-1 实验装置图

$$f = 6\pi r \eta v \qquad (4.1.1)$$

式中，η 为液体的黏滞系数，r 为圆球的半径，v 为圆球下降的速度.

当小圆球在黏滞液体中垂直下降时，除受黏滞阻力以外，还要受到重力 mg 和浮力 F 的作用，如果以 m 和 ρ 分别表示圆球的质量和密度，ρ_0 表示液体密度，那么其大小分别为

$$mg = \frac{3}{4}\pi r^3 \rho g \tag{4.1.2}$$

$$F = \frac{3}{4}\pi r^3 \rho_0 g \tag{4.1.3}$$

由此可列出小球运动的动力学方程

$$mg - \frac{3}{4}\pi r^3 \rho_0 g - 6\pi r \eta v = m\frac{\mathrm{d}v}{\mathrm{d}t} = mv\frac{\mathrm{d}v}{\mathrm{d}x} \tag{4.1.4}$$

式中，mg、F 为恒量，f 随小球运动速度 v 的增加而增加，小球运动的加速度将逐渐减小，当 f 增大到 $f = mg - F$ 时，小球开始以速度 v_0 匀速度下降，此时小球的速度称收尾速度，其值可由下式求出

$$6\pi r \eta v_0 = \frac{4}{3}\pi r^3 g(\rho - \rho_0) \tag{4.1.5}$$

解得

$$v_0 = \frac{d^2 g(\rho - \rho_0)}{18\eta} \tag{4.1.6}$$

由实验参量 $\rho = 7.8 \times 10^3 \,\mathrm{kg/m^3}$，$\rho_0 = 1.203 \times 10^3 /\mathrm{m^3}$，$d = 1\,\mathrm{mm}$ 和由其他实验方法测得的黏滞系数 $\eta = 2.0\,\mathrm{Pa \cdot s}$ 值，解方程式（4.1.4）可得

$$l = \int_0^{\frac{d^2 g(\rho - \rho_0)}{18\eta}} \frac{v\mathrm{d}v}{g - \frac{\rho_0}{\rho}g - \frac{18\eta}{\rho d^2}v}$$

$$= \int_0^{\frac{9.8 \times (7.8 - 1.230) \times 10^{-6} \times 10^3}{18 \times 2.0}} \frac{v\mathrm{d}v}{9.8 - \frac{1.230}{7.8} \times 9.8 - \frac{18 \times 2.0}{7.8 \times 10^3 \times 10^{-6}}v}$$

$$\approx 16 \times 10^{-3}\,\mathrm{m} = 1.6\,\mathrm{cm}$$

如果用实验的方法测出小球位移 $2\,\mathrm{cm}(>1.6\,\mathrm{cm})$ 后，即从刻线 A 开始匀速下降的速度，那么通过上式就可以求出该液体的黏滞系数为

$$\eta = \frac{2}{9}\frac{(\rho - \rho_0)}{v_0}r^2 g = \frac{(\rho - \rho_0)}{18v_0}d^2 g \tag{4.1.7}$$

式（4.1.7）是小球在无界均匀流体中运动条件下导出的，收尾速度 v_0 是在无限广延连续流体中匀速下落时的速度，为了实现无限广延连续流体的条件，实验上可以采用一组直径不同的圆管，垂直安装在同一水平底板上，在每个圆管上刻有相同高度和相同间距 s 的 A、B 两刻线，上刻线与液面间有超过 $2\,\mathrm{cm}$ 的距离，以致当小球下落

到接近 A 刻线时,已经在做匀速运动.依次测出同一个小球通过各个圆管两个刻线间所有得时间 t,若各管的直径用一组 D 表示,大量的实验数据分析表明,t 与 d/D 呈线性关系.以 t 为纵轴,d/D 为横轴,将测得的各实验点连成线段.延长该线段与纵轴相交,$d/D=0$,$D=\infty$.其 t 轴上的截距 t_0,就是 $D=\infty$ 时,即在广延液体中,小球匀速下落距离 s 所用的时间,$v_0=\dfrac{s}{t_0}$,测出 v_0、d,就可以根据公式(4.1.7)算出黏滞系数 η. 但本实验只用一个圆筒,所以必须对 v_0 加以修正.

因为

$$t = t_0 + k\frac{d}{D}$$

$$t_0 = t - k\frac{d}{D}$$

$$v_0 = \frac{s}{t_0} = \frac{s}{t - k\dfrac{d}{D}} = \frac{s}{t\left(1 - k\dfrac{d}{Dt}\right)} = \frac{s}{t}\left(1 + k\frac{d}{Dt}\right)$$

$$\eta = \frac{2}{9}\frac{(\rho-\rho_0)}{v_0}r^2 g = \frac{(\rho-\rho_0)t}{18s\left(1+k\dfrac{d}{Dt}\right)}d^2 g = \frac{(\rho-\rho_0)t}{18s\left(1+k\dfrac{d}{D}\right)}d^2 g$$

根据无限广延连续流体中小球的收尾速度与某一圆筒中小球的收尾速度关系 $v_0 = \dfrac{s}{t}\left(1+k\dfrac{d}{D}\right) = v\left(1+k\dfrac{d}{D}\right)$,由 v_0,v,d,D 可以算出修正系数近似等于 2.4,于是可得原理公式为

$$\eta = \frac{(\rho-\rho_0)t}{18s\left(1+2.4\dfrac{d}{D}\right)}d^2 g \tag{4.1.8}$$

【实验步骤】

1. 读数显微镜测量小球直径(参考第 2 章读数显微镜的读数方法)

(1)把小球放置于显微镜的载物台上,转动载物台下的反射镜,将待测物的视场照亮.

(2)调节目镜,使目镜内分划板平面上的十字叉丝清晰,并且转动目镜使十字叉丝中的一条线与刻度尺的刻线平行.

(3)调节显微镜镜筒,使它与小球有一个适当的距离(避免与待测物相碰而损坏物镜和待测物),然后自下而上地调节显微镜的焦距,在视场中看到清晰的物像,并消除视差,即眼睛左右移动时,叉丝与物象间应无相对位移.

(4)转动读数鼓轮(副尺),使竖直叉丝分别与小球的两端相切,记下主副尺的两次读数值 x_1、x_2,其差值的绝对值即为小球的直径 d,即 $d=|x_2-x_1|$.

(5)取不同方位测量三次,取其平均值.共测三个小球,对小球编号测量,将测量数据填入表 4-1-1 中.

2. 测量其他量

（1）记录一个小球在甘油中运动前油的温度 T_1.

（2）用镊子夹起小球,轻轻放入量筒的轴线处,注意观察小球的运动情况,用秒表测量通过两个标志线 AA' 与 BB' 所需要的时间,注意小球放入甘油前应使小球表面完全被甘油浸润,以免小球表面附着气泡.

（3）依次按三个小球编号顺序连续做完三个小球下落时间的测量,对号记录时间.

（4）记录第三个小球下落结束后的油温 T_2,计算出平均油温 $\overline{T}=\frac{1}{2}(T_1+T_2)$.

（5）用米尺测量两个标志线 AA' 与 BB' 之间的距离 s.

（6）用比重计测量甘油的密度 ρ_0. 将其他量的测量值填入表 3-1-2 中.

【实验数据】

将数据填入表 4-1-1 和表 4-1-2 中.

表 4-1-1　小球相关测量数据

测值　小球	右读数 x_1/mm	左读数 x_2/mm	小球直径 d/mm	平均直径 $\overline{d}$/mm	下落时间 t/s	下落距离 s/m
1						
2						
3						

表 4-1-2　其他测量数据

油温 T/℃	量筒直径 D/mm	甘油密度 ρ_0/(kg/m³)	钢球密度 ρ/(kg/m³)	重力加速度 g/(m/s²)
运动前				
运动后				
平均值				

【实验讨论】

1. 误差分析.

2. 合理化建议.

3. 实验现象的解释.

【实验习题】

一、填空题

1. 落球法测液体的黏滞系数所依据的基本公式是_____（名称），它要求液体是_____，实验中用适当_____并加_____来近似满足它.

2. 小球落入液体中并开始下落，此时它受到向上的_____、向下的_____和_____的作用. 它可能是经过_____、_____和_____过程，最终以_____下落.

二、问答题

1. 用落球法测液体的黏滞系数时，在一定的液体中，当小球的半径减少时，它下降的收尾速度将如何变化？

2. 试分析选用不同密度和不同半径的小球进行实验，对实验结果影响如何.

3. 在温度不同的同种润滑油中，同一个小球下降的收尾速度是否相同？为什么？

实验 2 用焦利氏秤测定液体的表面张力系数

很多现象表明，液体表面具有收缩到尽可能小的趋势. 从微观角度看，液体表面是具有厚度为分子吸引力有效半径（约 10^{-9} m＝1 nm）的薄层，称为表面层. 处于表面层内的分子较之液体内部的分子缺少了一部分能和它起吸引作用的分子，因而出现了一个指向液体内部的吸引力，使得这类分子有向液体内部收缩的趋势. 从能量观点看，任何内部分子欲进入表面层都要克服这个吸引力而作功. 可见，表面层有比液体内部更大的势能，即所谓表面能. 表面积越大，表面能也越大. 众所周知，任何体系总以势能最小的状态最为稳定. 所以，液体要处于稳定，液面就必须缩小，以使其表面能尽可能减小，宏观上就表现为液体表面层的张力，称为表面张力.

液体因表面张力而收缩的事实，说明表面张力是与液体表面相切的，也就是沿液体表面而作用的，其方向不论在平面或曲面里，都与液面的边界垂直. 如果在液体表面画一条抽象的直线，则表面张力的作用就表现为线段两边的液面以一定的拉力 F_α 相互作用，而且力的方向与线段相垂直，其大小与该线段之长度 L 成正比. 即

$$F_\alpha = \alpha L \tag{4.2.1}$$

其中，比例系数 α 称为液体的**表面张力系数**，它表示单位长度的线段两侧液面的相互拉力. 其单位为 N·m^{-1}. 当液体表面与其蒸汽或空气相接触时，表面张力仅与液体本身的性质及其温度有关. 各种液体，其 α 的数值可以很不相同. 密度小、容易蒸发的液体，其 α 较小；而熔融金属的 α 则很大. 在一般情况下，同种液体温度愈高，α 愈小. 另

外,α 的大小还与其相邻物质的化学性质有关,与液体本身的纯度也有很大关系,某些杂质能使 α 增大,而表面活性物质则能使表面张力系数减小.

液体与固体相接触时的情况,不仅取决于液体自身的内聚力,而且取决于液体分子与其接触的固体分子之间的吸引力(称为附着力).当内聚力大于附着力时,液面与自由液面相似,有收缩的取向.这时,接触角(与固体接触处液体表面的切线和固体表面指向液体内部的切线间的夹角)$\beta > \pi/2$,则称**液体不润湿该固体**;反之,当附着力大于内聚力时,$\beta < \pi/2$,则称**液体润湿该固体**.

本实验就是利用液体与固体润湿的现象,用拉膜法测定水的表面张力系数.

【实验目的】

1. 了解焦利氏秤的结构、原理并学会正确使用;
2. 用拉膜法测定液体的表面张力系数;
3. 用最小二乘原理拟合直线.

【实验内容】

1. 测量弹簧的倔强系数;
2. 测量水的表面张力系数.

【实验器材】

1. 焦利氏秤:焦利氏秤实际上是一个特殊结构的弹簧秤,是用来测量铅直方向微小力的仪器之一.其结构如图4-2-1所示.带有标尺(主尺)的铜管装入顶部带有游标(副尺)的套筒内,二者一起配合读数组成一"游标尺",且可以通过调节安装在套筒下部的调节旋钮 M 使铜管上下移动.刻有准线 E 的玻璃指示管通过套夹固定于套筒中部.套筒下部还由套夹固定着一个可放置玻璃皿(或其他容器)的小载物平台,载物台的升降可由其下部的螺旋.调节.

使用时,将仪器专用弹簧用顶丝 P 紧固在铜管之顶部伸出的支撑臂上,弹簧下端挂一刻有准线 F 的指示镜,并将其套于指示管内.然后,将砝码盘挂在指示镜下端.调节焦利氏秤底部两个地脚螺钉 W,使套筒处于铅直位置(此时指示镜应自由悬于指示管中央).调节旋钮 M,使准线 F 与 E 及其在指示镜中的像 E' 三线重合,并将此位置定为弹簧的平衡位置 x_0.当在砝码盘施以力 f 时,由于弹簧伸长,指示镜之准线 F 下移.只要再度调节 M,使 F 重新上升至三线重合,即可通过此时

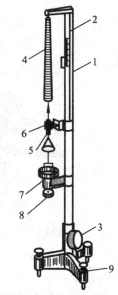

图 4-2-1　焦利氏秤装置图

1—秤框;2—升降金属杆;3—升降钮;4—锥形弹簧;5—带小镜的挂钩;6—平衡指示玻璃管;7—平台;8—平台调节螺钉;9—底脚螺钉

游标尺上的读数 x 求出弹簧的伸长量 $\Delta x = x - x_0$. 若 f 为已知,则弹簧的倔强系数

$$f = k \Delta x \tag{4.2.2}$$

可见,焦利氏秤是一个下端"固定"、靠弹簧"向上"伸长来测定微小力的弹簧秤.

2. 卡尺,烧杯,镊子,砝码,托盘,水溶液,金属丝框架.

【实验原理】

将一表面洁净、宽度 L、丝直径为 D 的 Π 形细金属丝竖直地浸于水中,然后将其徐徐拉出. 由于水能润湿该金属丝,所以,水膜将布满 Π 形丝四周,且在其边框内被带起. 考虑到拉的水膜系具有几个分子层厚度的双面膜,其与水分界面接触部分的周长约为 $2(L+D)$,因此,式(4.2.1)变为

$$f_a = 2\alpha(L + D) \tag{4.2.3}$$

若将 Π 形丝通过其 AB 的正中 C 点悬挂于可测微小力的弹簧秤之上(见图 4-2-2 (a)),则 f_a 可由拉膜过程中弹簧的伸长量 Δl 求出. 根据虎克定律:在弹性限度内,弹簧恢复力 f_k 与弹簧的绝对伸长量 Δl 成正比,且方向相反,即

$$f_k = -k \Delta l \tag{4.2.4}$$

其中,k 表弹簧的倔强系数,单位为 $N \cdot m^{-1}$.

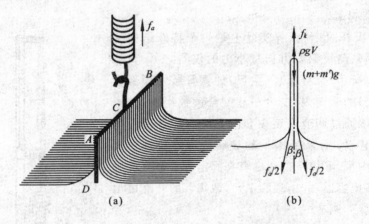

图 4-2-2 拉膜过程及受力分析示意图

实际上,拉膜过程中,Π 形丝框除了受到 f_a 及 f_k 的作用外(见图 4-2-2),还有如下诸力的作用:(1)水膜自身的重力 $m'g$ 很小可忽略;(2)金属丝仍处于水中的那部分体积所受到的浮力 $\rho g V$,因金属丝框很细,即 V 很小,故也可以忽略不计;(3)金属丝框受到大气压力的合力为零;(4)Π 形丝本身的重力 mg. 若将 Π 形金属丝框挂上之后,且使其 AB 边与水面平齐之时规定弹簧的平衡位置 l_0,则 Π 形丝的重力 mg 对弹簧从该平衡位置算起的伸长量 Δl 也将没有贡献. 在上述假定下,弹簧的伸长就只取决于表面张力 f_a 在垂直方向的分量. 设接触角为 β,则该分量为 $f_a \cos \beta$. 显然,在弹簧伸长至 l 且使液膜刚刚破裂的瞬间,该分力应与弹簧的弹性恢复力相平衡,即

$$\alpha = \frac{k\Delta l}{2(L+D)\cos\beta} \tag{4.2.5}$$

考虑到水与 Ⅱ 形金属丝接触角很小，$\beta \to 0$，$\cos\beta \to 1$；而且实际上 $L \gg D$. 所以，式(4.2.5)可简化为

$$\alpha = \frac{k\Delta l}{2L} \tag{4.2.6}$$

其中，$\Delta l = l - l_0$ 表示拉膜过程中弹簧的伸长量. 可见，只要测得 k、Δl 及 L，即可由(4.2.6)式求出水的表面张力系数.

【实验步骤】

1. 测量弹簧的倔强系数

（1）安装、调整并熟悉仪器.

（2）调节底脚螺钉或挂弹簧上端的螺钉或平衡指示玻璃管，使小镜不要与玻璃管接触，缓慢旋转升降钮使小镜上的红线与玻璃管上的刻线以及刻线在小镜中的虚像三线对齐，即所谓的"三线对齐"，记下游标示数 S_0.

（3）在砝码盘中依次加 1 g、2 g、3 g、4 g、5 g 砝码，每加一次旋转升降钮使三线对齐，依次记下游标示数 $S_i^+ (i=1,2,3,4,5)$，然后再逐次取下砝码，依次记下游标示数 $S_i^- (i=1,2,3,4,5)$，将数据填入表 4-2-1 中.

2. 测量水的表面重力系数

（1）用镊子夹住 Ⅱ 形丝在酒精灯上烧去油腻，只烧片刻即可，待冷却后再将其轻轻挂在砝码盘下端.

（2）盛多半杯水，旋转升降旋钮，使三线对齐，记下 Ⅱ 形丝在空气或水中时游标的示数.

（3）将盛水的小烧杯放在平台上，使 Ⅱ 形丝浸入水中，这时由于水对针的浮力作用使小镜中红线上移（实际上由于浮力很小，致使移动量很小，很难测出）. 为了保证三线对齐，用左手调节平台下的平台调节螺钉，使烧杯下移，与此同时，在水的表面张力作用下，Ⅱ 形丝被下拉，这时会发现 Ⅱ 形丝下面形成一个水薄膜. 左手继续调节平台下的平台调节螺钉使烧杯下移，同时用右手调节升降钮使平衡指示玻璃管中的指示镜上移，在此过程中总是保持三线对齐（只有这样做游标示数的改变量 $x_i - x_0$ 才是由水的表面张力作用引起的变化量）. 随着 Ⅱ 形丝的上移，水薄膜逐渐被拉高，直至薄膜被拉破，此时两手应立即停止转动，记下游标示数 x_i. 再重复做四次，共五次. 将数据填入表 4-2-2 中.

3. Ⅱ 形丝宽度 L 的测量

用游标卡尺测 Ⅱ 形丝宽度 L. 共测五次，将数据填入表 4-2-2 中. 然后，求出室温 θ_e 时水的表面张力系数.

【实验数据】

将数据填入表 4-2-1 和表 4-2-2 中.

表 4-2-1   测量数据一

砝码质量 m/g	增重游标示数 $s_i^+/(\times 10^{-3}\,m)$	减重游标示数 $s_i^-/(\times 10^{-3}\,m)$	游标示数平均值 $\bar{s}/(\times 10^{-3}\,m)$
0			
1			
2			
3			
4			
5			

表 4-2-2   测量数据二

次数	1	2	3	4	5
指示镜初位置游标示数 x_0/mm					
指示镜末位置游标示数 x/mm					
示数的变化量 $\Delta x/mm$					
Ⅱ形丝宽度 L/mm					

【实验讨论】

1. 误差分析；

2. 合理化建议；

3. 实验现象的解释.

【注意事项】

1. 调节焦利氏秤时一定要保证指示镜在整个测量过程中自由悬于指示管中央；

2. 焦利氏秤专用弹簧不要随意拉动，或挂较重物体，以防损坏；

3. 测量Ⅱ形丝宽度时，应放在纸上，注意防止其变形；

4. 灼烧Ⅱ形丝时不宜使其温度过高，微红（约 500 ℃）即可，以防变形.灼烧之后不应再用手触摸，因Ⅱ形丝很小，故应防止遗失；

5. 拉膜时动作要轻，尽力避免弹簧的上下振动.为使数据测量准确，拉膜过程中动作要协调：在调节旋钮使弹簧均匀向上伸长时，需同时反时针旋转螺旋 N，使载物台均匀下移，以始终保持 F、E 及其在指示镜中的像 E' 的三线重合.

【实验习题】

一、填空题

1. 使用焦利氏秤测量时,必须先使_____、_____及_____三线重合而后读数,这样做的目的是_____,从而准确地测出焦利氏秤弹簧在外力作用下的_____.

2. 如果焦利氏秤下所挂的框架不水平,测量"拉脱"的弹簧伸长量 $x - x_0$ 会_____,从而导致测出的表面张力系数_____.这是_____修正的_____误差.

3. 实验表明,液体的温度愈高,表面张力系数愈_____,所含杂质越多,表面张力系数越_____.

二、问答题

1. 测量 Ⅱ 形金属丝宽度时应注意什么? 在 Ⅱ 形丝的什么位置测量为宜?

2. 若焦利氏秤套筒未调铅直,能否进行测量? 为什么?

3. 在拉膜过程中为什么应始终保持 F、E、E' 三线重合? 为满足此项要求,实验中应如何操作?

4. 拉膜时弹簧的初始位置 l_0 是在什么情况下确定的?

5. 试说明式(4.2.6)成立的条件.

实验 3 综合导热系数的测定

【实验内容】

1. 稳态法测量加热与散热铜板的温度;

2. 用作图法绘出 T-t 关系图,求冷却速率;

3. 计算样品的导热系数.

【实验目的】

1. 了解热传导现象的物理过程;

2. 学习用稳态平板法测量材料的导热系数;

3. 学习用作图法求冷却速率;

4. 掌握一种用热电转换方式进行温度测量的方法.

【仪器用具】

YBF-3 导热系数测试仪,冰点补偿装置,测试样品.

【实验原理】

导热系数是物质固有的一种属性,它是表征物质传递热量能力的物理量.从测量方法可分为稳态法与动态法两种.本实验采用稳态法测量物体的导热系数,即使待测物体吸热与放热速率达到平衡,使物体传递热量的速率达到动态稳定,进行测量的一种方法.

当热量经过物体由高温处传递到低温处时,物体内部会有温度梯度存在.如果热量是沿着 z 方向传导,以 $\dfrac{dT}{dz}$ 表示在 z 轴上任意位置 z_0 处的温度梯度,则在 dt 时间内通过 dS 面

积的热量 dQ,正比于物体内的温度梯度,其比例系数就是导热系数,通常用 λ 表示,即

$$\frac{\mathrm{d}Q}{\mathrm{d}t} = -\lambda \left(\frac{\mathrm{d}T}{\mathrm{d}z}\right)_{z_0} \mathrm{d}S \qquad (4.3.1)$$

式中,负号表示热传导的方向与温度梯度的方向相反. λ 的单位可以表示为 $W/(m \cdot K)$. 对于各向同性的物体,物体内部各方向导热系数相同;对于各向异性的物体,物体内部各方向导热系数不同. 本实验方法适于测量各向同性物体的导热系数.

如图 4-3-1 所示,样品处于高温 T_1 和低温 T_2 之间,如 T_1 和 T_2 恒定不变,则可在样品内部形成稳定的温度梯度分布. 温度梯度就可通过高温与低温间的温度差与样品的高度间的比值获得,则公式(1)可表示为

$$\frac{\mathrm{d}Q}{\mathrm{d}t} = -\lambda \frac{T_1 - T_2}{h_b} S_b \qquad (4.3.2)$$

式中 h_b 为样品的高度,S_b 为样品的上表面面积. 在测量过程中,把样品做成圆形,使它处于加热铜板与散热铜板之间. 使加热铜板处于温度 T_1 不变,当样品的吸热速率与散热速率达到平衡时,散热铜板温度不变,为 T_2. 由于铜是热的良导体,可使样品上、下表面均匀受热与散热. 实验中样品为圆形,因此公式(4.3.2)中的 S_b 可写为 πR_b^2(R_b 为样品半径). 公式(4.3.2)中样品上、下表面的温度 T_1 和 T_2 分别为加热铜板与散热铜板的温度,因此实验中要求样品与两铜板必须紧密接触. 公式(4.3.2)表示样品通过上表面吸热,通过下表面散热,并没有考虑样品侧面的散热. 因此只有使样品满足 $h_b \ll R_b$,侧面的散热才可以忽略.

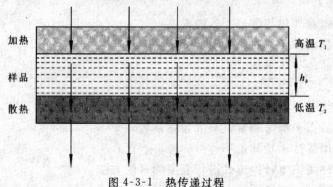

加热　　　　　　　　　　　　　　　　　高温 T_1

样品　　　　　　　　　　　　　　　　　h_b

散热　　　　　　　　　　　　　　　　　低温 T_2

图 4-3-1　热传递过程

根据热容的定义,对温度均匀的物体,当温度为 T_2 时,满足

$$\frac{\mathrm{d}Q}{\mathrm{d}t}\bigg|_{T=T_2} = -mc\frac{\mathrm{d}T}{\mathrm{d}t}\bigg|_{T=T_2} \qquad (4.3.3)$$

公式中 m 与 c 为物体的质量与比热容,负号表示热量向低温方向传递. 由于样品传递的热量是通过散热铜板传递的,因此样品在温度 T_2 时单位时间传递的热量与散热铜板单位时间传递的热量相同. 由公式(4.3.3)可知,样品在温度 T_2 时单位时间传递的热量可通过散热铜板在温度 T_2 附近,温度的冷却速率来获得,即 $\dfrac{\mathrm{d}T}{\mathrm{d}t}\bigg|_{T=T_2}$.

具体方法是使散热铜板加热到高于平衡温度 T_2 约 10℃左右的温度,然后使散热铜板置于空气中散热. 每隔单位时间测量散热铜板的温度,从而获得散热铜板的冷却速率曲线,如图 4-3-2 所示. 在温度为 T_2 处作曲线的切线,此切线的斜率 k 即为散热铜板在温度 T_2 附近的冷却速率 $\dfrac{\mathrm{d}T}{\mathrm{d}t}\Big|_{T=T_2}$.

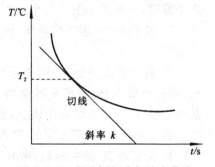

图 4-3-2　散热铜板冷却速率曲线

由于样品与散热铜板接触时,散热铜板只有下表面与侧面散热,而测量散热铜板的冷却速率时上、下表面与侧面同时散热. 由物体的散热速率与它的散热面积成比例可知,公式 (4.3.3) 应修正为:

$$\frac{\mathrm{d}Q}{\mathrm{d}t} = -mc \cdot \frac{\pi R_p{}^2 + 2\pi R_p h_p}{2\pi R_p{}^2 + 2\pi R_p h_p} \frac{\mathrm{d}T}{\mathrm{d}t}\Big|_{T=T_2} \tag{4.3.4}$$

式中,m 为散热铜板质量,c 为铜板比热容,R_p 和 h_p 分别是散热铜板的半径和厚度. 将上式代入公式 (4.3.2),可得导热系数:

$$\lambda = -mc\,\frac{2h_p + R_p}{2h_p + 2R_p} \cdot \frac{1}{\pi R_b^2} \cdot \frac{h_b}{T_1 - T_2} \cdot \frac{\mathrm{d}T}{\mathrm{d}t}\Big|_{T=T_2} \tag{4.3.5}$$

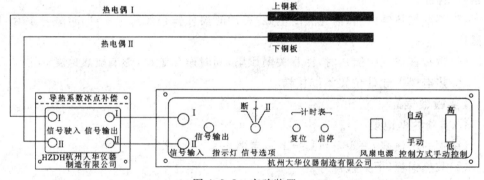

图 4-3-3　实验装置

实验中加热铜板与散热铜板的温度可通过热电偶进行测量(热电偶原理可参看"电位差计测量热电偶温差电动势"实验). 对一定材料的热电偶而言,温度变化范围不大时,温差电动势与待测温度成正比,因此在应用公式 (4.3.5) 计算时,可以直接用电动势值代替温度值. 利用热电偶测温度,其低温端通常选取 0℃作为标准. 在实验中可利用冰水混合物来实现,也可以通过电路进行补偿,代替冰水混合物来实现. 本实验主要是利用补偿方法来测量铜板温度,采用的热电偶为铜-康铜热电偶.

【实验步骤】

1. 将散热盘(下铜板)置于电木支架上,上面放好样品. 将加热铜板(上铜板)放置在样品上,并使其与样品、散热铜板对齐放置,锁紧加热铜板. 调节散热铜板下方的三个螺钉,使样品的上下两个表面与上下铜板紧密接触.

2. 按图 4-3-3 连接热电偶,将热电偶 I 插入加热铜板小孔,电偶 II 插入散热铜板小孔.

3. 利用手动控制加热,先选用高档,当 T_1＝4.00mV 左右即可以将开关打至低档,通过调节高档、低档和断电档,使得 T_1 读数变化在 ±0.03mV 范围内,同时观测散热铜板 T_2 所对应的电压读数,待 T_2 对应电压数值在 3min 之内不变即可以认为已经达到稳定状态,记下此时的 T_1 与 T_2 对应的电压读数.

4. 关闭电源,旋松螺钉,戴好手套后移开加热铜板,取出样品.将加热铜板与散热铜板直接接触,给散热铜板加热,观察散热铜板所对应的温度.当散热铜板温度比稳态时温度 T_2 高出 10℃ 左右时(对应的电压值可通过附录表格查出),停止加热,移去加热铜板,让散热铜板在空气中自然冷却.每隔 30s 读一次下铜板温度对应电压值,记录到表格中,直到温度降到低于 T_2 以下一定值.

5. 记下样品、散热铜板的相关物理量.

6. 操作要点:

(1)热电偶插入小孔时,要抹上些硅脂,并插到洞孔底部,保证接触良好.

(2)要使加热铜板,样品与散热铜板紧密接触,注意中间不能有空隙.同时也不能过紧,使样品形变.

(3)移动加热铜板前,需先关闭电源,移动时要使铜板保持水平,同时戴好手套,以免烫伤.

(4)铜板在空气中散热时,注意关闭风扇,同时避免走动,影响散热速度.

(5)热电偶 I 与 II 位置不能接错.

【实验数据】

1. 实验数据记录

(1)铜的比热容 c＝385J/(kg·K),室温 t＝　　　　℃;

(2)散热铜板(下铜板)

　　半径 R_p＝　　　　mm,厚度 h_p＝　　　　mm,质量 m＝　　　　g;

(3)样品

　　半径 R_b＝　　　　mm,厚度 h_b＝　　　　mm;

(4)稳态时 T_1、T_2 的数据

　　T_1＝　　　　mV, T_2＝　　　　mV;

(5)散热速率(每隔 30s 记录):

t/s	0	30	60	90	120	150	...	$\dfrac{\Delta T}{\Delta t}\Big|_{T=T_2}$ /(mV/s)
T_2/mV								

【数据处理】

(1)在坐标纸上作冷却速率曲线。在曲线上近稳态 T_2 处,作切线,求出其斜率作为冷却速率.

(2)根据实验结果,计算出样品的热导率.

【实验讨论】

误差分析;

合理化建议;

实验现象的解释.

【实验习题】

1. 在计算导热系数时,为什么可以用电动势值直接代入公式(4.3.5)计算?

2. 测量冷却速率时,为什么要在稳态温度 T_2 附近选取?

4. 测量过程中,如果冰点补偿装置不准,测量电压偏大,对结果是否有影响?

【实验附录】

1. 铜-康铜热电偶分度表(见表 4-3-1)

表 4-3-1　铜-康铜热电偶分度表

温度/℃	热电势/mV									
	0	1	2	3	4	5	6	7	8	9
0	0.000	0.039	0.078	0.117	0.156	0.195	0.234	0.273	0.312	0.351
10	0.391	0.430	0.470	0.510	0.549	0.589	0.629	0.669	0.709	0.744
20	0.789	0,830	0.870	0.911	0.950	0.992	1.032	1.073	1.114	1.155
30	1.196	1.237	1.279	1.320	1.361	1.403	1.444	1.486	1.528	1.569
40	1.611	1.653	1.695	1.738	1.780	1.882	1.865	1.907	1.950	1.992
50	2.035	2.078	2.121	2.164	2.207	2.250	2.294	2.337	2.380	2.424
60	2.467	2.511	2.555	2.599	2.643	2.687	2.731	2.775	2.819	2.864
70	2.908	2.953	2.997	3.042	3.087	3.131	3.176	3.221	3.266	3.312
80	3.357	3.402	3.447	3.493	3.538	3.584	3.630	3.676	3.721	3.767
90	3.813	3.859	3.906	3.952	3.998	4.044	4.091	4.137	4.184	4.231
100	4.277	4.324	4.374	4.418	4.465	4.512	4.559	4.607	4.654	4.701
110	4.749	4.796	4.844	4.891	4.939	4.987	5.035	5.083	5.131	5.179

2. 部分材料的密度和导热系数(见表 4-3-2)

表 4-3-2　部分材料的密度和导热系数

材料名称	温度(20℃)		导热系数,W/(m·K)			
	导热系数	密度	温度(℃)			
	W/(m·K)	(kg/m³)	−100	0	100	200
纯　铝	236	2700	243	236	240	238
铝合金	107	2610	86	102	123	148

续表

材料名称	温度(20℃)		导热系数,W/(m·K)			
	导热系数	密度	温度(℃)			
	W/(m·K)	(kg/m³)	−100	0	100	200
纯　铜	398	8930	421	401	393	389
金	315	19300	331	318	313	310
硬　铝	146	2800				
橡　皮	0.13~0.23	1100				
电　木	0.23	1270				
木丝纤维	0.048	245				
软木板	0.044~0.079					

实验 4　模拟冰箱制冷系数

【实验内容】

1. 测量不同温度下的制冷系数.

2. 作出制冷系数与温度的关系曲线.

【实验目的】

1. 学习电冰箱的制冷原理,加深对热学基本知识的理解.

2. 掌握测量电冰箱的制冷系数的方法.

【实验器材】

模拟电冰箱制冷系数测定装置.

【实验原理】

1. 制冷系数

由热力学第二定律可知,不可能把热量从低温物体传到高温物体而不引起外界的变化. 根据正向热力学循环原理,热量可以从高温物体传到低温物体,实现对外界作功. 相反,利用逆向热力学循环,通过外界对系统作功,就可以使热量从低温物体传到高温物体,如图 4-4-1 所示. 在制冷循环中,系统从低温物体吸取的热量与所消耗功的比,称为制冷系数,用符号 ε 表示

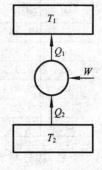

图 4-4-1

$$\varepsilon = \frac{Q_2}{W} = \frac{Q_1 - W}{W} \qquad (4.4.1)$$

制冷系数是衡量制冷循环经济性的一个重要技术经济指标. 在给定的温度条件下,制冷系数越大,吸收同样的热量所消耗的功率越小,循环的经济性越高.

对于理想气体,卡诺逆循环的制冷系数可表达为

$$\varepsilon = \frac{T_2}{T_1 - T_2} \tag{4.4.2}$$

其中，T_1 为高温物体温度，T_2 为低温物体温度. 一定温度条件下，理想气体所得逆卡诺循环的制冷系数为最大值，实际制冷循环的制冷系数都小于这一数值. 从公式（4.4.2）可以看出，冷系数可以小于 1，也可以大于等于 1. T_1、T_2 越接近，即冷冻室的温度与室温越接近时，ε 越大. 所以，冰箱里没有需要深度冷冻的物品时，不必将冷冻室的温度调得很低，一般保持在 $-5\ ℃$ 左右即可，这样可以省电.

从制冷的方式上来说，可以利用熔解热、升华热、蒸发热等方式实现制冷. 蒸发是液体表面汽化的过程，是物质内部能量较高的分子摆脱分子间的引力而逸出的现象. 利用蒸发过程可以吸收较多的热量，从而使温度降低. 电冰箱就是利用制冷剂在蒸发器里蒸发，带走热量，从而达到制冷目的.

2. 电冰箱的制冷循环

利用蒸发制冷，工作物质必须经过气体→液体→气体的相变，不能用理想气体. 通常选用制冷剂作为载热体. 制冷剂的种类很多，本实验所选为氟里昂作为制冷剂. 氟里昂的分子式为 CCl_2F_2，其沸点为 $-29.8\ ℃$，凝固点为 $-155\ ℃$，临界压力为 $4.06\ MPa$.

电冰箱的制冷循环如图 4-4-2 和图 4-4-3 所示. 图 4-4-2 所示为循环示意图，图 4-4-3 所示为表示在 p-V 图上的制冷循环过程.

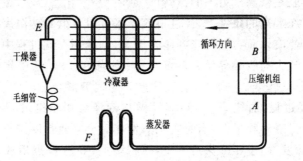

图 4-4-2　制冷循环示意图

从图 4-4-3 可见，电冰箱的制冷循环主要有四个过程：$A→B$ 绝热压缩；$B→E$ 等压冷凝；$E→F$ 绝热减压；$F→A$ 等压蒸发. 图 4-4-3 具体描述了这四个循环过程. 图中 $x=0$ 与 $x=1$ 曲线为饱和液体线，表示制冷剂所处的状态. $x=0$ 曲线左侧表示制冷剂为液态，$x=1$ 曲线右侧表示制冷剂为气态. 两曲线中间表示气液混合态. 四个过程的具体情况如下：

（1）绝热压缩过程（曲线 $A→B$）：在压缩过程中，由于压缩机活塞的运动很快，可近似地看做与外界没有热量交换的绝热压缩. 压缩机将制冷剂压缩成高压高温气体. $A→B$ 曲线下的面积为压缩机对系统所作的功 W.

（2）等压冷凝过程（曲线 $B→E$）：制冷剂刚进入冷凝器时处于 B 点，位于 $x=1$ 曲线右侧，表明此时为气态，即为高温热蒸气. 由于制冷剂温度较高，进入冷凝器后，将热量传递给了外界的空气. 制冷剂在等压的条件下温度降低, 体积减小, 从而到达 C 点. 随着温度与体积减小, 制冷剂处于曲线 $x=0$ 与 $x=1$ 之间, 成为气液混合态. 当冷却到 D 点与 E 点之间时, 成为液态. 在此过程中制冷剂放出热量 Q_1.

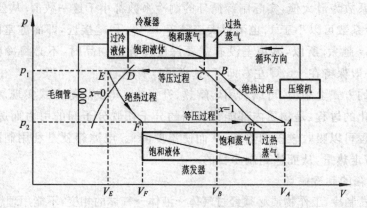

图 4-4-3　制冷循环过程

(3) 绝热减压过程 (曲线 $E \to F$): 制冷剂在进入毛细管前先经过干燥器吸收掉可能混入的微量水分, 以免降温后水结冰堵塞毛细管. 干燥后的制冷剂经过毛细管, 发生节流膨胀. 节流膨胀是较高压力下的流体 (气或液) 经多孔塞 (或节流阀) 向较低压力方向绝热膨胀过程. 在适当的条件下, 经过节流膨胀可以降低物体温度. 制冷剂在毛细管中受到节流作用, 使液体压力急剧降到蒸发压力, 制冷剂在此过程中温度虽剧降, 但因时间极为短暂, 可认为与收外界没有热量交换, 为绝热过程. 经过此过程后, 制冷剂到达 F 点, 处于曲线 $x=0$ 与 $x=1$ 之间, 表明此时为气液混合态.

(4) 等压蒸发过程 (曲线 $F \to A$): 蒸发器与待降温物相接触. 制冷剂经过毛细管后, 温度已变得比待降温物还低, 当时入到蒸发器后会吸收待降温物的热量. 吸收热量后的制冷剂不断蒸发. 由于压强保持不变, 体积增加, 到达 G 点后成为气态. 在此过程中制冷剂吸收热量 Q_2.

3. 仪器结构

实验装置如图 4-4-4 所示, 其结构主要包括:

(1) 冷冻室: 在杜瓦瓶中盛 2/3 深度的含水酒精作为待降温物. 用蛇形管作为蒸发器吸热. 同时, 冷冻室内还有加热器用来测量制冷剂蒸发时吸收的热量, 并用马达带动搅拌器使冷冻室内温度均匀, 温度计用于读出冷冻室内含水酒精的温度, 以判定是否已达到了热平衡.

(2) 冷凝器 (散热器): 在实验装置的背后, 接冷凝气入口 B 和冷凝器出口 E.

(3) 干燥器和毛细管: 干燥器内装有吸湿剂, 用于滤除制冷剂中可能存在的微量水分和杂质, 防止在毛细管中产生冰堵塞或脏堵塞. 内径小于 $0.2\,\mathrm{mm}$ 的毛细管用于制冷剂节流膨胀, 产生焦耳一汤姆孙效应.

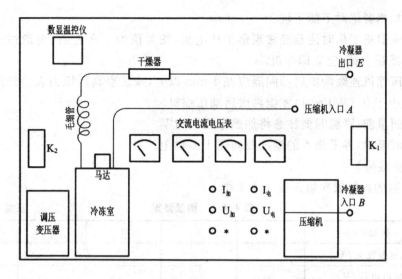

图 4-4-4　模拟电冰箱实验装置

（4）压缩机：对制冷剂作功，压缩气态制冷剂，提高制冷剂温度．逆向热力学循环过程中，外界对系统所作功 W 即为压缩机压缩制冷剂的功．其功率可通过压缩机的电流与电压的乘积获得．但由于压缩机在工作过程中有能量损耗，压缩机实际对制冷剂作功的功率要小于电流与电压的乘积．压缩机对制冷剂作功的功率为 P（简称压缩机功率），其大小为 $P=0.52P_\text{电}$．

（5）调压变压器：用于调节加热电压 U，以改变加热功率．

（6）开关 K_1（右侧）为压缩机电源开关，K_2（左侧）为加热器及数显温控仪开关．

【实验步骤】

1. 合上右侧制冷开关，冰箱压缩机组开始工作．观察压缩机的电压、电流是否正常（正常电压约 220 V，正常电流约 1 A），工作正常后高压压力表读数应逐渐上升至 0.9 MPa 左右，低压压力表读数一般小于 0.1 MPa．

2. 将加热器的调压变压器手柄逆时针旋到底，即输出电压为 0 V，再合上左侧电源开关．能听到电动搅拌器开始工作，冷冻室伴有轻微振动．同时，数显温控仪也开始工作，连续测量显示冷冻室温度，精度为 0.1 ℃．

3. 在达到一定温度后（如 −10 ℃以下），顺时针旋转调压变压器手柄，开始加热．调节时注意观察电压表、电流表的指示．加热后，冷冻室的温度下降速度开始变慢，改变加热功率，可使冷冻室温度在某一个温度时保持稳定不变（3～5 min），此时，加热器的放热量与蒸发器的吸热量达到平衡．记下此时的冷冻室温度 t、压缩机电压 $V_\text{压}$、电流 $I_\text{压}$、加热器电压 $V_\text{加}$、电流 $I_\text{加}$．

4. 增加或减小加热功率，改变平衡温度．按步骤 3 测量其他平衡点．

5. 操作要点：

(1) 加热器绝对不能干烧.

(2) 压缩机工作时注意经常观察工作电流,正常值为 1 A 左右,电流过大说明有管道堵塞或超负荷,应立即停机.

(3) 压缩机连续两次启动间隔应在 5 min 以上,或观察高压压力表与低压压力表读数相差小于 0.2 MPa 时,才能再次启动压缩机.

(4) 测量前,降温时要注意将加热电压调为零.

(5) 测量时,各平衡点的温度要间隔 1 ℃ 以上.

【实验数据】

将所测的数据依次填入表 4-4-1 中.

表 4-4-1 测量数据 　　　　　　　　室温 $t=$ ____ ℃

次数	1	2	3	4	5
冷冻室温度 t_0/℃					
压缩机电压/V					
压缩机电流/A					
压缩机制冷功率 P/W					
加热器电压/V					
加热器电流/A					
加热器功率 $P_{加}$/W					
制冷系数 ϵ					

【数据处理】

1. 计算制冷系数.

将表格中的数据按下式计算:

压缩机制冷功率:$P=0.52P_{电}=0.52\,V_{压}\,I_{压}$

因温度达到平衡,说明蒸发器吸热功率等于加热器发热功率,即

$$Q=P_{加}=V_{加}\,I_{加}$$

此温度下的制冷系数为

$$\epsilon=\frac{Q}{P}.$$

2. 作 P-t_0 关系曲线.

3. 作 Q-t_0 关系曲线.

4. 作 ϵ-t_0 关系曲线.

【实验讨论】

1. 误差分析.

2. 合理化建议.

3. 实验现象的解释.

【实验习题】

1. 根据制冷系数与温度的关系曲线说明应怎样合理使用电冰箱.

2. 在图 4-4-3 中,当制冷剂处于 DE 之间为液态,处于 GA 之间时为气态,两处状态哪个温度高? 为什么?

3. 根据冰箱制冷原理,利用氟里昂作为制冷剂,能否使冷冻室温度降到 -30 ℃? 为什么?

第5章

电磁学实验

实验1　直流电位差计的使用

【实验内容】

1. 校准安培表;
2. 测量安培表内阻.

【实验目的】

1. 学习补偿原理;
2. 了解直流电位差计的构造和基本工作原理;
3. 学会使用直流电位差计测量电压.

【实验器材】

UJ31直流电位差计,直流稳压电源,标准电池,检流计,微安电流表,定值电阻,可调电阻,导线.

【实验原理】

1. 补偿原理

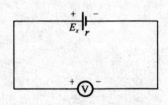

如图5-1-1所示,利用电压表直接测量电池电动势.由于电池有内电阻r,如果此时电路的电流为I,则在电池内部不可避免地存在电位降落$I \cdot r$,因而电压表的指示值只是电池两端电压$V = E_x - I \cdot r$的大小.显然,只有当$I = 0$时,电池两端的电压V才等于电动势E_x.如果在电路电流为零的条件下测出电动势E_x就需要采用补偿法.图5-1-2所示为补偿法测电动势的原理图.其中,E为工作电动势,E_0为已知电动势,E_x为待测电动势.三个电动势需满足$E > E_0$,$E > E_x$.从图中可以看出,当开关K_1或K_2闭合时,移动滑动端,即可改变电阻R_x的阻值,从而改变R_x两端的

图5-1-1　利用电压表直接测量电动势电路图

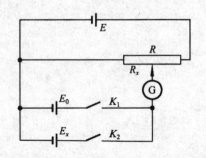

图5-1-2　补偿法测量电动势电路图

电压值.闭合 K_1,K_2断开,调节滑动端,使 R_x 两端电压 U_x 等于 E_0. 此时检流计读数为零,流经 R_x 的电流为 $I=E/R$,则有

$$E_0 = U_x = \frac{ER_x}{R} \tag{5.1.1}$$

闭合 K_2,K_1断开,调节滑动端,使 R'_x 两端电压 U'_x 等于 E_x. 此时,流经 R'_x 的电流仍然为 $I'=E/R$,则有

$$E_x = U'_x = \frac{ER'_x}{R} \tag{5.1.2}$$

比较式(5.1.1)和式(5.1.2)可得待测电动势为

$$E_x = \frac{R'_x}{R_x}E_0 \tag{5.1.3}$$

显见,只要 R'_x、R_x 和 E_0 为已知,即可求得待测电动势 E_x 的值.

从公式(5.1.3)可以看出,电阻 R'_x、R_x 和电动势 E_0 的准确度决定了待测电动势的准确性.此外,检流计的灵敏度也影响到测量结果的准确性.

2. 直流电位差计原理

直流电位差计是根据上述的补偿原理制成的,其原理图如图 5-1-3 所示.从图中可看出,整个电路可以分为三个回路:回路Ⅰ为工作电流调节回路;回路Ⅱ为校正工作电流回路;回路Ⅲ为待测回路.E_1 为工作电源,E_S 为已知电动势,E_x 为待测电动势.测量电动势时,首先闭合开关 K,接通回路Ⅰ.将开关 K_1 倒向回路Ⅱ,闭合 K_2 或 K_3,接通该回路.调节 R_P,改变回路Ⅰ的电流值,使 R_S 两端的电压值与 E_S 相等,即回路Ⅱ处于补偿状态.由于此时回路Ⅱ的电流值为零,流经 R_S 的电流值与回路Ⅰ的电流相等,其大小为

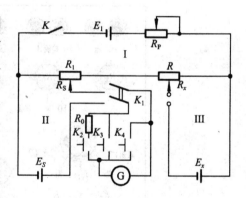

图 5-1-3　直流电位差计电路图

$$I_S = \frac{E_S}{R_S} \tag{5.1.4}$$

将开关 K_1 倒向回路Ⅲ,闭合 K_2 或 K_3.接通该回路.调节电阻 R 滑动端,改变 R_x 大小,使 R_x 两端电压与 E_x 相等,即回路Ⅲ处于补偿状态.流经 R_x 的电流值与回路Ⅰ的电流相等,其大小为

$$I_x = \frac{E_x}{R_x} \tag{5.1.5}$$

由于回路Ⅱ与回路Ⅲ处于补偿状态时,对回路Ⅰ的电流没有影响,所以 $I_S = I_x$,则待测电动势为

$$E_x = \frac{E_S}{R_x} R_x \qquad (5.1.6)$$

在实际测量时,选用标准电池作为已知电动势 E_S. 当测量温度为 20 ℃时,标准电池的电动势为 1.018 6 V,R_S 阻值为 101.86Ω,处于补偿状态时流经 R_x 的电流值为

$$I_x = I_S = \frac{E_S}{R_S} = \frac{1.018\ 6\ \text{V}}{101.86\ \Omega} = 0.010\ 00\ \text{A}$$

则待测电动势为 $R_x \times 0.010\ 00$. 可见在测量时,调节 R_P,使回路Ⅱ电流为零就是为了使流经 R_x 的电流值达到 0.010 00A 这一标准值,因此这一步也称工作电流标准化. 由于标准电池在不同温度时,电动势会有微小的变化. 为了使 E_S 与 R_S 的比值满足标准值,R_S 也需根据不同温度时的电动势选取不同的阻值. 图 5-1-3 中,开关 K_2 连接的回路中串联了一个电阻 R_0,其作用是降低该回路检流计的灵敏度,保护电路. 粗调时可用此开关. K_4 可将检流计自身短路,阻碍指针往复振荡,使指针较快地回到零点.

图 5-1-4 所示为 UJ31 型直流电位差计仪器面板图,各部分功能如表 5-1-1 所示.

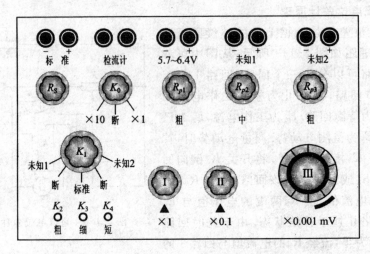

图 5-1-4　UJ31 型直流电位差计仪器面板

表 5-1-1　UJ31 型直流电位差计仪器面板的功能

面板标志	作　用
粗、中、细 R_{P1}、R_{P2}、R_{P3}	校准电位差计时,调节粗、中、细三个盘,使检流计指示为零
R_S	不同温度时标准电池的电动势发生变化,根据不同的电动势,选取相应的阻值. R_S 的调节范围为 1.017 6~1.019 8 V

面板标志	作 用
Ⅰ、Ⅱ、Ⅲ R_x	测量时,调节Ⅰ、Ⅱ、Ⅲ盘使检流计指示为零,此时三个测量盘上读数之和与倍率(K_0)挡的乘积即为待测电动势,单位是 mV
×1、×10 K_0	用于不同的测量范围: 在"×10"一挡,测量范围为 $0\sim171$ mV,最小分度值为 $10\ \mu V$,游标尺示度值为 $1\ \mu V$ 在"×1"一挡,测量范围为 $0\sim17.1$ mV,最小分度值为 $1\ \mu V$,游标尺示度值为 $0.1\ \mu V$
K_1	"标准"位置:校准电位差计的工作电流,相当于原理图中开关倒向回路Ⅱ "未知1"或"未知2"位置:测量一个或分别测量两个被测电动势,相当于原理图中开关倒向回路Ⅲ
粗、细、短路 K_2、K_3、K_4	"粗",使保护电阻与检流计串联,可降低检流计灵敏度,保护电路; "细"保护电阻被短路;"短路",使检流计"短路"之用

【实验步骤】

1. 按图 5-1-5 所示接好电路.调整检流计的"零位",将 K_0 旋至"×10"挡,根据实验室温度,设定 R_s 阻值,将工作电压 E_1 调至 $5.7\sim6.4$ V 之间.

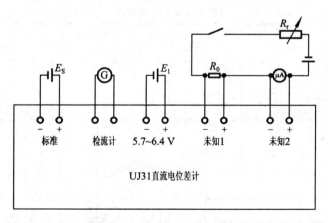

图 5-1-5 实验连线图

2. 校正工作电流.将 K_1 旋至"标准"挡,闭合开关 K_2,先调节 R_{P1},再调节 R_{P2},使检流计指针无偏转,再闭合开关 K_3,调节 R_{P2} 与 R_{P3},使检流计指针无偏转,完成工作电流标准化.

3. 将电阻箱 R_0 调到 1 000 Ω,闭合开关,调节 R_t,使微安表读数为 20 μA.

4. 将电位差计 K_1 旋至"未知 1"挡,根据微安表指示值与 R_0 值估算"未知 1"的电压值,将旋钮 Ⅰ、Ⅱ、Ⅲ 旋至该估算值处.先后闭合开关 K_2 与 K_3,并转动旋钮 Ⅰ、Ⅱ、Ⅲ,使检流计指针无偏转,计下三个旋钮所处位置的读数,即为"未知 1"的电压值.

5. 将电位差计 K_1 旋至"未知 2"挡,重复步骤 4,测出"未知 2"的电压值.

6. 重复步骤 3~5,按照表 5-1-2 分别测出微安表不同值时的"未知 1"与"未知 2"的电压.

7. 操作要点:

(1) 连线时,注意正负极不要接反.

(2) 测量未知电压时,应保持工作电流不变.因此工作电流调好后,不能再调节 R_{P1}、R_{P2}、R_{P3} 旋钮.为了确保工作电流不变,每测三个数据后应重新校正一次工作电流.

(3) 要确保工作电压 E_1 处于 5.7~6.4 V 之间.

(4) 在刚开始校正工作电流或测量电压时,回路 Ⅱ 与 Ⅲ 的电流可能较大.如果开关 K_2 闭合时间过长,会损坏检流计.

(5) 在测量电压时,旋钮 Ⅲ 上的刻度在 100 与 0 之间有一段范围没有刻度.测量时,不要使游标的"0"点处于此范围之内.

(6) 测量过程中,标准电池不允许晃动、侧放,并避免剧烈震动或倒置.

【实验数据】

将数据填入表 5-2-2 中.

表 5-2-2　测量数据

次序	1	2	3	4	5	6	7	8	9	10
微安表 $I/\mu A$	10.0	20.0	30.0	40.0	50.0	60.0	70.0	80.0	90.0	100.0
R_0 两端电压 V_0/mV										
微安表两端电压 V_1/mV										
$i=\dfrac{V_0}{R_0}\mu A$										
$I_{修}=i-I/\mu A$										
微安表内阻 R_g										

【数据处理】

1. 在坐标纸上画出微安表的校准曲线;

2. 算出微安表内阻的平均值.

【实验讨论】

1. 误差分析；

2. 合理化建议；

3. 实验现象的解释.

【实验习题】

1. 为什么要校准工作电流？

2. 在校正工作电流时，发现检流计指针总是偏向一个方向，可能是什么原因？

3. 怎样用电位差计测量未知电阻？试画出电路图，写出测量原理.

实验 2　电表改装与校准

【实验内容】

1. 将表头改装为 10 mA 的电流表，并进行校准；

2. 将表头改装为 1 V 的电压表，并进行校准.

【实验目的】

1. 了解磁电系电表的构造和基本工作原理；

2. 掌握将微安表改装成选定量程的电流表和电压表的原理和方法；

3. 掌握校正电流表和电压表的方法.

【实验器材】

微安表（改装表），ZX25a 直流电阻箱，ZX21 直流电阻箱，滑动变阻器，直流稳压电源，直流电流表（0.5 级），直流电压表（0.5 级），导线.

【实验原理】

1. 将表头改装为较大量限电流表

用于改装的微安表通常称为表头. **表头**所能允许通过的最大电流，即表针偏转到满刻度所需要的电流 I_g 称为表头的**量限**. 表头的量限较小，一般只能测量微安量级的电流，如想利用表头测量较大的电流，就需要在表头两端并联分流电阻，以实现测量较大电流的目的.

如图 5-2-1 所示，通过电路的总电流为 I，当通过表头的电流为 I_g 时，则通过分流电阻 R_P 的电流为 $I-I_g$. 由欧姆定律可得

$$I_g R_g = (I - I_g) R_P$$

其中，R_g 为表头内阻. 由上式得

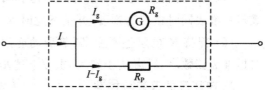

图 5-2-1　将表头改装为电流表

$$R_P = \frac{I_g}{I - I_g} R_g = \frac{1}{\dfrac{I}{I_g} - 1} R_g = \frac{1}{n-1} R_g \qquad (5.2.1)$$

式中，$n = \dfrac{I}{I_g}$ 为表头的扩程倍数.

总电流 I 即为改装后电流表的量程. 从式（5.2.1）可知，由改装电流表的量程 I、表头量限 I_g 与表头内阻 R_g，即可算出分流电阻 R_P 的阻值.

2. 将表头改装为电压表

由于表头的量限电流很小，满刻度时的电压也很小，通常无法将表头直接用于测量电压. 为了能测量较大电压，在表头上串联分压电阻 R_S. 如图 5-2-2 所示，串联后，表头与分压电阻的总电压为

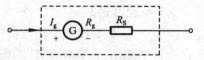

图 5-2-2　将表头改装为电压表

$$V = (R_g + R_S) I_g$$

则所需分压电阻

$$R_S = \frac{V}{I_g} - R_g = \left(\frac{V}{I_g R_g} - 1 \right) R_g = \left(\frac{V}{V_g} - 1 \right) R_g = (n-1) R_g \qquad (5.2.2)$$

式中，$n = \dfrac{V}{V_g}$ 为表头的扩程倍数.

电压 V 即为改装后电压表的量程. 从式（5.2.2）可知，由改装电压表的量程 V、表头量限 I_g 与表头内阻 R_g，即可算出分压电阻 R_S 的阻值.

【实验步骤】

1. 电流表的改装与校准

（1）按式（5.2.1），计算出改装 10 mA 电流表所需的分流电阻 R_P 的阻值，并按计算结果调节电阻箱阻值.

（2）按图 5-2-3 所示连接电路，将滑动变阻器放至分压为零处，使加在改装表上电压为零（因为电压过大，可能损坏表头）.

（3）打开电源，电压调至 3～5 V，保护电阻 R_2 调至 200～500 Ω，调节滑动变阻器，使表头达到满刻度.

（4）如改装表与标准表没有同时达到满刻度，适当调节 R_P 及滑动变阻器，使改装表与标准表同时达到满刻度，并记下此时 R_P 的阻值.

（5）保持 R_P 的阻值不变，调节滑动变阻器，改变电流从大到小，分别记下改装表与标准表读数. 然后再从小到大，重复上述步骤.

2. 电压表的改装与校准

（1）按式（5.2.2），计算出改装 1 V 电压表所需的分压电阻 R_S 的阻值，并按计算结果调节电阻箱阻值.

（2）按图 5-2-4 所示连接电路，将滑动变阻器放至分压为零处.

（3）打开电源，电压调至 2～3 V. 调节滑动变阻器，使表头达到满刻度.

（4）按照改装电流表的方法，测出 R_S 的实际值，并进行校准.

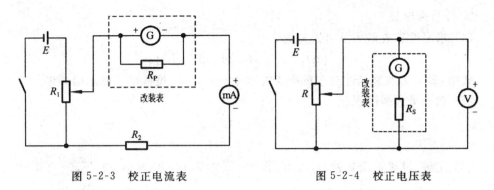

图 5-2-3　校正电流表　　　　　　图 5-2-4　校正电压表

【实验数据】

1. 改装电流表

表头量程_____,内阻 R_g_____,改装后量程_____,

R_P 计算值_____,R_P 实际值_____.

数值 \ 次数	0	1	2	3	4	5	6	7	8	9	10
改装表 $I_改$/mA	0.00	1.00	2.00	3.00	4.00	5.00	6.00	7.00	8.00	9.00	10.00
标准表 $I_标$/mA　减小											
标准表 $I_标$/mA　增加											
平均值 $\overline{I}_标$/mA											
修正值 $I_修$/mA											

2. 改装电压表

参考改装电流表数据记录表格,编写记录电压表改装及校准数据.

【数据处理】

1. 作改装电流表的校准曲线. 其中,横坐标为改装表读数,纵坐标为修正值 ($\Delta I_修 = I_标 - I_改$),用直线将各点连接起来,如图 5-2-5 所示,作改装电压表的校准曲线.

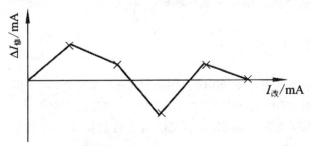

图 5-2-5　电流表改装校准曲线

2. 改装表定级：

（1）求出改装表最大示值误差的大小

$$|\Delta I_m| = |\Delta I_{1m}| + |\Delta I_{2m}| \tag{5.2.3}$$

式中，ΔI_{1m} 为改装表相对于标准表的示值误差，ΔI_{2m} 是标准表的示值误差.

（2）求出最大引用误差

$$r_{nm} = \frac{|\Delta I_m|}{I_m} \times 100\%$$

（3）定级. 设级别用 α 表示，因为 $\alpha\% = \frac{|\Delta I_m|}{I_m} \times 100\%$，所以 $\alpha = \frac{|\Delta I_m|}{I_m} \times 100$.

（4）靠级.

因为计量学会规定的标准级别为 0.1、0.2、0.5、1.5、2.5、5.0.

所以算得的 α 值不等于这几个标准值，只能上靠到大于 α 且最靠近 α 的级别，如 $\alpha = 1.9$，则改装表的级别为 2.5 级.

【实验讨论】

1. 误差分析；

2. 合理化建议；

3. 实验现象的解释.

【实验习题】

1. 校正电流表时，如果发现改装表的读数偏高，应如何调整？

2. 校正电压表时，如果发现改装表的读数偏高，应如何调整？

3. 在改装电路中，滑动变阻器采用分压接法，是否可以用限流接法替代？

实验 3 用稳恒电流的稳恒电场模拟静电场

【实验内容】

模拟测绘柱形电容器内的静电场.

【实验目的】

1. 学会用模拟法测定和研究静电场分布的原理和方法；

2. 加深对电场强度和电位概念的理解.

【实验器材】

双层式模拟电场实验仪.

【实验原理】

静电场可以用电场强度 E 和电位 U 的空间分布来描述. 由于电位 U 是标量，计算和测量都比较简单，所以，通常用 U 来描述带电体周围的电场分布.

直接测量静电场有两个困难：一是无法用普通伏特计进行测量，由于静电场中没有运动的电荷，不能提供电流；二是仪表本身是导体或电介质，它的引入会出现感应电荷，这些感应电荷又产生新的电场，使原来的静电场发生改变. 然而，我们可以借助于稳恒电流建立的稳恒电场即电流场间接地描绘静电场. 如柱形电容器的内圆柱体和外圆柱壳分别带电量为$+Q$、$-Q$，内外半径分别为R_A、R_B，取柱壳为电势零点，其内任意一点的电势为

$$U = \frac{\lambda}{2\pi\varepsilon_0}\ln\frac{R_B}{r} \tag{5.3.1}$$

圆柱体的电势为

$$U_A = \frac{\lambda}{2\pi\varepsilon_0}\ln\frac{R_B}{R_A} \tag{5.3.2}$$

代入式(5.3.1)可得

$$U = U_A\frac{\ln\dfrac{R_B}{r}}{\ln\dfrac{R_B}{R_A}} \tag{5.3.3}$$

而上述导体组接入电路中后，如图 5-3-1 所示. 电流场也是由电荷产生的，只不过是由分布不变的静止电荷和运动电荷产生的，而这两种电荷都服从库仑定律，从而也就服从静电场的高斯定理和环路定理，于是，导体 A、B 间以及导电纸上任意一点与 B 之间存在电位差. 由欧姆定律可知，A、B 间的电位差为

$$U_A' = IR_0 = I\int_{R_A}^{R_B}\frac{\rho\,\mathrm{d}r}{2\pi rh} = \frac{\rho}{2\pi h}\ln\frac{R_B}{R_A} \tag{5.3.4}$$

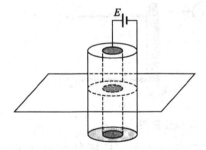

图 5-3-1　将柱形电容器接入电路

任意一点 r 处与导体 B 的电位差为

$$U' = IR = I\int_r^{R_B}\frac{\rho\,\mathrm{d}r}{2\pi hr} = \frac{\rho}{2\pi h}\ln\frac{R_B}{r} \tag{5.3.5}$$

由式(5.3.4)、式(5.3.5)可得

$$U' = U_A'\frac{\ln\dfrac{R_B}{r}}{\ln\dfrac{R_B}{R_A}} \tag{5.3.6}$$

可以改变电压使 $U_A = U_A'$，或者说 $U_A = U_A'$ 对应的电荷线密度为 λ，于是有

$$U = U' = U_A \frac{\ln \dfrac{R_B}{r}}{\ln \dfrac{R_B}{R_A}} \tag{5.3.7}$$

即在 A、B 间导电纸上的电流场和柱形电容器中的静电场相同，所以，可以通过测绘出电流场的分布来描述柱形电容器内静电场的分布.

【实验步骤】

1. 将同心圆电极板放到电极架上，并将记录纸放在载纸板上，用压纸板压住.

2. 按图 5-3-2 连接电路. 打开电源开关，电压调到 20 V，使探针与内电极接触，调节滑线变阻器，使电压表读数为 18 V.

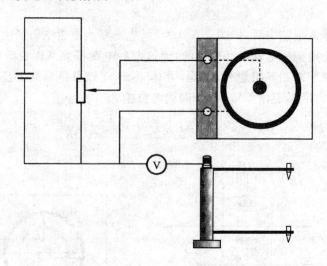

图 5-3-2　实验连接图

3. 将探针置于两电极之间，此时电压表显示值为探针所处位置电压。在两电极间移动探针架，观察当探针分别与两电极接触时的电压值。在两电压值范围内，均匀取 5 个整数待电压值作为模拟电场的等势线。如两电极电压分别为 0.0 V 与 18.0 V 时，可选取 3.0 V、6.0 V、9.0 V、13.0 V、15.0 V。将选取数值记录在数据表中.

表 5-3-1　测量数据

$V_{测}/V$	3.00	6.00	9.00	13.00	15.00
$\bar{r}/cm$					
V_r					
E					

4. 描绘等位线。当选取电压为 3.0 V 时,移动探针架,当电压表读数为 3 V 时,轻轻按下记录纸上方的针尖,得到一个等势点。重复操作,可得到足够的等势点,因而可以在记录纸上得到一条清晰的电势 $U_测 = 3.0$ V 的等势线.

5. 重复步骤 4,分别测出另外四条等势线.

6. 操作要点:

(1) 连线时,注意不要将正负极接错.

(2) 打开电源前,滑线变阻器滑动端应处于分压为零处.

(3) 在选取等势点电压时,要使选取最大与最小电压值接近两电极电压,使描绘出的等势线分布范围较广.

(4) 同一条等势线上测量的各等势点间距离要均匀,每条等势线至少要有 12 个等势点.

【实验数据】

1. 取下记录纸,根据描绘的等势点画出等势线。要求用圆规画出等势线,并用直尺量出各等势线所对应的圆环半径 $\bar{r}$.

2. 根据等势线画出电力线(要求电力线不少于八条).

3. 同心圆电极板内电极半径 $R_A = 1.00$ cm,外电极内半径 $R_B = 5.10$ cm,两极间电压 $U_A = 18.0$ V,可根据公式(5.3.7)计算出各测点的电位差的理论值 $U_理$,并计算理论值与测量值的误差 $E = \dfrac{|U_理 - U_测|}{U_理}$.

【实验讨论】

1. 误差分析;

2. 合理化建议;

3. 实验现象的解释.

【实验习题】

1. 为什么在两电极间通以稳恒电流后可以模拟静电场?

2. 为什么不能直接测量静电场,而要使用模拟法?

3. 如果实验时电源的输出电压不够稳定,对实验会带来什么影响? 为什么?

实验 4　示波器的使用

【实验内容】

1. 利用示波器测量外部信号的频率；
2. 利用示波器测量外部信号的电压；
3. 观察李萨如图形.

【实验目的】

1. 了解示波器的结构和工作原理；
2. 掌握示波器及信号发生器的使用方法；
3. 学会用示波器测量外部信号的频率及电压；
4. 了解合成振动的原理及李萨如图形的特点.

【实验器材】

示波器一台,函数信号发生器两台.

【实验原理】

1. 示波器的基本结构

示波器主要由示波管、衰减和放大系统、扫描和同步系统等部分构成,其结构如图 5-4-1 所示.

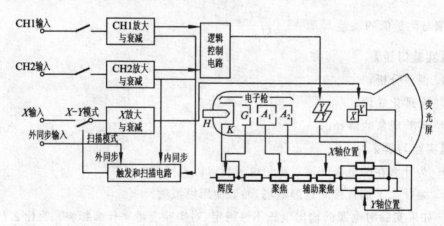

图 5-4-1　示波器

1)示波管

示波管主要由电子枪,偏转系统和荧光屏三部分组成,全都密封在高真空玻璃外壳内.

(1)电子枪.电子枪用于产生很细的高速、聚束的电子束,去轰击荧光屏使之发光.它主要由灯丝 H、阴极 K、栅极 G、第一阳极 A_1、第二阳极 A_2 组成.灯丝通电加热阴极,阴极被加热后,可发射电子.栅极是一个顶部有小孔的金属圆筒,套在阴极外面.由于栅极电位比阴极低,对阴极发射的电子起控制作用.调节电路中的电位器,可以改变栅极电位,可以改变通过控制极小孔的电子数目,从而达到调节辉度的目的.穿过栅极小孔的电子束,在第一阳极 A_1 和第二阳极 A_2 高电位的作用下,得到加速,向荧光屏方向做高速运动. A_1 叫做**聚焦极**, A_2 叫做**辅助聚焦极**.适当控制第一阳极和第二阳极之间电位差的大小,便能使焦点刚好落在荧光屏上,使荧光屏上的光斑成为明亮、清晰的小圆点.

(2)偏转系统.示波管的偏转系统由两对相互垂直的平行金属板组成,分别称为垂直偏转板(Y)和水平偏转板(X),分别控制电子束在水平方向和垂直方向的运动. Y 轴偏转板在前, X 轴偏转板在后,因此 Y 轴灵敏度高,用于输入外部测量信号.由于光点在荧光屏上偏移的距离与偏转板上所加的电压成正比,因而利用偏转板的电压可以控制进入偏转系统的电子射向荧光屏的指定位置,使荧光屏上的光点随外加信号的变化描绘出被测信号的波形.

(3)荧光屏.荧光屏位于示波管的终端,它的作用是将偏转后的电子束显示出来,以便观察.荧光屏通常是矩形平面,屏上水平方向和垂直方向各有多条刻度线,指示出信号波形的电压和时间之间的关系.水平方向指示时间,垂直方向指示电压.水平方向分为 10 格,垂直方向分为 8 格,每格又分为 5 份.屏内壁涂有一层磷光材料构成荧光膜.高速电子冲击荧光粉而发光形成亮点.此时光点的亮度决定于电子束的数目、密度及其速度.改变栅极的电压时,电子束中电子的数目将随之改变,光点亮度也就改变.当电子停止轰击后,亮点不能立即消失而要保留一段时间.亮点辉度下降到原始值的 10% 所经过的时间叫做**余辉时间**.在使用示波器时,不宜让很亮的光点固定出现在示波管荧光屏一个位置上,否则该点荧光物质将因长期受电子冲击而烧坏,从而失去发光能力.

2)信号放大器和衰减器

由于示波管本身的 X 及 Y 轴偏转板的灵敏度不高(约 $0.1\sim1$ mm/V),当加在偏转板的信号过小时,电子束不能发生足够的偏转,不便于观察.这就需在把小的信号电压放大后加到偏转板上.当输入的信号过大时,为适应放大器的要求,需要将信号衰减后再进入放大器,否则放大器不能正常工作,使输入信号发生畸变,甚至使仪器受损.控制信号放大或衰减的旋钮有两个.一个为步进式旋钮,其周边刻有表示灵敏度倒数的指示值"V/DIV",称为示波器的电压分度值.如 10 V/DIV,表示灵敏度为 1 mm/V.另一个旋钮为连续可调的微调旋钮.利用它可以在步进旋钮所指示的灵敏度附近连续调节灵敏度.顺时针转动微调旋钮至最末位置,微调旋钮处于关闭状态,此时为各步进灵敏度的校准状态,即灵敏度为步进旋钮指示值.测量信号电压时,必须将微调旋钮关闭.

在双踪示波器中,可同时输入两个外部信号.一个通过 CH2 端口输入,经由放大系统后,将信号加在 Y 轴偏转板上;另一个通过 CH1 端口输入,经由放大系统后,通过内部选择电路加至 X 或 Y 轴偏转板上.如此时内部输入扫描信号关闭,则 CH1 输入的信号加在 X 轴偏转板上.如 X 轴偏转板由内部电路输入扫描信号,则 CH1 输入的信号加在 Y 轴偏转板上,并由逻辑电路轮流对两个信号进行扫描、迭加等显示.

3)扫描与同步系统

如果 CH1 或 CH2 只有一个通道有信号输入,则只会在 X 轴或 Y 轴一个方向的偏转板上有电压,看到的结果只是一条线,而无法看到完整的外部信号的波形.这就需要在示波器内部产生一个锯齿波电压,该锯齿波电压加在 X 轴偏转板上.如果该扫描信号产生,则 CH_1 输入的信号会自动加到 Y 轴偏转板上.内部生成的锯齿波信号控制电子束从左到右移动,形成水平扫描,扫描得到的轨迹就可以模拟时间轴.如果同时在 Y 偏转板加上与被测信号成比例的电压,使电子束在水平移动的同时也在垂直方向移动,这样才能把加在垂直方向的被测信号按时间的变化波形展现在荧光屏上,也就是信号的波形.

如图 5-4-2 所示,左侧为正弦波外部信号与锯齿波扫描信号,右侧为两个信号合成后的图形.从图中可以看到,当外部信号与扫描信号的频率比为 $f_y : f_x = 5 : 1$ 时,可以看到五个完整的波形.当频率比为 $f_y : f_x = 2 : 1$ 时,可以看到两个完整的波形.也就是说,当外部信号频率是扫描信号频率的整数倍时,即 $f_y : f_x = n : 1$ 时,荧光屏上将出现 n 个完整信号波形.当外部信号与扫描信号频率比不是整数倍时,如 $f_y : f_x = 1.7 : 1$ 时,扫描信号每个周期所对应的外部信号的位置都不同,即扫描信号与外部信号无法保持同步.这使得不同周期的扫描信号合成的图形不同(见图 5-4-2),因而在荧光屏上无法得到稳定的信号波形.由于外部信号与扫描信号来自不同的信号源,它们之间的频率比不会自然满足整数倍关系.因此,为了使荧光屏上显示的图形保持稳定,要求锯齿波信号的频率和被测信号的频率保持同步.为了使扫描信号与被测信号同步,通常设定一些条件,将被测信号不断地与这些条件相比较,只有当被测信号满足这些条件时才启动扫描,从而使得扫描的频率与被测信号相同或存在整数倍的关系,也就是同步.这种技术称为"触发",而这些条件称为"触发条件".用做触发条件的形式很多,最常用最基本的就是"边沿触发",即将被测信号的上升或下降的边沿与某一电平相比较,当信号的变化达到这一电平时,产生一个触发信号,启动一次扫描.为了适应各种需要,同步(或触发)信号可通过同步或触发信号选择开关来选择,通常来源有三个:①内触发.内触发使用被测信号作为触发信号,是经常使用的一种触发方式,如"边沿触发"就是其中的一种表形.由于触发信号本身是被测信号的一部分,在屏幕上可以显示出非常稳定的波形.②外触发.外触发使用外加信号作为触发信号,外加信号从外触发输入端输入.③电源触发.使用交流电源频率信号作为触发信号.这种方法常用来测量与交流电源频率有关的信号.

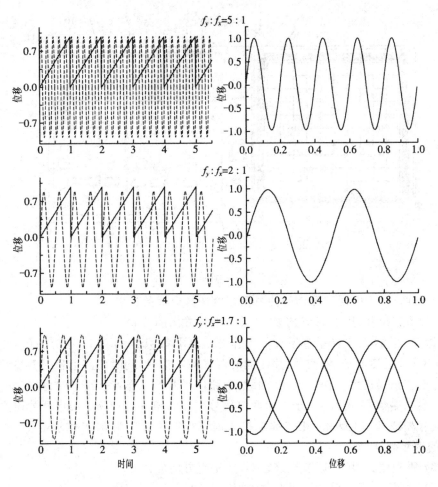

图 5-4-2　信号的波形

　　扫描信号的频率可通过控制扫描速度进行调节. 控制扫描速度旋钮的指示值为 "SEC/DIV", 它表示荧光屏上沿 X 轴方向每经过 1 cm(一个格)所需的时间. 如旋钮指示值为 0.2 ms/DIV, 表示沿 X 轴方向光点移动 1 cm 所需时间为 0.2 ms. 控制扫描速度的旋钮有两个. 一个为步进式旋钮, 另一个为连续可调的微调旋钮. 微调旋钮可以在步进旋钮所指示的灵敏度附近连续调节灵敏度. 顺时针转动微调旋钮至最末位置, 微调旋钮处于关闭状态, 此时扫描速度为步进旋钮指示值. 测量信号周期时, 必须将微调旋钮关闭.

2. 示波器的调节

　　以 YB43020 示波器(见图 5-4-3)为例, 各部分功能如下：

　　(1) 聚焦：用以调节示波管电子束焦点, 使显示的光点成为细而清晰的圆点.

　　(2) 亮度：光迹亮度调节, 顺时针旋转光迹增亮.

　　(3) CH1 通道灵敏度选择开关：选择垂直轴偏转系数, 从 2mV/div～10V/div 分

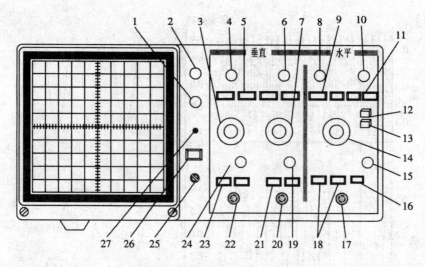

图 5-4-3　YB43020 示波器

12 个挡级调整,可根据被测信号的电压幅度选择合适的挡级.

（4）垂直位移:用以调节光迹在 CH1 垂直方向的位置.

（5）垂直方式:选择垂直系统的工作方式.CH1:只显示 CH1 通道的信号;CH2:只显示 CH2 通道的信号;交替:用于同时观察两路信号,此时两路信号交替显示,该方式适合于在扫描速度较快时使用.断续:两路信号断续工作,适合于在扫描速率较慢时同时观察两路信号.叠加:用于显示两路信号相加的结果,当 CH2 极性开关被按入时,则两信号相减.CH2 反相:此按键未按入时,CH2 的信号为常态显示,按入此键时,CH2 的信号被反相.

（6）垂直位移:用以调节光迹在 CH2 垂直方向的位置.

（7）通道 CH2 灵敏度选择开关:功能同（3）.

（8）水平位移:用以调节光迹在水平方向的位置.

（9）极性:用以选择被测信号在上升沿或下降沿触发扫描.

（10）电平:用以调节被测信号在变化至某一电平时触发扫描.

（11）扫描方式:选择产生扫描的方式.自动:当无触发信号输入时,屏幕上显示扫描光迹,一旦有触发信号输入,电路自动转换为触发状态,调节电平可使波形稳定的显示在屏幕上,此方式适合观察频率在 50 Hz 以上的信号.常态:无信号输入时,屏幕上无光迹显示,有信号输入时,且触发电平旋钮在合适位置上,电路被触发扫描,当被测信号频率低于 50 Hz 时,必须选择该方式.锁定:仪器工作在锁定状态后,无须调节电平即可使波形稳定的显示在屏幕上.单次:用于产生单次扫描,进入单次状态后,按动复位键,电路工作在单次扫描方式,扫描电路处于等待状态,当触发信号输入时,扫描只产生一次,下次扫描需再次按动复位按键.

（12）×5 扩展:按入后扫描速度扩展 5 倍.

　　（13）交替扩展扫描：按入后，可同时显示原扫描时间和×5 扩展的扫描时间.扫描速度较慢时，可能出现交替闪烁.

　　（14）扫描速率选择开关：根据被测信号的频率高低，选择合适的挡极.当扫描"微调"置校准位置时，可根据度盘的位置和波形在水平轴的距离读出被测信号的时间参数.逆时针旋转至 $X-Y$ 位置时，内部扫描信号关闭.

　　（15）微调：用于连续调节扫描速率，调节范围≥2.5 倍.逆时针旋转足时为校准位置.

　　（16）AC/DC：外触发信号的耦合方式，当选择外触发源，且信号频率很低时，应将开关置于 DC 位置.

　　（17）外触发输入插座：当选择外触发方式时，触发信号由此端口输入.

　　（18）触发源：用于选择不同的触发源.CH1：在双踪显示时，触发信号来自 CH1 通道，单踪显示时，触发信号则来自被显示的通道.CH2：在双踪显示时，触发信号来自 CH2 通道，单踪显示时，触发信号则来自被显示的通道.交替：在双踪交替显示时，触发信号交替来自于两个 Y 通道，此方式用于同时观察两路不相关的信号.外接：触发信号来自于外接输入端口.常态：用于一般常规信号的测量.TV-V：用于观察电视场信号.TV-H：用于观察电视行信号.电源：用于与市电信号同步.

　　（19）微调：用以连续调节垂直轴的 CH2 偏转系数，调节范围≥2.5 倍.逆时针旋转足时为校准位置，可根据开关度盘位置和屏幕显示幅度读取该信号的电压值.

　　（20）通道 CH2 输入插座：垂直通道 CH2 的输入端口，在 $X-Y$ 方式时，作为 Y 轴输入口.

　　（21）耦合方式（AC,GND,DC）：垂直通道 CH1 的输入耦合方式选择.AC：信号中的直流分量被隔开，用以观察信号的交流成分.DC：信号与仪器通道直接耦合，当需要观察信号的直流分量或被测信号的频率较低时应选此方式.GND：输入端处于接地状态，用以确定输入端为零电位时光迹所在位置.

　　（22）通道 CH1 输入插座：双功能端口，在常规使用时，此端口作为垂直通道 CH1 输入口，当仪器工作在 $X-Y$ 方式时，此端口作为水平轴信号输入口.

　　（23）耦合方式（AC,GND,DC）：作用于 CH2，功能同（21）.

　　（24）微调：功能同（19）.

　　（25）探极校准信号：此端口输出幅度为 0.5 V，频率为 1 kHz 的方波信号，用以校准 Y 轴偏转系数和扫描时间系数.

　　（26）电源开关：按入此开关，仪器电源接通，指示灯亮.

　　（27）光迹旋转：调节光迹与水平线平行.

3. 示波器测量信号电压和频率

　　（1）电压测量.由示波器的原理可知，灵敏度选择开关所处位置与荧光屏所选择区间垂直方向距离的乘积即为所要测量区域的电压值.例如，正弦信号的峰值电压为

$$\widetilde{U} = 灵敏度选择开关读数 A \times 信号峰-谷间距离 N/2$$

式中,N 为荧光屏上信号波峰与波谷间的垂直距离.则该信号的有效值为

$$U = \frac{\widetilde{U}}{\sqrt{2}}$$

注意:测量电压时,微调旋钮必须处于"校准"状态.

(2)测量频率.当扫描微调旋钮处于"校准"状态时,外部信号的频率满足如下关系:

$$T = \frac{波形水平距离 L}{完整波形数 n} \times 扫描速度 \tag{5.4.1}$$

L 为 n 个完整波形所对应的水平距离.则外部信号的频率为 $f = \frac{1}{T}$.

4. 示波器观察李萨如图形

相互垂直、不同频率的正弦运动的合成,会显示出相当复杂的图形(轨迹).在一般情况下,图形是不稳定的.但在两个正弦运动的频率成整数比时,它们就合成为一些稳定的图形,即李萨如图形.李萨如图形的形状有一定的规律,沿 X、Y 两个方向做曲线运动的两对边框,则每对边框各有 n_x 和 n_y 个切点,n_x 与 n_y 之比就等于两个振动频率 f_y 与 f_x 之比,即:

$$\frac{加在 Y 轴电压的频率 f_y}{加在 X 轴电压的频率 f_x} = \frac{水平直线与图形相切的切点数 n_x}{垂直直线与图形相切的切点数 n_y} \tag{5.4.2}$$

李萨如图形的形状除了与频率有关外,还与两运动的相位差有关,如图 5-4-4 所示.如在 CH1 与 CH2 通道分别输入两个正弦波信号,当扫描速率选择开关处于 X-Y 位置时,内部扫描信号关闭,CH1 通道信号自动加至 X 轴偏转板,与加至 Y 轴偏转板的 CH2 通道信号合成李萨如图形.

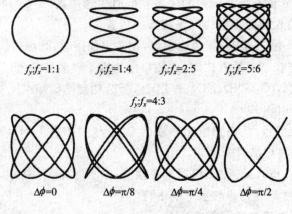

$f_y:f_x=1:1$ $\quad$ $f_y:f_x=1:4$ $\quad$ $f_y:f_x=2:5$ $\quad$ $f_y:f_x=5:6$

$f_y:f_x=4:3$

$\Delta\phi=0$ $\quad$ $\Delta\phi=\pi/8$ $\quad$ $\Delta\phi=\pi/4$ $\quad$ $\Delta\phi=\pi/2$

图 5-4-4 李萨如图形

【实验步骤】

1. 观察扫描线

接通电源,调节"辉度"、"聚焦"、"水平位移"、"垂直位移"、"扫描速率选择开关"及其微调等旋钮,观察扫描线变化.

2. 测量正弦波信号频率

(1)接通信号发生器电源,波形选择正弦波.调节电压输出旋钮,使输出电压为 2~3 V,调节频率输出旋钮,使输出频率为 100~300 Hz."衰减"旋钮置 0 dB(不衰减).

(2)将信号发生器输出端接至示波器 CH2 输入端口,示波器扫描微调旋钮至校准状态.

(3)将信号发生器频率分别调至 100 Hz、200 Hz、300 Hz,调节"灵敏度选择开关"、"扫描速率选择开关"与"电平",获得稳定的正弦波形.在示波器上读出 $n(n \geqslant 3)$ 个完整波形间的距离和相应的扫描速度,将结果记录在表 5-4-1 中.

表 5-4-1　测量正弦波信号频率记录表

信号发生器频率/Hz		100	200	300
示波器读数	完整波数			
	对应距离/cm			
	扫描速度/(s/div)			
	频率/Hz			

3. 测量正弦波信号电压

将信号发生器频率调节到 500 Hz,电压输出分别调至 1 V、3 V、5 V.示波器灵敏度选择开关微调旋钮旋转到校准状态.调整示波器获得稳定图形.读出示波器上正弦波波峰与波谷间垂直距离以及灵敏度选择开关对应的数值,将结果填入表 5-4-2 中.

表 5-4-2　测量正弦波信号电压记录表

信号发生器电压/V		1	3	5
示波器读数	峰谷距离/cm			
	灵敏度选择开关读数/(V/div)			
	电压幅值/V			
	电压有效值/V			

4. 观察李萨如图形

（1）将 CH2 通道输入信号频率调节到 200 Hz，电压调至 3 V. 灵敏度选择开关微调旋钮旋转到校准状态.

（2）接通第二台信号发生器电源，电压调至 3 V，频率调节至 400 Hz，"衰减"旋钮置 0 dB.

（3）将第二台信号发生器输出端接至示波器 CH1 输入端口，CH1 通道灵敏度选择旋至与 CH2 灵敏度选择开关相同位置，同时微调旋钮旋转到校准状态.

（4）示波器扫描微调旋钮至校准状态.

（5）调节第二台信号发生器的频率，按照公式（5.4.2），使 $f_y:f_x$ 分别为 1∶2、1∶3、2∶3，观察李萨如图形，将图形与相应的频率记录在表 5-4-3 中.

表 5-4-3　李萨如图形记录表格

$f_y:f_x$	1∶2	1∶3	2∶3
图形			
n_x			
n_y			
f_x/Hz			
f_y/Hz			

【数据处理】

1. 按照正弦波频率记录表格计算外部输入信号的频率 $f_测$，并与信号发生器的显示值 $f_信$ 进行比较，计算相对误差 $E_r = \dfrac{|f_测 - f_信|}{f_信}$.

2. 按照正弦波电压记录表格计算外部输入信号的峰值电压与有效值电压，并与信号发生器的显示值进行比较，计算相对误差.

3. 在坐标纸上画出李萨如图形.

【实验讨论】

1. 误差分析；

2. 合理化建议；

3. 实验现象的解释.

【实验习题】

1. 打开示波器后，在荧光屏上看不到光点或扫描线是什么原因？输入外部信号后，波形不稳定或看不到外部信号是什么原因？

2. 用示波器观测周期为 0.5 ms 的正弦信号，要在屏上呈现四个完整而又稳定的正弦波，扫描信号的周期应为多少？

3. 在测量外部信号的电压与频率时,测量荧光屏上的距离的单位记为毫米可以吗? 为什么?

实验 5 灵敏电流计临界电阻的测定

【实验内容】

1. 观察小阻尼、临界阻尼、大阻尼运动;

2. 测量临界阻尼振动的临界电阻.

【实验目的】

1. 了解灵敏电流计的构造和基本工作原理;

2. 学会使用灵敏电流计、电压表、电阻箱;

3. 学会一种测量临界电阻的方法.

【实验器材】

灵敏电流计,电阻箱,电压表,滑动变阻器,干电池,双路转向开关,导线.

【实验原理】

1. 原理图

灵敏电流计是一种重要的电学测量仪器,它的灵敏度很高,用来检测闭合回路中的微弱电流(约 $10^{-10} \sim 10^{-6}$ A)或微弱电压(约 $10^{-6} \sim 10^{-3}$ V),如光电流、生理电流、温差电动势等,更常用做检流计,如作为电桥、电位差计中的示零器. 常见的有指针式、壁架式和光点式等. 本实验研究的是光点式灵敏电流计.

1) 光点式灵敏电流计的基本结构和工作原理

光点式灵敏电流计的结构如图 5-5-1 所示. 在永久磁铁之间有一圆柱形软铁芯,使空隙中的磁场呈辐射状分布. 用张丝将一多匝矩形线圈垂直悬挂于空隙中,在线圈下端装置了一平面小镜. 从光源发出的一束定向聚焦光首先投射在小镜上,反射后射到凸面镜上,再反射到长条平面镜上,最后反射到弧形标度尺上,形成一个中间有一条黑色准丝像的方形光斑. 当有微弱电流通过线圈时,此线圈(及小镜)在电磁力矩作用下以张丝为轴而偏转,于是小镜的反射光也改变方向. 这个反射光起了电流计指针的作用. 由于这种装置没有轴承,

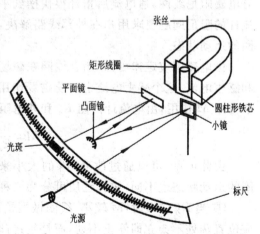

图 5-5-1 灵敏电流计的结构图

消除了难以避免的机械摩擦;又由于发射光线多次来回反射,增加了"光指针"的长度,使在同样转角下,"光指针针尖"(光斑)所扫过的弧长增加,所以这种电流计的灵敏度

得到大大提高.

由此可知,光点式灵敏电流计是磁电式电表的一种.因此,通过电流计线圈的电流 I_g 与线圈的偏角 θ 成正比,由图 5-5-2 可知,线圈(及小镜)的偏转角 θ 又与光斑的位移 d 成正比,所以,通过线圈的电流 I_g 与光斑的位移 d 成正比.即

$$I_g = Kd \qquad (5.5.1)$$

式中的比例系数 K 称为电流计常数,单位是 A/mm,也就是光斑偏转 1 mm 所对应的电流值,它的倒数

$$S_i = \frac{1}{K} = \frac{d}{I_g} \qquad (5.5.2)$$

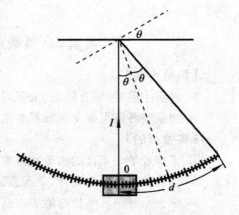

图 5-5-2 θ 与 d 的关系示意图

称为电流计的电流灵敏度,显然,S_i 越大(K 越小),电流计就越灵敏.

要定量的测量电流,就必须知道 K 或 S_i 的数值.一般在电流计的铭牌上标明了 K 或 S_i 的数值,但由于长期使用、检修等原因,其数值往往有所改变,所以使用电流计定量测量之前,必须测定 K 或 S_i 的数值.

2)灵敏电流计线圈的三种运动状态

在使用灵敏电流计时我们会发现,某些情况下,当电流发生变化后,光标会来回摆动很久才逐渐停在新的平衡位置上,这样读数很浪费时间.一般的指针式电表,内部装有电磁阻尼线圈,通电流后指针很快摆到平衡位置,上述问题不会引人注意.但灵敏电流计的阻尼问题要求用户在外部线路解决,这就需要研究一下如何用电磁阻尼控制线圈的运动状态.

由电磁感应定律可知,闭合线圈在磁场中转动时因切割磁力线而产生感生电动势和感生电流.这个感生电流也要受磁场作用,即线圈受到一个阻碍线圈转动的电磁阻尼力矩 M 作用,由电流计内阻 R_g 和外电阻 $R_{外}$ 组成的闭合回路总电阻和 M 成反比

$$M \propto \frac{1}{R_g + R_{外}} \qquad (5.5.3)$$

由此可见,可以通过改变 $R_{外}$ 的大小来控制电磁阻尼力矩 M 的大小. M 不同,线圈的运动状态也不同,按其性质可分为三种不同的状态:

① 当 $R_{外}$ 较大时,M 较小,线圈做振幅逐渐衰减的振荡.也就是说,线圈偏转到相应位置 θ_0 处不会立即停止不动,而是越过此位置,并以此位置为中心来回振荡,需较长时间才能停在平衡位置 θ_0 处. $R_{外}$ 越大,M 越小,振荡时间也就越长.这种状态称为阻尼振荡状态或欠阻尼状态,如图 5-5-3 中曲线①所示.

② 当 $R_{外}$ 较小时,M 较大,线圈缓慢地趋向于新的平衡位置,也不会越过此平衡位置. $R_{外}$ 越小,M 越大,达到平衡位置的时间也越长,这种状态称为过阻尼状态,如

图 5-5-3 中曲线③所示.

③ 当 $R_{外}$ 适当时，线圈能很快达到平衡位置而又不发生振荡，处于欠阻尼与过阻尼的中间状态. 这种状态称为临界状态，如图 5-5-3 中曲线②所示，这时对应的 $R_{外}$ 叫做临界外电阻 $R_{外临}$，$R_{外临}$ 的数值标在铭牌上或说明书中.

3）测定灵敏电流计的临界电阻

实验上，采用逼近法测量临界电阻，即依次取 $R_2 = R_{21}$，$R_2 = R_{21} - \Delta R_1$，$R_2 = R_{21} - 2\Delta R_1$，$R_2 = R_{21} - n_1\Delta R_1$，$\cdots$（$n_1 \in \mathbf{N}$，当 R_2 的首位数大于 1 时，ΔR_1 取与 R_2 整数部分有效位数相同的最小正整数；当 R_2 的首位数等于 1 时，ΔR_1 取比 R_2 整数部分有效位数少一位的最小正整数). 若线圈从 $R_2 = R_{21} - n_1\Delta R_1$ 不做小阻尼振动，则临界电阻的范围为 $[R_{21} - n_1\Delta R_1] \leqslant R_c < [R_{21} - (n_1 - 1)\Delta R_1]$；再令 $R_{22} = R_{21} - (n_1 - 1)\Delta R_1$，依次取 $R_2 = R_{22}$，$R_2 = R_{22} - \Delta R_2$，$R_2 = R_{22} - 2\Delta R_2$，$R_2 = R_{22} - n_2\Delta R_2$，（$n_2 \in \mathbf{N}$，$\Delta R_2$ 是比 ΔR_1 有效位数少一位的最小正整数，若线圈从 $R_2 = R_{22} - n_2\Delta R_2$ 不做小阻尼振动，则临界电阻的范围为 $[R_{22} - n_2\Delta R_2] \leqslant R_c < [R_{22} - (n_2 - 1)\Delta R_2]$；依此类推，若 $R_2 = R_{2i} - n_i\Delta R_i$ 不做小阻尼振动，而 $R_2 = R_{2i} - (n_i - 1)\Delta R_i$ 越过平衡位置的位移 S 不超过一个分度时，则取临界电阻值为

$$R_c = R_{2i} - n_i\Delta R_i \tag{5.5.4}$$

【实验步骤】

1. 根据原理图 5-5-4，用回路法由左到右连接好电路，且要断开双路转向开关.

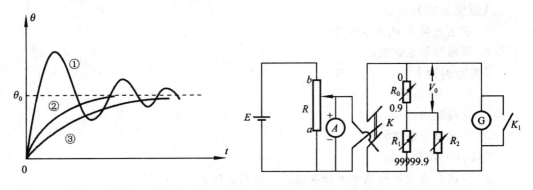

图 5-5-3　线圈的运动状态图　　　　图 5-5-4　实验原理图

2. 调节滑动变阻器使电压表的示数为零.

3. 将电流计的分流器旋钮旋至"短路"挡（逆时针旋到底），电压钮拨至 220 V，调节电流计的调零旋钮和零点微调钮使光标指零.

4. 取 $R_1 = 1\,900.5\ \Omega$，$R_0 = 0.5\ \Omega$，$R_2 = 20\,000\ \Omega$.

5. 将电流计的分流器旋钮旋至"直接"挡（此挡灵敏度最高），电压表量程调到 3 V，接通双路转向开关（接通任意一侧均可），调节滑动变阻器，改变一级分压电路的输出电压，使光标最大位移微 $s_m = 40\ \text{mm}$.

6. 断开双路转向开关,观察光标(即线圈)的运动种类,根据原理可知,若运动是小阻尼,则再取 $R_2 = 10\ 000\ \Omega$,依此类推,$R_2 = 9\ 000\ \Omega$,$8\ 000\ \Omega$……直到 $R_2 = R_{2i} - n_i \Delta R_i$ 不做小阻尼振动,而 $R_2 = R_{2i} - (n_i - 1)\Delta R_i$ 越过平衡位置的位移 s 小于一个分度为止.

注意:对于每个 R_2 值的测量,都要校准电流计的零点.

【实验数据】

将数据填入表 5-5-1 中.

表 5-5-1　测量数据

R_2/Ω	20 000	10 000	9 000	…	$R_{2i} - m_i \Delta R_i$	…	$R_{2i} - n_i \Delta R$
S(光标第一次越过零点的最大位移位置)/mm							
运动种类(小阻尼、临界阻尼、大阻尼)	小阻尼	小阻尼	小阻尼	…	小阻尼或临界阻尼	…	临界阻尼
R_2 与 R_c 的关系	$R_2 > R_c$	$R_2 > R_c$	$R_2 > R_c$	…	$R_2 = R_c$ $\cup R_2 < R_c$	……	$R_2 = R_c = R_{2i} - n_i \Delta R_i$

【数据处理】

1. 求出测量 R_c 的不确定度;

2. 写出结果表达式.

【实验讨论】

1. 误差分析;

2. 合理化建议;

3. 实验现象的解释.

【实验习题】

1. 灵敏电流计与普通电流计在结构上有什么区别?

2. 灵敏电流计之所以有较高的灵敏度是因为结构上做了哪些改进?

3. 电流计常数的意义何在?

4. 为什么图 5-5-4 要做两项分压?

5. 图 5-5-3 中三条曲线的物理内容是什么?

【实验附录】

仪器描述:

AC15 型电流计的面板如图 5-5-5 所示.图中零点调节为粗调旋钮,固定在标尺上的手柄为零点细调,左右移动它可使光斑准确对准零点.面板的左上部有一转换旋钮(分流器),当它指"×1"挡时,灵敏度最高,指向"×0.1"和"×0.01"挡时,灵敏度分别降低为 1/10 和 1/100,如标度盘上找不到光点影像时,可将电流计开关置于直接处,并将电流计轻微摆动,如有光点影像扫掠时,则可调节零点调节器,将光点调至标度盘上,当光斑晃动不止或搬动检流计时,应将旋钮指向"短路"位置,以便保护电流计的张丝.

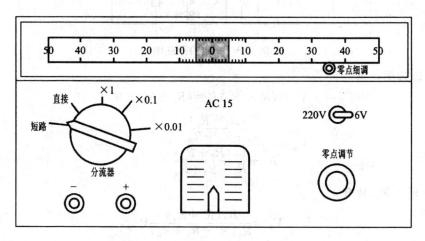

图 5-5-5　AC15 型电流计面板

实验 6　灵敏电流计的研究

【实验内容】

1. 验证灵敏电流计的灵敏度与外电阻无关.
2. 测量灵敏电流计的内阻.
3. 测量灵敏电流计的灵敏度.

【实验目的】

1. 了解灵敏电流计的构造和基本工作原理.
2. 学会使用灵敏电流计、电压表、电阻箱.
3. 学会一种测量灵敏电流计内阻和灵敏度的方法.
4. 学会一种验证灵敏电流计的灵敏度与外电阻无关的方法.

【实验器材】

灵敏电流计,电阻箱,电压表,滑动变阻器,干电池,双路转向开关,导线.

【实验原理】

1. 原理图

原理图如图 5-6-1 所示.

2. 原理公式

(1) 验证电流计灵敏度 K 与外电阻无关.

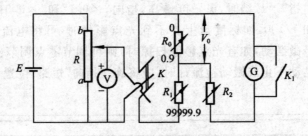

图 5-6-1　实验原理图

由原理图可得

$$V_0 = (R_2 + R_g)I_g = (R_2 + R_g)KS \tag{5.6.1}$$

$$V_0 = \frac{\dfrac{R_0(R_2 + R_g)}{R_0 + R_2 + R_g}}{R_1 + \dfrac{R_0(R_2 + R_g)}{R_0 + R_2 + R_g}}V$$

实验中 $R_0 \ll R_1$，故有

$$V_0 = \frac{R_0(R_2 + R_g)}{R_1(R_0 + R_2 + R_g)}V \tag{5.6.2}$$

联立求解(5.6.1)、(5.6.2)式得

$$\frac{1}{S} = \frac{R_1 K}{R_0 V}R_2 + \frac{R_1 K}{R_0 V}(R_0 + R_g) \tag{5.6.3}$$

实验中使 R_1,R_1,R_g,V 不变,改变 R_2 测量 S,作 $\dfrac{1}{S}-R_2$ 图像,若图像呈线性关系,则说明灵敏度与外电阻无关;否则有关.

(2) 测量电流计的内阻与灵敏度.

若灵敏度与外电阻无关,则可以求直线的斜率 k 和截距 b,从而可以求出灵敏度和内阻分别为

$$K = \frac{R_0 Vk}{R_1} \tag{5.6.4}$$

$$R_g = \frac{R_0 V}{R_1 K}b - R_0 \tag{5.6.5}$$

【实验步骤】

1. 根据原理图,用回路法由左到右连接好电路,且要断开双路转向开关.

2. 调节滑动变阻器滑动端滑至低电位位置.

3. 取 $R_1 = 3\ 000\ \Omega, R_0 = 0.1\ \Omega, R_2 = 2\ 000\ \Omega$.

4. 将电流计的分流器旋钮旋至实验室要求的档位,电压表量程调到1 V,接通双路转向开关(接通某一侧),调节 R_1,改变二级分压电路的输出电压,使指针最大位移

为 $s^+ = \dfrac{2}{3}$ 量程,并记下 R_1;再接向另一侧,电压值不变,测量光标的反向最大位移 s^-.

5. R_2 依次取 2. 4 kΩ、2. 8 kΩ、3. 2 kΩ、3. 6 kΩ、4. 0 kΩ,测量相应的光标正、反向最大位移值,填入表 5-6-1 中.

【实验数据】

$V=$ _____ ; $R_1=$ _____ ; $R_0=$ _____

表 5-6-1　测量数据

R_2/kΩ	2. 0	2. 4	2. 8	3. 2	3. 6	4. 0
s^+/mm						
s^-/mm						
$\bar{s}$/mm						

【数据处理】

1. 作出 $\dfrac{1}{s}$-R_2 图像,确定图像是否为直线,并求出斜率 k;

2. 用公式(5.6.4)求出灵敏度;

3. 求出灵敏度的不确定度;

4. 写出结果表达式.

【实验习题】

1. 灵敏电流计为什么灵敏?

2. 为什么要采用二级分压电路测量灵敏电流计的灵敏度?

3. 等偏法测电流计的灵敏度优点是什么?

【实验讨论】

1. 误差分析;

2. 合理化建议;

3. 实验现象的解释.

实验 7　RC 串联电路暂态过程的研究

【实验内容】

1. 用示波器观察 RC 串联电路充放电图像;

2. 用时标法测量时间常数.

【实验目的】

1. 用示波器观测和了解电阻电容串联电路的充电和放电的规律;

2. 用时标法测量时间常数.

【实验器材】

示波器,函数发生器,电阻箱,电容器,导线.

【实验原理】

1. 用示波器观察 *RC* 串联电路充放电波形.

如图 5-7-1 所示,开关 *K* 闭合 1,电源对电容器充电,开关闭合 2,电源对电容器放电.根据电磁学理论可知,充放电电容器两端的电压分别为

$$U_C = E\left[1 - \exp\left(-\frac{t}{RC}\right)\right] \tag{5.7.1}$$

$$U_C = E\exp\left(-\frac{t}{RC}\right) \tag{5.7.2}$$

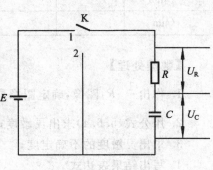

图 5-7-1　*RC* 串联电路图

当 $t \to \infty$ 时,充放电电压趋近于 E 和 0. 实际上,经过某一段时间后,充放电即结束,即经过一段时间充放电时,电压增加或减少初始值若干倍时,仪器不再显示电压的变化,该段时间称为电路的充放电时间. 显然,充放电时间与 R、C 有关,C 越大,表示能积聚的电荷亦即能积聚的电场能也越大,所以充放电过程越慢;R 越大,减少了充放电电流,因而过程减慢. 设 $U_C = \left[1 - \exp\left(-\frac{t}{RC}\right)\right]E = K_0 E$,实验上测得的电压即为 E,t_0 即为充电时间,R、C 不同,t_0 则不同. 如 $t = 10RC$ 时,$U_C = 0.999\,95E$(实验上测得值为 E).

稳恒电源的电压与时间图像如图 5-7-2 所示. 而实验上用的是方波信号,如图 5-7-3 所示,且如图所示选择坐标系.

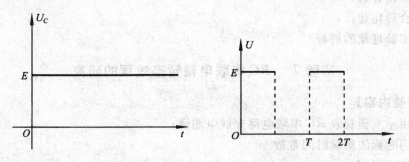

图 5-7-2　稳恒电源的 U_C-t 图像　　　　图 5-7-3　方波信号

当 $\frac{T}{2} > 10RC$ 时,可以认为这是一段很长的时间,电压 E 能使电容器充电完毕. 若 $\frac{T}{2}$ 与

RC 同一数量级时,情况就复杂一些.今以 $\dfrac{T}{2}=RC\ln 2$ 为例进行讨论.

$$t'=t=0,U_C=0,t\in\left[0,\frac{T}{2}\right],U_c=E\left[1-\exp\left(-\frac{t}{RC}\right)\right]$$

$t=\dfrac{T}{2}$ 时

$$U_c=E\left[1-\exp\left(-\frac{T}{2RC}\right)\right]=\frac{E}{2}$$

这说明电容器在 $\dfrac{T}{2}$ 时间内未能充电至电压 E,而紧接着开始 $\dfrac{T}{2}\rightarrow T$ 这段时间的放电过程.因此,放电过程的初始条件为 $t=0,U_C=\dfrac{E}{2}$,代入放电方程

$$U_c=\frac{E}{2}\exp\left(-\frac{t}{RC}\right)$$

$t=T$ 时

$$U_c=\frac{E}{4}$$

这说明电容器在 $\dfrac{T}{2}\rightarrow T$ 时间内未能放电完毕,而紧接着将开始第二个周期的充放电过程.同理可得,第二周期开始时,在 $t=0,U_C=\dfrac{E}{4}$ 的初始条件下充电(注意每次充放电的时间零点都要重新选取)充电方程的通解为

$$U_C=E-C'\exp\left(-\frac{t}{RC}\right)$$

$t=0,U_C=\dfrac{E}{4}$,可得积分常数 $C'=\dfrac{3}{4}E$,充电方程为

$$U_c=E-\frac{3}{4}E\exp\left(-\frac{t}{RC}\right)$$

在 $t=\dfrac{3}{2}T$ 时,　　　　　　　　　　$U_c=\dfrac{5}{8}E$

在此条件下,电容器开始 $\dfrac{3}{2}T\rightarrow 2T$ 这段时间内的放电过程,放电方程变为

$$U_c=\frac{5E}{8}\exp\left(-\frac{t}{RC}\right)$$

$t=2T$ 时,$U_c=\dfrac{5E}{16}$.如此进行下去,可得图 5-7-4 所示的图像.

从图 5-7-4 上可以得知,相邻两个最大值之差和相邻两个最小值之差随着时间的增长,而趋近于零,即如此进行下去必达到一个稳定态,设稳定态时,电容器从 a_n 充电到 b_n,再从 b_n 放电到 a_n,今从方波电源接通的一瞬间开始计时,有上面讨论可得

$t=0$ 时,$a_1=0$

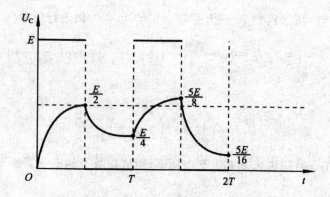

图 5-7-4　充放电过程

$t=\dfrac{T}{2}$ 时，$b_1=E-E\exp\left(-\dfrac{T}{2RC}\right)$

$t=T$ 时，$a_2=b_1\exp\left(-\dfrac{T}{2RC}\right)$

$t=\dfrac{3T}{2}$ 时，$b_2=E-(E-a_2)\exp\left(-\dfrac{T}{2RC}\right)$

$t=2T$ 时，$a_3=b_2\exp\left(-\dfrac{T}{2RC}\right)$

……

$t\to\infty$ 时，$a_n=b_{n-1}\exp\left(-\dfrac{T}{2RC}\right)$ 　　　　　　　(5.7.3)

$$b_n=E-(E-a_n)\exp\left(-\dfrac{T}{2RC}\right) \tag{5.7.4}$$

达到稳定态时

$$a_n=a_{n-1} \tag{5.7.5}$$

$$b_n=b_{n-1} \tag{5.7.6}$$

由式(5.7.3)、式(5.7.4)、式(5.7.5)、式(5.7.6)可得

$$a_n=E\ \frac{1-\exp\left(-\dfrac{T}{2RC}\right)}{1-\exp\left(-\dfrac{T}{RC}\right)}\exp\left(-\dfrac{T}{2RC}\right) \tag{5.7.7}$$

$$b_n=E\ \frac{1-\exp\left(-\dfrac{T}{2RC}\right)}{1-\exp\left(-\dfrac{T}{RC}\right)} \tag{5.7.8}$$

对于 $\dfrac{T}{2}=RC\ln2$，最终稳定态为 $a_n=\dfrac{1}{3}E,b_n=\dfrac{2}{3}E$. 图像如图 5-7-5 所示.

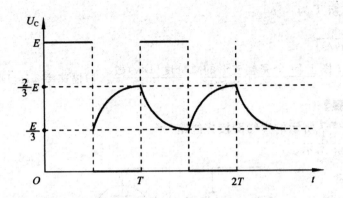

图 5-7-5 稳定态

而实验时在示波器上观察到的仅是这种图形,从 $t=0$ 到这种稳定态时间 t_0 极短,实际上我们无法观察到开始阶段的那段过渡过程. 利用充电时 $U_C+U_R=E$ 和放电时 $U_C+U_R=0$,可以得出电阻 R 上的电压 U_R 的表达式(推导从略)并得到 U_R 与时间的图像,如图 5-7-6 所示.

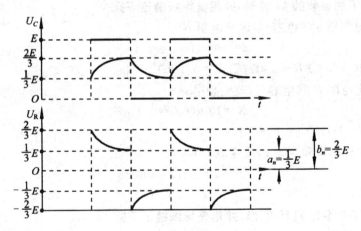

图 5-7-6 U_R-t 图像

2. 测量时间常数 $\tau(=RC)$

由式(5.7.7)、式(5.7.8)可得

$$\frac{a_n}{b_n}=\exp\left(-\frac{T}{2RC}\right)$$

$$\tau=RC=\frac{T}{2\ln\dfrac{b_n}{a_n}}=\frac{T}{2\ln\dfrac{L_2}{L_1}} \tag{5.7.9}$$

式中,L_1、L_2 分别为 U_R-t 图上充电曲线末端和始端到时间轴的距离,通过示波器屏幕的分度可以测得.

方波的周期 T 为

$$T = \frac{\nu}{u(\text{Div/s})}$$

$$= \frac{(U_R\text{-}t \text{ 图上}) n \text{ 个完整波形的总分度(Div)数}}{n \text{ 个完整波形}} \times \text{扫描速率 } v(\text{s/Div}) \quad (5.7.10)$$

【实验步骤】

1. 按图 5-7-7 所示的实物图接好线路

如图 5-7-7 所示.

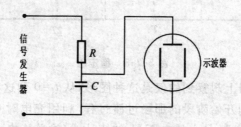

图 5-7-7　实验连线图

2. 观测下列参数的 U_c 波形,并用坐标纸描绘下来

(1) 固定频率 ν 和电容 C,改变电阻 R

$$\nu = 200 \text{ Hz}, C = 0.1 \ \mu\text{F}$$

① $R = 10 \text{ k}\Omega$;② $R = 1 \text{ k}\Omega$;③ $R = 0.1 \text{ k}\Omega$.

(2) 固定电阻 R 和电容 C,改变频率 ν

$$R = 10 \text{ k}\Omega, C = 0.1 \ \mu\text{F}$$

① $\nu = 100 \text{ Hz}$;② $\nu = 1 \ 000 \text{ Hz}$.

(3)固定电阻 R 和频率 ν,改变电容 C.

$$R = 10 \text{ k}\Omega, \nu = 200\text{Hz}$$

$$C = 1 \ \mu\text{F}$$

3. 观测下列参数的 U_R 波形,并用坐标纸描绘下来

(1) 固定频率 ν 和电容 C,改变电阻 R

$$\nu = 200 \text{ Hz}, C = 0.1 \ \mu\text{F}$$

① $R = 10 \text{ k}\Omega$;② $R = 1 \text{ k}\Omega$;③ $R = 0.1 \text{ k}\Omega$.

(2) 固定电阻 R 和电容 C,改变频率 ν

$$R = 10 \text{ k}\Omega, C = 0.1 \ \mu\text{F}$$

① $\nu = 100 \text{ Hz}$;② $\nu = 1000 \text{ Hz}$.

(3)固定电阻 R 和频率 ν,改变电容 C.

$$R = 10 \text{ k}\Omega, \nu = 200\text{Hz}$$

$$C = 1 \ \mu\text{F}$$

4. 测定时间常数

取 $R=10$ kΩ,$C=0.1$ μF. 调整方波的频率和示波器

的 VOTS/DIV 钮使 $\dfrac{L_2}{L_1}=2\sim5$ 测量 U_R 波形的四个完整

波形总分度数 L 以及 L_1、L_2、扫描速率.

注意:也可顺时针调节示波器 X 扫描旋钮使 U_R 波

形形状变为图 5-7-8 所示.

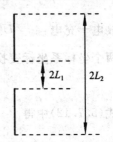

图 5-7-8 顺时针调节 U_R 波形图

【实验记录】

1. 在坐标纸上记录指定参数的 U_C、U_R 波形;

2. 测量 $L,2L_1,2L_2,v$ 填入表 5-7-1 中.

表 5-7-1 测量数据

参数 \ 量值	L	$2L_1$	$2L_2$	v
$R=10$ kΩ				
$C=0.1$ μF				

【实验处理】

1. 在坐标纸上画出指定参数的 U_C、U_R 波形;

2. 根据原理式(5.7.9)计算时间常数 τ_e,并与理论值 $\tau_t=RC$ 比较,计算相对偏差

$$E_r=\dfrac{|\tau_e-\tau_t|}{\tau_t}\times100\%.$$

【实验讨论】

1. 误差分析;

2. 合理化建议;

3. 实验现象的解释.

【实验附录】

一个结论的证明.

在图 5-7-9 中,选择不同的坐标系,在

一个坐标系中,可以视为在前半个周期是被

$\dfrac{E}{2}$ 充电,而在下半个周期内是放电和被 $\dfrac{E}{2}$ 反

向充电;而在另外一个坐标系中,前半个周

期是被 E 充电,下半个周期是放电,证明两

个坐标系中,电压服从同一个规律.

仅考虑后半个周期,前半个周期同理可证.

放电: $U_c=Ee^{-\frac{t}{\tau}}$ (5.7.11)

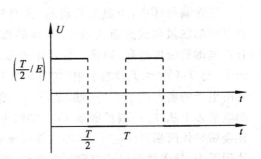

图 5-7-9 结论证明用图

放电＋充电：
$$U'_c = \frac{E}{2}e^{-\frac{t}{\tau}} - \frac{E}{2}(1-e^{-\frac{t}{\tau}}) = -\frac{E}{2} + Ee^{-\frac{t}{2}} \qquad (5.7.12)$$

两个坐标系坐标变换式为
$$U_c = U'_c + \frac{E}{2}$$

代入式(5.7.12)中得
$$U_c = Ee^{-\frac{t}{\tau}} \qquad (5.7.13)$$

即与仅存在放电过程的电压相同.

实验 8　电位差计测量热电偶温差电动势

【实验内容】

利用电位差计测量热电偶不同温度时的温差电动势

【实验目的】

1. 了解热电偶测量温度的原理.

2. 掌握电位差计的使用方法.

【实验器材】

直流电位差计,热电偶,智能温控炉,导线.

【实验原理】

1. 热电偶测温原理

热电偶也称为温差电偶,是由两种不同材料的导体或半导体的端点彼此紧密接触而组成的.当两个结合点的温度不同,则在回路中会产生电动势.其每根单独的导体或半导体称为热电极.两个结点,一个称为工作端或热端,另一个叫自由端或冷端.当热电偶回路的一个端点保持温度不变,则其总电动势只随另一端点的温度变化而变化,因此常用来测量温度.由于热电偶惯性小,测量范围宽,成本低,精度高,因此被广泛用于温度测量.

2. 温差电动势

热电偶产生的温差电动势主要包括两个部分:佩尔捷电动势与汤姆逊电动势.

在金属导体中,当温度升高时,便有较多的价电子获得足够的能量而成为自由电子.物体的温度越高,内部的自由电的密度越高.如将一金属导两端体分别置于温度为 T_1 与 $T_2(T_1 < T_2)$ 的水中(如图 5-8-1),则 T_2 一端的自由电子的密度高于 T_1 一端.从 T_2 一端扩散至 T_1 一端

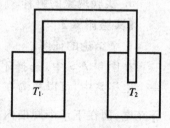

图 5-8-1　汤姆逊电动势

的电子多于从 T_1 一端扩散至 T_2 一端的电子,使 T_2 一端带正电荷,T_1 一端带负电荷,在金属导体两端产生电压.导体内部的电场阻碍电子的扩散,使导体内电子运动最终达到平衡,导体两端保持稳定的电势差,形成汤姆逊电动势.直接测量图(5-8-1)中导体两端的电动势比较困难,因为把导线接入导体两端会影响导体的电动势.

　　由于不同的金属具有不同的电子密度,两金属接触后在结点处要引起不等量的电子扩散,致使在结点处两金属间产生电场,因而产生电势差,称为佩尔捷电动势.由于导体内部电子密度与温度有关,因此佩尔捷电动势取决于金属的材料及温度.

　　佩尔捷电动势与汤姆逊电动势都与温度有关,因此热电偶产生的温差电动势是温度的函数,因具体关系较为复杂,取其一级近似可表示为

$$\varepsilon_{12} = C(T_2 - T_1) \tag{5.8.1}$$

式中 C 为热电偶温度系数或热电偶常数,其大小取决于热电偶的材料,T_1、T_2 为低温与高温端的温度.从公式可以看出,在一级近似下热电偶的温差电动势与高温与低温间的温度差成正比.若低温端为冰水混合物($T_1 = 0\ ℃$),则只需将温差电动势 ε_{12} 除以热电偶常数 C 即为高温端温度.

　　在实际测量中,通常将两个相同的热电偶分别放置于高温与低温,然后用导线将其中一种金属连接起来,另一种金属通过导线与测量仪器相连(如图 5-8-2).实验证明,在热电偶回路中接入中间导体(第三导体),只要中间导体两端温度相同,中间导体的引入对热电偶回路总电势没有影响,这就是中间导体定律.因此,图 5-8-3 中接入的导线不会对热电偶的温差电动势产生影响.

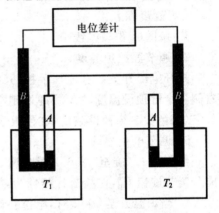

图 5-8-2　热电偶装置原理图

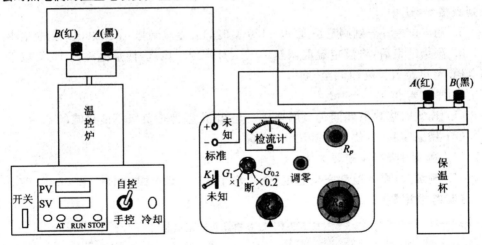

图 5-8-3　电位差计测定热电偶温差电动势装置图

3. 热电偶的种类

　　按照国际标准,热电偶可分为 S、B、E、K、R、J、T 七种.它们分别是:(S 型热电偶)铂铑 10-铂热电偶;(R 型热电偶)铂铑 13-铂热电偶;(B 型热电偶)铂铑 30-铂铑 6 热电

偶;(K 型热电偶)镍铬-镍硅热电偶;(N 型热电偶)镍铬硅—镍硅热电偶;(E 型热电偶)镍铬-铜镍热电偶;(J 型热电偶)铁-铜镍热电偶;(T 型热电偶)铜-铜镍热电偶. 其中 S、R、B 三种为贵金属热电偶,其特点是准确度高,稳定性最好,测温温区宽,使用寿命长等优点. 其它种类为廉金属热电偶.

本实验采用的是 E 型热电偶. 镍铬—铜镍热电偶又称镍铬—康铜热电偶,该热电偶的使用温度为—200~900 ℃. E 型热电偶热电动势之大,灵敏度之高属所有热电偶之最,宜用于测量微小的温度变化. 对于高湿度气氛的腐蚀不甚灵敏,不宜用于湿度较高的环境. E 热电偶还具有稳定性好,价格便宜等优点,能用于氧化性和惰性气氛中.

【实验步骤】

1. 按图(5-8-3)连线.

2. 调节温控炉温度

打开电源开关,"自控—手控"开关放在自控一侧,冷却风机处于关闭. 利用面板上右侧三个键预设温度. "AT"键控制小数点位数,"RUN"键减小数字,"STOP"键增加数字(绿色数字为预设温度,红色数字为实时炉温). 将温度设为 50 ℃.

3. 调节电位差计

将开关 K_2 旋至"×0.2"档,调节调零旋钮,使检流计指针为零. 电键 K_1 搬至"标准",调节旋钮 R_P,使检流计指针为零(工作电流标准化),断开 K_1.

4. 当炉温升至 50 ℃时,电位差计电键 K_1 搬至"未知",调节旋钮 R_{x1} 与 R_{x2},使检流计指针为零. 此时两旋钮读数的 0.2 倍即为 50 ℃时热电偶的温差电动势,将结果记录到表格 5-8-1 中.

5. 用电位差计分别测量炉温 60~120 ℃时的温差电动势,将结果记录到表格中.

6. 测量结束后,将设定温度调至 10 ℃,打开冷却风机,使炉温降至 10 ℃以下,关闭电源. 将电位差计旋钮调至"断".

7. 操作要点

(1)连线时将热电偶同种金属连在一起,电位差计正负级不能接错.

(2)做完实验,电位差计旋钮调至"断".

(3)测量时降温风扇要关闭.

(4)测量时,要等温度完全稳定(电位差计指针不动)才能测量.

【实验数据】

表 5-8-1　温差电动势测量表格

室温 $T_1 = $ _____ ℃.

次数 n	1	2	3	4	5	6	7	8
温度 T_2/℃	50	60	70	80	90	100	110	120
电动势 ε_{12}/mV								

【数据处理】

1. 用坐标纸作 $\varepsilon_{12} - T$ 关系曲线.

2. 利用作图法求出热电偶常数 C 及室温 T_1,计算百分比误差

$$E_r = \frac{|T_{1测} - T_{1实}|}{T_{1实}} \times 100\%$$

【实验习题】

1. 如果在实验中,将电位计与温差电偶的极性接反了,电位差计将出现怎么样的状态?

实验 9 利用单臂电桥研究热敏电阻的温度特性

【实验内容】

利用电桥法测量不同温度下热敏电阻的温度特性

【实验目的】

1. 了解热敏电阻的温度特性.

2. 掌握电桥测电阻的方法.

【实验器材】

定值电阻,热敏电阻,智能温控炉,导线,检流计,电源,电阻箱,电压表,滑线变阻器,可调电阻.

【实验原理】

1. 电桥工作原理

单臂电桥(又称惠斯登电桥)的基本电路如图 5-9-1 所示.

它由 4 个桥臂和"桥"——平衡指示器(一般为检流计)以及工作电源 E 等组成.适当选择 R_1、R_2 的值,调节标准电阻 R_S,使 B、D 两点的电位相等,使检流计指零,此时称电桥达到平衡.电桥平衡时有:

$$I_1 R_1 = I_2 R_2, I_X R_X = I_S R_S, I_1 = I_X, I_2 = I_S$$

从而可得

$$\frac{R_1}{R_2} = \frac{R_X}{R_S} \tag{5.9.1}$$

即

$$R_X = \frac{R_1}{R_2} \cdot R_S = C \cdot R_S \quad (C = R_1/R_2) \tag{5.9.2}$$

上式称电桥平衡条件. 所以用直流电桥测量电阻 R_X,其实质就是在电桥平衡条件下,把待测电阻 R_X 按已知比率关系 R_1/R_2 直接与标准电阻进行比较,故电桥法可称"平衡比较法".图中 R_P 为可调电阻,其目

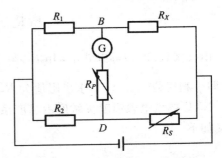

图 5-9-1 单臂电桥测电阻电路图

的是为了保护检流计,避免因电流过大,烧坏检流计.在测量时先把R_P调至最大,以减小流过"桥"的电流,降低检流计的灵敏度.当电桥基本达到平衡进,减小R_P值,增加检流计灵敏度.

在实际测量中常使用交换测量法(互易法).用交换R_x和R_S的测量法可消除因R_1、R_2引入的误差.为了消除上述原因造成的误差,可在保持R_1/R_2比值不变的条件下,将R_S和R_x交换位置,调节R_S为R'_S,使电桥重新平衡,则$R_x = \sqrt{R_S \cdot R'_S}$,上式表明使用交换法可消除由$R_1$、$R_2$引入$R_x$的误差.

单臂电桥法测量电阻虽然比伏安法测电阻准确,但如果测量的电阻在1Ω以下,则导线电阻与接触电阻的影响就不可忽略.对于阻值较小的电阻,可采用双臂电桥法(开尔文电桥).双臂电桥法主要采用了四端钮接法来减小导线电阻与接触电阻的影响.由于热敏电阻的阻值通常在几百至上千欧,导线电阻与接触电阻可以忽略,因此实验中采用单臂电桥法来测量不同温度下热敏电阻的阻值.

2. 热敏电阻温度特性

热敏电阻是对温度变化表现出非常敏感的一种半导体电阻元件,不同的温度下表现出不同的电阻值.热敏电阻具有灵敏度较高,工作温度范围宽,体积小,工作稳定,价格低廉的特点.因此,它在温度测量、自动化控制、无线电技术等方面都有广泛的应用.

热敏电阻按照温度系数的不同分为:负温度系数热敏电阻(简称 NTC 热敏电阻)和正温度系数热敏电阻(简称 PTC 热敏电阻).NTC 热敏电阻是利用硅、锰、镍、铜、铁、锌等金属氧化物进行充分混合,采用陶瓷工艺制造而成的半导体陶瓷,其特点是电阻会随温度的升高而降低.PTC 热敏电阻是以钛酸钡为主要成份,掺入微量的氧化物,采用陶瓷工艺高温烧结而成,其特点是电阻会随温度的升高而升高,当温度超过其突变温度(居里温度)时,它的电阻值随着温度的升高而急剧增高.

在一定的温度范围内,NTC 热敏电阻的阻值R_x与温度T关系满足下列经验公式

$$R_x = A\exp(B/T) \tag{5.9.3}$$

当温度变化范围不是非常大时,公式(3)中A与B为与材料有关的常数.对公式(5.9.3)两边取对数可得

$$\ln R_x = \ln A + \frac{B}{T} \tag{5.9.4}$$

由公式(5.9.4)可以看出,$\ln R_x$与$\frac{1}{T}$成线性关系,斜率即为B.只要知道A与B值,即可利用公式(5.9.4)求出阻值为R_x时的所对应的温度T.

NTC 热敏电阻温度灵敏度由温度系数决定,在热力学温度T时的电阻温度系数定义如下

$$\alpha = \frac{1}{R_T}\frac{\mathrm{d}R(T)}{\mathrm{d}T} = -\frac{B}{T^2} \tag{5.9.5}$$

从公式(5.9.5)可以看出,电阻温度系数与热力学温度的平方成反比,在不同温度下,温度系数值不相同,对于 NTC 热敏电阻温度系数为负.

【实验步骤】

1. 按图 5-9-1 连线.图中 R_P 为可变电阻,作用是保护检流计,R_S 为电阻箱 R_x 为热敏电阻,R_1 与 R_2 阻值由实验室给出.

2. 将 R_P 调至最大值,打开电桥电源,电压值由实验室给出.

3. 调节电阻箱 R_S 值,使检流计读数减小至 0.

4. 减小 R_P 阻值,提高检流计灵敏度(电流大小不能超过满量程的 2/3).

5. 调节 R_S 值,使检流计读数减小至 0.

6. 重复步骤 3、4,使 R_P 减小到 0 时,检流计读数为零.将室温时 R_S 阻值记录到表格 1 中.

7. 打开智能温控炉,将温度调至 40 ℃,按步骤 2～7 测出此时电桥平衡时 R_S 的阻值记录到表格 1 中.

8. 重复步骤 7,按表格 1 测出不同温度时电桥平衡时的阻值 R_S,将结果记录到表格 5-9-1 中.

9. 操作要点:

(1)测量前将 R_P 调至最大值,避免电流过大,损伤检流计.

(2)调节 R_S 过程中,应先调节较小挡位旋钮.如小挡位旋钮不能使电桥平衡,需调节较大挡位旋钮时,应及时将 R_P 调至最大值,避免由于电阻阻值改变较大,使电流过大,损伤检流计.

表 5-9-1　电桥测热敏电阻数据

室温条件下 $T_0 = $ 　　℃;$R_S = $ 　　Ω;$R_0 = $ 　　Ω.

次数	1	2	3	4	5	6	7
$T/℃$	40	45	50	55	60	65	70
R_s/Ω							
R_x/Ω							
$\dfrac{1}{T}/K^{-1}$							
$\ln R_x$							

【数据处理】

1. 画出 $\ln R_x \sim \dfrac{1}{T}$ 曲线,用作图法求出常数 A 与 B.

2. 将 A 与 B.值代入公式(4),由室温条件下的阻值 R_0 求出室温温度 $T_测$,计算百

分比误差 $E_r = \dfrac{|T_0 - T_{测}|}{T_0}$.

【实验习题】

1. 试证明：自搭电桥用交换法测量 R_x 时，$R_x = \sqrt{R_s \cdot R'_s}$，其中 R_s 为电桥第一次平衡时比较臂的值；R'_s 为 R_x 与 R_s 交换位置后，电桥第二次平衡时比较臂的值.

2. 如果没有检流计，如何用自搭电桥来测量表头内阻？

第 6 章

光学实验

实验 1　用牛顿环法测平凸透镜的曲率半径和波长

【实验目的】

1. 通过对等厚干涉图像观察和测量,加深对光的波动性的认识;

2. 掌握读数显微镜的基本调节和测量操作;

3. 掌握用牛顿环法测量透镜的曲率半径和波长的实验方法;

4. 学习用图解法和逐差法处理数据.

【实验器材】

牛顿环仪,钠光灯,读数显微镜.

【实验内容】

1. 牛顿环法测量透镜曲率半径的方法;

2. 牛顿环法测量波长的方法.

【实验原理】

1. 牛顿环法测量透镜曲率半径

将一曲率半径较大的平凸透镜的凸面与一块平面玻璃接触时,在凸面与平面之间就形成了一个自接触点 O 向外逐渐均匀加厚的空气薄层. 当单色光垂直向下照射时,在空气薄层的上、下表面相继反射的两束反射光①和②存在着确定的光程差,因而在它们相叠加的地方(透镜凸面附近)就会产生以 O 点为中心的明暗相间的同心圆环,如图 6-1-1 和图 6-1-2所示,这种干涉现象称为**牛顿环**.

图 6-1-1　牛顿环一

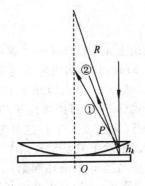

图 6-1-2　牛顿环二

由于反射光①是从光密到光疏介质的界面上反射的,而反射光②是从光疏到光密介质的界面上反射的,因此这两束反射光之间除了具有 $2h_k$ 的光程差外,还附加了 $\frac{\lambda}{2}$ 的额外光程差.所以在 P 点处两束相干的反射光束①和②的总光程差为

$$\Delta_k = 2h_k + \frac{\lambda}{2} \tag{6.1.1}$$

式中,h_k 为某相遇点空气隙的厚度.相同厚度处两束光具有相同的光程差,因而处在相同的干涉状态,这就是等厚干涉.

暗条纹条件为

$$\Delta_k = (2k+1) \cdot \frac{\lambda}{2}, k = 0,1,2,3,\cdots \tag{6.1.2}$$

式中,k 为暗条纹的级次,λ 为所用单色光源的波长.将式(6.1.1)代入式(6.1.2)式,得暗条纹的空气隙厚度满足

$$2h_k = k\lambda \tag{6.1.3}$$

显然,在接触点 O 处,$h_k = 0$ 为零级暗条纹.

由图 6-1-2 看出,空气隙厚度 h_k 和平凸透镜曲率半径 R 及暗条纹的半径 r_k 之间的关系为

$$r_k^2 = R^2 - (R - h_k)^2 = 2Rh_k - h_k^2 \tag{6.1.4}$$

因 $R \gg h_k, 2Rh_k \gg h_k^2$,所以可略去 h_k^2 项,并将(6.1.3)式代入(6.1.4)式,得暗条纹半径满足

$$r_k^2 = kR\lambda, k = 0,1,2,3,\cdots \tag{6.1.5}$$

换成第 m 级圆环直径 D_m 表示可得

$$D_m^2 = 4mR\lambda \tag{6.1.6}$$

同理可得第 n 级圆环直径 D_n 表示式为

$$D_n^2 = 4nR\lambda \tag{6.1.7}$$

由式(6.1.6)、式(6.1.7)可得

$$R = \frac{D_m^2 - D_n^2}{4(m-n)\lambda} \tag{6.1.8}$$

理论上如果已知单色光源的波长 λ,当分划板上的十字叉丝横线与主尺平行(见图 6-1-3)时,分别测出竖线与第 m 个圆环和第 n 个圆环左右相切时的显微镜的读数 x_m、x'_m、x_n、x'_n,则可以求出它们的直径分别为 $D_m = |x'_m - x_m|$ 和 $D_n = |x'_n - x_n|$,再根据式(6.1.8)可以求出平凸透镜的曲率半径.但实验上很难保证十字叉丝横线与主尺平行(见图 6-1-4),这样竖线与第 m 个圆环左右相切时,$D'_m = |x'_m - x_m| \neq D_m$,所以实验上只是大致调节划板上的十字叉丝横线与主尺平行,分别测量十字叉丝的交点与第 m 个圆环和第 n 个圆环左右重合时的显微镜的读数 x_m、x'_m、x_n、x'_n,如图 6-1-3所示,它们对应弦的长度分别为 $s_m = |x'_m - x_m|$ 和 $s_n = |x'_n - x_n|$,注意十字叉丝的交点并不一定通过圆心.因为由图 6-1-3 可得

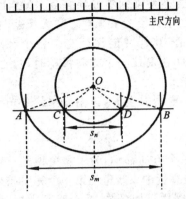

图 6-1-3 十字叉丝横线与主尺平行

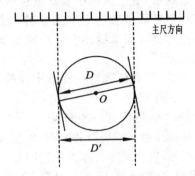

图 6-1-4 十字叉丝横线与主尺不平行

$$r_m^2 - r_n^2 = \frac{1}{4}(s_m^2 - s_n^2)$$

所以

$$D_m^2 - D_n^2 = s_m^2 - s_n^2$$

于是可得测量曲率半径的原理公式为

$$R = \frac{s_m^2 - s_n^2}{4(m-n)\lambda} \qquad (6.1.9)$$

2. 牛顿环法测量波长

将钠光换成待测波长的光(红光),根据式(6.1.9)可得

$$s_k^2 - s_1^2 = 4R\lambda(k-1) \qquad (6.1.10)$$

实验上可以测出环数序数分别为 $k = 1,2,3,4,5,6,7,8,9,10$ 所对应的弦长 s_k,在坐标纸上作出 $(s_k^2 - s_1^2)$-$(k-1)$ 直线,用两点法求出直线的斜率 K,则待测波长为

$$\lambda = K/4R. \qquad (6.1.11)$$

【实验步骤】

1. 牛顿环法测量平凸透镜的曲率半径

(1)实验装置的调整.

① 打开钠光灯.钠光灯打开后需约 5 min 才能发出正常的强黄光.如果中途熄灭,宜稍待数分钟后在重新打开.这是由于钠光灯点燃后金属钠已经变成蒸汽,灯光内的输入电路已无金属钠导通,故需待其冷却凝结成金属后方能再次导通.

② 借助室内钠光灯,用眼睛可直接观察到牛顿环装置的干涉条纹,适当调节牛顿环装置上的三个调节螺丝,使干涉环大致在中央位置(三个螺丝松紧要一致).然后把牛顿环装置放在读数显微镜的载物台上,中心接触点(肉眼可见)对准镜筒中央.再用显微镜观察:

　　a. 调节目镜,使看到的分划板上十字叉丝清晰.

　　b. 转动套在物镜头上的45°透光反射镜,使透光反射镜正对光源,显微镜视场达到最亮.

　　c. 调节读数显微镜目镜使十字叉丝清晰,旋转目镜,使十字叉丝横线大致与主尺平行.

d. 旋转物镜调节手轮,使镜筒由最低位置,注意不要碰到牛顿环装置,缓缓上升,边升边观察,直至目镜中看到聚焦清晰的牛顿环,且环纹与十字叉丝之间无视差.再适当移动牛顿环装置使十字叉丝的交点基本上过圆心(这样才能保证它与各个圆环重合),并将读数显微镜的主尺示数调至中间位置,以防镜筒往一个方向移动时超出主尺的示值范围.

注意:读数显微镜在调节中应使镜筒由最低位置缓慢上升,以避免45°透光反射镜与牛顿环相碰.

③ 牛顿环法直径的测量.

转动读数显微镜读数鼓轮,使显微镜自环心向一个方向移动,为了避免螺丝空转引起的误差,应使镜中叉丝先超过第25个暗环,即从最靠近中央暗斑的第一个完整暗环算起,数到30个暗环(不一定是第30级暗环),然后再缓缓退回到第25个暗环中央,即十字叉丝与第25个暗环中央重合,记下显微镜读数即该暗环读数 x_{25},再缓慢转动读数显微镜读数鼓轮,使叉丝交点依次对准第24,23,23,…,16个暗环的中央记下每次读数 $x_{24}, x_{23}, x_{22}, x_{21}, \cdots, x_{16}$.并继续缓慢转动读数鼓轮,使目镜镜筒叉丝的交点经过牛顿环中心向另一方向记下第16,17,18,…,25暗环的读数 $x_{16}, x_{17}, x_{18}, \cdots, x_{25}$.

注意:为了避免测微鼓轮"空转"而引起的测量误差,在每次测量中,测微鼓轮只能向一个方向转动,中途不可倒转.

(2)用逐差法处理数据,计算出透镜的曲率半径 R 及 R 的不确定度.

根据逐差法处理数据的方法,把10个暗环弦长数据分成两大组,即($s_{16}, s_{17}, s_{18}, s_{19}, s_{20}$)和($s_{21}, s_{22}, s_{23}, s_{24}, s_{25}$)各为一组,求出五组 $s_m^2 - s_n^2$ (注意:$m - n = 5$)的平均值,根据(6.1.9)式,计算出透镜的曲率半径 R.

推导 R 的不确定度计算公式,计算出 R 的不确定度,写出结果表达式.

2. 牛顿环法测量波长

将钠黄光换成待测光(红光),仿照上述步骤测出待测光干涉圆环中,从最靠近中央暗斑的第一个完整暗环算起的第1个暗环,第2个暗环,第3个暗环,……,第10个暗环的弦长($s_1, s_2, s_3, s_4, s_5, \cdots, s_{10}$),将有关数据填入表6-1-2中.

【实验习题】

将数据填入表6-1-1和表6-1-2中.

表6-1-1　用牛顿环法测定透镜的曲率半径 R 数据表格

暗环序数 ＼ 待测量数据	x_k	x_k'	$S_k = |x_k' - x_k|$	s_k^2
25				
24				
23				

续表

待测量数据 暗环序数	x_k	x'_k	$S_k = \lvert x'_k - x_k \rvert$	s_k^2
22				
21				
20				
19				
18				
17				
16				

表 6-1-2 用牛顿环法波长数据表格

待测量数据 暗环序数	x_k	x'_k	$s_k = \lvert x'_k - x_k \rvert$	s_k^2
10				
9				
8				
7				
6				
5				
4				
3				
2				
1				

【数据处理】

1. 牛顿环法测量平凸透镜的曲率半径

（1）平均值 $\overline{R}$.

由式（6.1.9）计算出透镜的曲率半径 R 和平均值 $\overline{R}$.

（2）不确定度.

R 的不确定度

$$U_R = \overline{R}\sqrt{\left(\frac{U_{omn}}{m-n}\right)^2 + \left[\frac{U_{\overline{s_m^2-s_n^2}}}{S_m^2 - S_n^2}\right]^2}$$

因为显微镜叉丝不可能完全对准干涉条纹的中央而产生的测量误差,通常取条纹宽度的 $\frac{1}{10}$,即 $U_m = U_n = 0.1, U_{(m-n)} = \sqrt{0.1^2 + 0.1^2} = 0.14$.

为了简化运算,只计算 $s_m^2 - s_n^2$ 的 A 类不确定度,即

$$U_{\overline{S_m^2 - S_n^2}} = 2\sqrt{U_{cA}^2 + U_{cB}^2} = 2U_{cA} = 2s_{\overline{s_m^2 - s_n^2}}$$

$$= 2\sqrt{\frac{\sum\limits_{i=1}^{5}\left[(s_m^2 - s_n^2) - \overline{S_m^2 - S_n^2}\right]^2}{n(n-1)}}$$

(3) 结果表达式: $R = \overline{R} \pm U_R$.

2. 牛顿环法测量波长

在直角坐标纸上作出 $(s_k^2 - s_1^2)$-$(k-1)$ 直线,用两点法求出直线的斜率 K,然后求出只用有效数字法表示的波长 $\lambda = K/4R$.

【实验讨论】

1.实验中使用的是单色光,如果用白光源会是什么结果?

2.如果牛顿环中心不是一个暗斑,而是一个亮斑,这是什么原因引起的? 对测量有无影响?

3.牛顿环实验中,如果平板玻璃上有微小的凸起,将导致牛顿环条纹发生畸变.试问该处的牛顿环将局部内凹还是局部外凸?

4.讨论下列测量波长的方法是否合理.

用已知波长的光作出 r_m^2-k 直线,同理对于待测波长的光作出 r_n^2-k 直线,设直线 $r^2 = r_1^2$(常量)与两条图像分别交于 A,A' 两点对应的横坐标分别为 m、m',直线 $r^2 = r_2^2$(常量)与两条图像分别交于 B,B' 两点对应的横坐标分别为 n、n',则有 $r_1^2 = mR\lambda_0$. $= m'R\lambda$,$r_2^2 = nR\lambda_0. = n'R\lambda$,两个式子相减可得 $\lambda = \frac{m-n}{m'-n'}\lambda_0$.只要在图像上测出 A、A'、B、B' 四点的横坐标 m、m'、n、n',代入上式即可求出未知波长 λ.

(1) 作图误差都比较大,要使 m、m'、n、n' 测得较准,作图有何要求?

(2) 上式 m、m'、n、n' 均是干涉条纹级次,如何确定条纹的级次? 如果中央为一个不规则的暗斑,如何确定第一级暗环? 如果中央为一个不规则的亮斑,又如何确定第一级暗环?

实验 2　用光栅测光波波长

【实验内容】

观测汞灯黄 1、黄 2、绿、蓝紫四条谱线的波长,要求测出每一条谱线 ±1、±2 级的衍射角.

【实验目的】

1. 进一步学习分光计的调整和使用;

2. 加深对光的衍射理论及光栅分光原理的理解;

3. 掌握用透射光栅测定光波波长的方法.

【实验器材】

分光计,汞灯,光栅.

【实验原理】

光栅是根据多缝衍射原理制成的一种分光元件,它不仅适用于可见光,还能用于红外和紫外光波. 由于制造方法或用途不同,光栅的种类很多,有刻痕光栅和全息光栅之分;有透射光栅和反射光栅之分,等等. 本实验选用透射式平面刻痕光栅,它在光栅上每毫米刻有 N 条刻痕,其光栅常数 $d = 1\ \text{mm}/N$. 现代光栅技术可使 N 多达一千条以上.

当一束平行单色光垂直入射到光栅上,透过光栅的每条狭缝的光都产生有衍射,而通过光栅不同狭缝的光还要发生干涉,因此光栅的衍射条纹实质应是衍射和干涉的总效果. 设光栅的透明狭缝宽度为 a,刻痕宽度为 b,相邻两缝间的距离 $d = a + b$,称为光栅常数,它是光栅的重要参数之一.

如图 6-2-1 所示,光栅常数为 d 的光栅,当单色平行光束与光栅法线平行入射于光栅平面上,光栅出射的衍射光束经过透镜会聚于焦平面上,就产生一组明暗相间的衍射条纹. 设衍射光线与光栅法线所成的夹角(即衍射角)为 φ,则相邻透光狭缝对应位置两光线的光程差 δ 为

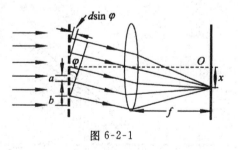

图 6-2-1

$$\delta = d\sin\varphi \qquad (6.2.1)$$

当此光程差等于入射光波长的整数倍时,多光束干涉使光振动加强而在距离坐标原点 O 点(各束衍射光到该点的等光程)x 处产生一个极大值,即明条纹.多缝缝间干涉的极大称为光栅衍射的主极大,其角位置满足下面的主极大方程

$$d\sin\varphi_k = k\lambda \quad (k=0,\pm1,\pm2\cdots),\tag{6.2.2}$$

式中,λ 为单色光波长,k 是亮条纹级次,φ_k 为 k 级谱线的衍射角,此式称为光栅方程,它是研究光栅衍射的重要公式.

由公式(6.2.2)可以看出,如果入射光为白光,$k=0$ 时,有 $\varphi_0=0$,不同波长的零级亮纹重叠在一起,则零级条纹为白色.当 k 为其他值时,不同波长的同级亮纹因有不同的衍射角而相互分开,即有不同的位置.因此,在透镜焦平面上将出现按短波向长波的次序自中央零级向两侧依次分开排列的彩色谱线.这种由光栅分光产生的光谱称为光栅光谱,如图 6-2-2 所示.

光栅的衍射条纹是衍射和干涉的总效果,因此多缝干涉主极大光强受单缝衍射光强调制,使得主极大光强大小不同.在单缝衍射光强极小处的主极大将不出现,这称为缺级.所缺级次由公式

$$k =\pm k' \frac{d}{a} \quad (k'=1,2,3\cdots)\tag{6.2.3}$$

决定.式中,k' 为单缝衍射的级次,即当干涉级次与衍射级次满足公式(6.2.3)时,将不能看到明条纹.

图 6-2-2 所示是汞灯光波射入光栅时所得的光谱示意图.中央亮线是零级主极大.在它的左右两侧各分布着 $k=\pm1$ 的可见光的衍射谱线,称为第一级的光栅光谱.向外侧还有第二级,第三级谱线.由此可见,光栅具有将入射光分成按波长排列的光谱的功能.

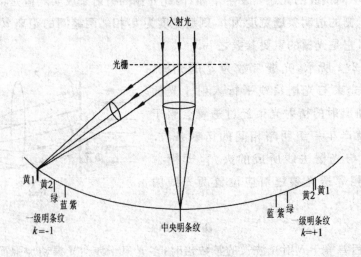

图 6-2-2　光栅衍射光谱示意图

本实验所使用的实验装置是分光计,光源为汞灯(它发出的是波长不连续的可见光,其光谱是线状光谱).光进入平行光管后垂直入射到光栅上,通过望远镜可观察到光栅光谱.对应于某一级光谱线的衍射角可以精确地在刻度盘上读出.根据光栅公式(6.2.2)可求得各谱线对应的光波波长.

【实验步骤】

1. 调节分光计

(1)转动目镜调焦手轮15(见图2-3-2),调节目镜与分划板间距离,使目镜中观看到分划板的刻线清晰.

(2)用目测使平行光管与望远镜基本在同一轴线上.

(3)调松锁紧螺钉3,前后移动狭缝,同时调节狭缝粗细,使望远镜中看到的0级衍射条纹清晰,锁紧锁紧螺钉3.

(4)调节光栅平面与平行光管及望远镜光轴垂直,否则会出现+1级与-1级衍射光线明显不相等的现象.

(5)左右移动望远镜,观察光栅光谱线是否在同一水平面内,若一边高另一边低,说明光栅刻痕与分光计中心轴不平行,即所谓的侧向倾斜现象,这时应调节载物台螺钉,直至谱线无侧向倾斜现象.

(6)转动望远镜,找到黄色谱线,调节狭缝粗细,同时前后移动狭缝,能够清晰的看到两条黄色谱线.

2. 观测谱线

(1)转动望远镜,在入射光方向找到0级条纹.由于汞灯不是纯白色光,因此0级条纹不是白色,而是青绿色.

(2)从0级条纹向左侧转动望远镜,找到-2级黄1,记录下此时刻度盘左右两个游标的位置 θ_{-2} 与 θ'_{-2}.

(3)从-2级黄1开始向右转动望远镜,分别记录下从-2级黄2到+2级黄1各谱线的位置.

(4)根据测量结果,某一级谱线k的平均衍射角为

$$\overline{\varphi}_k = \frac{1}{2}\left(\frac{|\theta_k - \theta_{-k}|}{2} + \frac{|\theta'_k - \theta'_{-k}|}{2}\right) \quad (k = 1, 2)$$

3. 操作要点

(1)调节好分光计,使平行光线垂直入射光栅,光栅刻痕与狭缝及分光计光轴平行.

(2)在观测谱线时,应充分利用望远镜的微调螺钉19,即望远镜的十字叉丝已基本对准待测谱线后,先拧紧望远镜的固定螺钉22,然后拧动望远镜微调螺钉19,使望远镜竖直准线精确的对准待测谱线.

(3)光栅是精密光学元件,严禁用手触摸刻痕.

(4)汞灯的紫外光很强,不可直视,以免烧伤眼睛.

【实验数据】

谱线 \ k	−2		−1		+1		+2	
	θ_{-2}	θ'_{-2}	θ_{-1}	θ'_{-1}	θ_{+1}	θ'_{+1}	θ_{+2}	θ'_{+2}
黄 1								
黄 2								
绿								
蓝紫								

【数据处理】

根据测量数据,计算各谱线的平均波长,计算公式如下:

$$\overline{\varphi}_1 = \frac{1}{2}\left(\frac{|\theta_1 - \theta_{-1}|}{2} + \frac{|\theta'_1 - \theta'_{-1}|}{2} \right), \lambda_1 = d\sin\varphi_1$$

$$\overline{\varphi}_2 = \frac{1}{2}\left(\frac{|\theta_2 - \theta_{-2}|}{2} + \frac{|\theta'_2 - \theta'_{-2}|}{2} \right), \lambda_2 = \frac{d}{2}\sin\varphi_2$$

$$\lambda = \frac{1}{2}(\lambda_1 + \lambda_2)$$

【实验习题】

1. 实验中光栅常数大好还是小好?为什么?

2. 为什么在游标盘上设置两个游标?

实验 3　用分光计测定三棱镜的顶角和折射率

在介质中,不同波长的光有着不同的传播速度 v,不同波长的光在真空中传播速度相同都为 c. c 与 v 的比值称为该介质对这一波长的光的折射率,用 n 表示,即 $n = \frac{c}{v}$.同一介质对不同波长的光折射率是不同的.因此,给出某一介质的折射率时必须指出是对某一波长而言的.一般所讲的介质的折射率通常是指该介质对钠黄光的折射率,即对波长为 589.3 nm 的折射率.本实验测量的是玻璃对钠的黄谱线的折射率,即对波长为589.3 nm的光的折射率.

【实验内容】

用分光计测定三棱镜的顶角和折射率.

【实验目的】

1. 进一步学习分光计的正确使用;

2. 学会用最小偏向角法测三棱镜的折射率.

【实验器材】

分光计,平面反射镜,三棱镜,钠光灯.

【实验原理】

介质的折射率可以用很多方法测定,在分光计
上用最小偏向角法测定玻璃的折射率,可以达到较
高的精度.这种方法需要将待测材料磨成一个三棱
镜.如果测液体的折射率,可用表面平行的玻璃板
做一个中间空的三棱镜,充入待测的液体,可用类
似的方法进行测量.

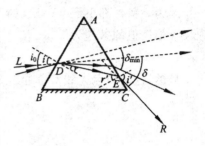

图 6-3-1　光线偏向角示意图

当平行的单色光,入射到三棱镜的 AB 面,经
折射后由另一面 AC 射出,如图 6-3-1 所示.入射
光线 LD 和 AB 面法线的夹角 i 称为入射角,出射
光 ER 和 AC 面法线的夹角 i' 称为出射角,入射光和出射光的夹角 δ 称为偏向角.

可以证明,当光线对称通过三棱镜,即入射角 i_0 等于出射角 i'_0 时,入射光和出射
光之间的夹角最小,称为最小偏向角 $\delta_{\min}$. 由图 6-3-1 可知

$$\delta = (i - \gamma) + (i' - \gamma') \tag{6.3.1}$$

$$A = \gamma + \gamma' \tag{6.3.2}$$

可得

$$\delta = (i + i') - A \tag{6.3.3}$$

三棱镜顶角 A 是固定的,δ 随 i 和 i' 而变化,此外出射角 i' 也随入射角 i 而变化,
所以偏向角 δ 仅是 i 的函数.在实验中可观察到,当 i 变化时,δ 有一极小值,称为**最小
偏向角**.

令　$\dfrac{\mathrm{d}\delta}{\mathrm{d}i} = 0$,由式(6.3.3)得

$$\frac{\mathrm{d}i'}{\mathrm{d}i} = -1 \tag{6.3.4}$$

再利用式(6.3.2)和折射定律

$$\sin i = n\sin r, \quad \sin i' = n\sin r' \tag{6.3.5}$$

得到

$$\frac{\mathrm{d}i'}{\mathrm{d}i} = \frac{\mathrm{d}i'}{\mathrm{d}r'} \times \frac{\mathrm{d}r'}{\mathrm{d}r} \times \frac{\mathrm{d}r}{\mathrm{d}i} = \frac{n\cos r'}{\cos i'} \times (-1) \times \frac{\cos i}{n\cos r}$$

$$= -\frac{\cos r' \sqrt{1 - n^2\sin^2 r}}{\cos r \sqrt{1 - n^2\sin^2 r'}} = \frac{\sqrt{\csc^2 r - n^2\tan^2 r}}{\sqrt{\csc^2 r' - n^2\tan^2 r'}}$$

$$= -\frac{\sqrt{1 + (1 - n^2)\tan^2 r}}{\sqrt{1 + (1 - n^2)\tan^2 r'}} \tag{6.3.6}$$

由式(6.3.4)可得

$$\sqrt{1+(1-n^2)\tan^2 r} = \sqrt{1+(1-n^2)\tan^2 r'}$$

$$\tan r = \tan r'$$

因为 r 和 r' 都小于 $90°$,所以有 $r=r'$,代入式(6.3.5)可得 $i=i'$.因此,偏向角 δ 取极小值极值的条件为

$$r=r' \quad 或 \quad i=i' \tag{6.3.7}$$

显然,这时单色光线对称通过三棱镜,最小偏向角为 $\delta_{\min}$,这时由式(6.3.3)可得

$$\delta_{\min} = 2i - A$$

$$i = \frac{1}{2}(\delta_{\min} + A)$$

由式(6.3.2)可得

$$A = 2r$$

$$r = \frac{A}{2}$$

由折射定律式(6.3.5),可得三棱镜对该单色光的折射率 n 为

$$n = \frac{\sin i}{\sin r} = \frac{\sin \frac{1}{2}(\delta_{\min} + A)}{\sin \frac{A}{2}} \tag{6.3.8}$$

由式(6.3.8)可知,只要测出三棱镜顶角 A 和对该波长的入射光的最小偏向角 $\delta_{\min}$,就可以计算出三棱镜玻璃对该波长的入射光的折射率.顶角 A 和对该波长的最小偏向角 $\delta_{\min}$ 用分光计测定.

折射率是光波波长的函数,对棱镜来说,随着波长的增大,折射率 n 减少,如果是复色光入射,由于三棱镜的作用,入射光中不同颜色的光射出时将沿不同的方向传播,这就是棱镜的色散现象.

【实验步骤】

1. 按实验"分光计的调整和棱镜顶角的测定"的要求对分光计进行调整

使分光计达到以下三点要求:

(1)望远镜聚焦于无穷远处,或称为适合于观测平行光.

(2)望远镜和平行光管的光轴与分光计的中心轴线相互垂直.

(3)平行光管射出的光是平行光,即狭缝的位置正好处于平行光管物镜的焦平面处.

只有调整分光计符合上述三点要求,才能用它精密测量平行光线的偏转角度.

2. 用反射法测量三棱镜顶角 A

如图 6-3-2 所示,将三棱镜顶角正对平行光管,棱镜的毛面与入射光线垂直,并将顶角置于载物台中心,锁紧载物台.将望远镜向棱镜的一侧光面转动,找到反射光线,

使经棱镜光面反射的狭缝的像与望远镜竖直准线重合,记下此时读数 θ_M 与 $\theta_M{}'$;将望远镜向棱镜的另一侧光面转动,使经棱镜光面反射的狭缝的像与望远镜竖直准线重合,记下此时读数 θ_N 与 $\theta_N{}'$.由几何光学可知,两反射光线的夹角 φ 与顶角 A 的关系为 $\varphi = 2A$,则顶角 A 可写为.

$$A = \frac{\varphi}{2} = \frac{1}{4}(\mid \theta_M{}' - \theta_M \mid + \mid \theta_N{}' - \theta_N \mid) \tag{6.3.9}$$

将棱镜位置前后微移,按上述方法重复测两次.

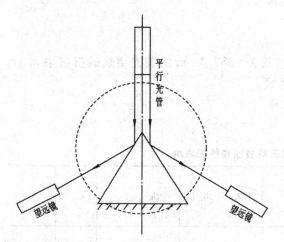

图 6-3-2　反射法测量三棱镜顶角 A 光路图　　图 6-3-3　测量最小偏向角 δ_{min} 光路图

3. 最小偏向角 δ_{min} 的测定

(1)将三棱镜按图 6-3-3 位置放置,将平行光管狭缝对准光源,并使三棱镜、望远镜和平行光管处于如图 6-3-3 的相对位置.平行光入射到 AB 面,在 AC 面靠近 BC 毛面的某个方向观测出射的光谱线.开始时,由于望远镜的视场很小,可先从望远镜外用眼睛观察 AC 面出射的光谱线,再转动平台,眼睛观察透过三棱镜的光谱线移动的情况,找到谱线与入射光夹角最小的位置,即:光谱线不再随平台转动而继续向偏向角小的方向移动,而向反方向移动的位置,此位置就是最小偏向角的位置.再用望远镜对准这个位置,进行细调.

在望远镜内看到细而清晰的谱线,转动载物台,首先观察波长 $\lambda = 589.3\text{nm}$ 的钠黄光谱线,使该谱线朝偏向角减小的方向移动,同时转动望远镜跟踪该谱线,直到棱镜继续沿着同一方向转动时,谱线不再向前移动却反而向反方向移动,此转折点即为相应该谱线最小偏向角的位置;用望远镜的竖直准线对准它,然后缓慢转动平台,找到开始反向的确切位置,最后仔细转动望远镜,使十字准线的竖线准确地与谱线重合,读出左、右两边窗口的读数 θ_M 和 θ_N .

(2)转动平台,用三棱镜的另一个面 AC 为入射面,重复以上步骤,记下此时两窗

口读数 θ'_M 和 θ'_N.

（3）求出波长＝589.3 nm 的黄光谱线的最小偏向角.

由于平台转动并没有带动度盘，所以望远镜转过的角度等于 $2\delta_{min}$. 即望远镜转过的角度

$$\varphi = \frac{1}{2}(\mid\theta'_M - \theta_M\mid + \mid\theta'_N - \theta_N\mid)$$

所以 $\qquad \delta_{min} = \frac{\varphi}{2} = \frac{1}{4}(\mid\theta'_M - \theta_M\mid + \mid\theta'_N - \theta_N\mid) \qquad (6.3.10)$

（4）再重复测量四次.

4. 计算

由式(6.3.8)计算出三棱镜玻璃对波长 $\lambda = 589.3$ nm 的黄光谱线的折射率 n. 计算 n 的扩展不确定度 U_n 并写出结果表达式.

【实验数据】

1. 反射法测量三棱镜顶角

表 6-3-1　测量三棱镜顶角数据表格

角度　测量次数	θ_M	θ_N	θ_M'	θ_N'	$\mid\theta_M' - \theta_M\mid$	$\mid\theta_N' - \theta_N\mid$	δ_{min}	$\overline{A}$
1								
2								
3								

2. 测量最小偏向角 δ_{min}

表 6-3-2　测量最小偏向角 δ_{min} 数据表格

角度　测量次数	θ_M	θ_N	θ_M'	θ_N'	$\mid\theta_M' - \theta_M\mid$	$\mid\theta_N' - \theta_N\mid$	δ_{min}	$\overline{\delta}_{min}$
1								
2								
3								

【数据处理】

写出结果表达式 $n = \overline{n} \pm U_n$.

【实验讨论】

1.误差分析;

2.合理化建议;

3.实验现象的解释.

【实验习题】

1.设计另外一种测量三棱镜顶角和最小偏向角的方法.

2.为什么要求望远镜的光轴垂直于仪器的转轴? 不垂直对角度的测量有无影响?

3.怎样进行液体折射率的测量?

4.如果待测物体不是三棱镜形状,试设计测量折射率的方法.

实验 4　迈克尔森干涉仪的调节及其丝杠的校准

【实验内容】

1. 利用迈克尔森干涉仪调节等倾干涉条纹.

2. 校准干涉仪的精密丝杠.

【实验目的】

1. 了解迈克尔森干涉仪的构造和基本原理.

2. 学会调节和使用迈克尔森干涉仪.

3. 掌握利用等倾干涉原理校准迈克尔森干涉仪精密丝杠的原理及方法.

【实验器材】

迈克尔森干涉仪,He-Ne 激光器,带孔光屏,透镜,光具座.

【实验原理】

1. 迈克尔森干涉仪的工作原理

迈克尔森干涉仪的工作原理如图 6-4-1 所示,M_1、M_2 为两垂直放置的平面反射镜. M_1 由精密丝杆控制,可以沿轴前后移动,称为动镜. G_1、G_2 平行放置,与 M_2 固定在同一臂上,且与 M_1 和 M_2 的夹角均为 45°. G_1 靠近 M_2 一侧上涂有半透、半反射膜,能够将入射光分成振幅几乎相等的反射光 I、透射光 II,所以 G_1 称为分光板. G_2 为补偿板,其材料与厚度与 G_1 相同,但未镀膜. 从光源 S 发出的光经分划板 M_1 后分为两束光. 一束反射 I 至反射镜 M_1,另一束透射光 II 经

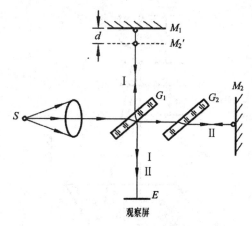

图 6-4-1　迈克尔森干涉仪的工作原理图

补偿板后射向反反射镜 M_2. 两束光分别被 M_1 与 M_2 反射后会聚于 G_1 有膜一侧,再被 G_1 反射至观察屏 E 处. 从光路图可以看出,光束 I 从光源 S 发出后到达 E 处共经

过了三次分光板.光束 II 则经过了一次分光板,两次补偿板.可见,补偿板的作用就是为了补偿光束 II 因少经过两次 G_1 而产生的光程差.由于光束 I 与 II 均来自同一光源 S,因此两束光是相干光,会聚后会产生干涉.

2. 等倾干涉

为了讨论方便,迈克尔森干涉仪光路等效成图 6-4-2 所示.其中,M_2' 是 M_2 在 G_1 中的像.S_1' 和 S_2' 分别是点光源 S 在 M_1 和 M_2' 中的像.E 为观察屏.当反射镜 M_1 与 M_2' 间的距离为 d 时,S_1' 与 S_2' 间的距离为 $2d$.虚光源 S_1' 与 S_2' 发出的球面波在空间处处相干,因此观察屏 E 放在垂直于 S_1' 与 S_2' 连线上的任意位置都可看到干涉条纹,因此称为非定域干涉.

当 M_1 与 M_2 相互垂直时(见图 6-4-3),M_1 与 M_2' 平行,此时 S_1' 与 S_2' 在垂直于反射镜 M_1 与 M_2' 的同一直线上.设两虚光源发出的光到达观察屏上任意一点 P.由于 M_1 与 M_2' 间的距离及 OP 两点间距离都远远小于 S_1'、S_2' 与观察屏间的距离,两虚光源发出的光到达空间任意点 P 的光程差为

$$\delta = n(\overline{S_1'P} - \overline{S_2'P}) = n(\sqrt{r^2 + y_0^2} - \sqrt{r^2 + (y_0 - 2d)^2})$$
$$= n\frac{r^2 + y_0^2 - [r^2 + (y_0 - 2d)^2]}{\sqrt{r^2 + y_0^2} + \sqrt{r^2 + (y_0 - 2d)^2}}$$

因为 $d \ll y_0$,所以

$$\delta = n\frac{4y_0 d}{2\sqrt{r^2 + y_0^2}} = 2nd\cos\theta \tag{6.4.1}$$

式中,θ 为 $S_1'P$ 和 $S_1'S_2'$ 间的夹角,n 为空气折射率.

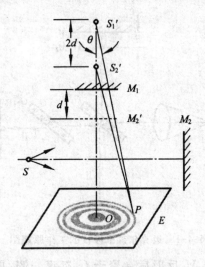

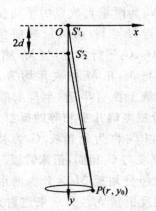

图 6-4-2　迈克尔森光路等效图　　　图 6-4-3　M_1 与 M_2 垂直时的光路等效图

由干涉条纹公式可得

$$\delta = 2nd\cos\theta = \begin{cases} k\lambda & \text{明纹} \\ (2k+1)\dfrac{\lambda}{2} & \text{暗纹} \end{cases} \tag{6.4.2}$$

从公式可以看出,当 d 值一定时,以相同的倾角 θ 角入射的光线有相等的光程差,其相对应的干涉条纹级次也相同,故称为等倾干涉.如图 6-4-2 所示,等倾干涉可以在观察屏上形成一组同心圆环.

从式(6.4.2)可以得到等倾干涉条纹有如下特点:

(1) 当 $\theta=0$ 时,即在圆心 O 处,光程差 δ 最大,其对应的级次 k 最高.当 θ 角增大时,光程差减小,其对应的级次减小.

(2) 对式(6.4.2)微分得条纹角间距公式

$$\Delta\theta_{|\Delta k=1|} = \frac{\lambda}{2nd\sin\theta} \tag{6.4.3}$$

从式(6.4.3)可以看出,条纹间的距离随 θ 角的增大而变小,即当 d 一定时,θ 越大,干涉条纹越细越密,θ 越小,干涉条纹越粗越疏.

(3) 从式(6.4.2)可以看出,当 d 值减小时,盯住某一级条纹即某一级条纹级次 k 一定,其对应的角度 θ 将减少,亦即所有干涉条纹看起来向回心陷入,圆心处条纹不断消失.同理,当 d 值增加时,所有干涉条纹从圆心向处涌出.因此,可以根据条纹的变化来判断光程差的变化.当光程差 $d=0$ 时,如两平面镜 M_1 与 M_2 严格相互垂直,则干涉条纹消失.观察屏上只有 0 级条纹,出现一片亮区,此为零光程差位置.如两平面镜不垂直,则为等厚干涉,观察屏上会出现一系列直条纹.根据条纹的特点可以判断出两平面镜是否严格垂直.

当倾角为零时,根据式(6.4.2)可知,如果移动平面镜 M_1,改变光程差 Δd,圆心处的条纹级次也会发生改变,两者之间的关系为

$$\Delta d = N \cdot \frac{\lambda}{2} \tag{6.4.3}$$

根据圆心处产生或消失圆环的个数 N,即可精确算出平面镜 M_1 移动的距离,反之,用 Δd 也可以测定未知波长 λ.

M_1 移动的距离可通过仪器直接测出,测出 M_1 实际移动距离不一定等于 Δd,若 M_1 实际移动记为 $\Delta d'$,修正值为 $\Delta d - \Delta d'$,单位长度的修正值为 $\dfrac{\Delta d - \Delta d'}{\Delta d}$,$M_1$ 移动任意距离为 L 时的修正值为 $L\dfrac{\Delta d - \Delta d'}{\Delta d}$,则修正后的距离,即准确距离 $L_{准}$ 为

$$L_{修} = L + L\left(\frac{\Delta d - \Delta d'}{\Delta d}\right) = kL \qquad (6.4.4)$$

式中，$k = 1 + \dfrac{\Delta d - \Delta d'}{\Delta d}$ 为修正系数.

这样就可以校准迈克尔森干涉仪的丝杆长度示数.

【实验步骤】

1.调节迈克尔森干涉仪.

（1）调节 He-Ne 激光器，使其与干涉仪导轨基本垂直.打开激光器的电源开关，调节光源位置，使激光束水平地射向分光板的中央位置.

（2）转动粗调手轮，使 M_1 位于 $60\sim70$ mm 位置.在光源与干涉仪间放置一孔屏，调整小孔位置使激光束从小孔穿过.这时，在孔屏上可以看到两组由反射镜 M_1 与 M_2 反射回的光点.

（3）为避免 M_2 反射回来的光线干扰视线，调整时，先用一张纸片将定镜 M_2 遮住.调节 M_1 后面的三个螺钉，使孔屏上由 M_1 反射的光点中最亮的光点与小孔重合，表明此时 M_1 与分光板反射的光线垂直.

（4）用纸片将动镜 M_1 遮住.调节 M_2 后面的三个螺钉，使孔屏上由 M_2 反射的光点中最亮的光点与小孔重合，表明此时 M_2 与分光板透射的光线垂直，两反射镜基本相互垂直.

（5）拿掉 M_1 上的纸片后，看到两组反射光点分别与小孔重合，同时在小孔周围可以看到微弱的干涉条纹.若无此现象，继续微调两反射镜上的螺钉，直到小孔周围出现干涉条纹.

2.取下光屏，换上扩束镜（凸透镜）.调节扩束镜位置，使通过扩束镜后的激光束射向分光板的中央位置.

3.在观察屏上观察干涉图样.如看不到干涉圆环的圆心或圆心没在视场中央，可调节扩束镜位置或微调两反射镜上的螺钉来调节圆心位置.

4.转动微调鼓轮，移动 M_1 在导轨上的位置，改变两反射镜间的光程差 d，观察干涉条纹涌出或消失现象.

5.记录 M_1 的位置 x_1，转动微调鼓轮，使干涉条纹涌出或消失 100 个条纹，记录 M_1 的相应位置 x_i，将结果记入表 6-4-1 中.

6.操作要点：

（1）测量前，要注意消除仪器的回程差.

（2）各螺丝的调节范围是有限度的，不能过松或过紧.如果螺钉向后顶得过松在移动时,可能因震动而使镜面有倾角变化,如果螺丝向前顶得太紧,致使条纹不规则,严重时,有可能将螺钉丝口打滑或平面镜破损.如果激光束与干涉仪导轨不垂直或底座不水平时,反射镜反射光点与小孔距离较远,无法通过调节螺钉使光点与小孔重合.可先调节螺钉,使两组光点中最亮的光点相互重合,再移动干涉仪或调节底座上的水平调节螺丝,使重合的光点与小孔基本重合.然后,再调节反射镜上的螺钉,使光点完全与小孔重合.

（3）干涉仪调整好后,光源与干涉仪位置不能再移动,否则可能会使干涉条纹消失.

（4）不能用手触摸分光板、补偿板及两反射镜的光学表面.调节时,用力要适当,不能强旋、强扳.

【实验数据】

将数据填入表 6-4-1 中.

表 6-4-1　测量数据

$$\lambda = 6\ 328 \times 10^{-7}\ \text{mm}$$

待测量　　次数	N_i	x_i/mm	$\Delta d' = (x_i - x_{i-4})/\text{mm}$
1	N_1		
2	$N_2 = N_1 + 100$		
3	$N_3 = N_2 + 100$		
4	$N_4 = N_3 + 100$		
5	$N_5 = N_4 + 100$		
6	$N_6 = N_5 + 100$		
7	$N_7 = N_6 + 100$		
8	$N_8 = N_7 + 100$		

【数据处理】

用逐差法计算 M_1 移动的距离 $\Delta d'$,并算出平均值.利用式（6.4.3）算出 Δd,将计算结果代入式（6.4.4）,算出迈克尔森干涉仪的修正系数 k.

【实验附录】

迈克尔森干涉仪结构:迈克尔森干涉仪的主体结构如图 6-4-4 所示,其由下面的三个部分组成.

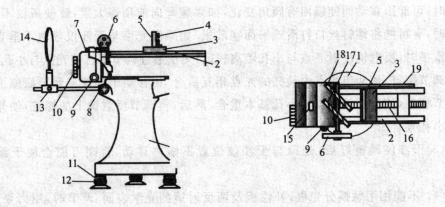

图 6-4-4　迈克尔森干涉仪的主体结构

1—底座；2—导轨；3—拖板；4—调节螺丝；5—可移动反射镜 M_1；6—固定反射镜 M_2；
7—水平拉簧丝；8—垂直拉簧丝；9—微调鼓轮；10—粗调手轮；11—锁紧圈；12—水平调
节螺钉；13—锁紧螺钉；14—观察屏；15—读数窗口；16—精密丝杆；17—补偿板；18—分
光板；19—主尺

1. 调节系统

仪器的水平主要由底座下面的三个水平调节螺钉 12 调节，调节水平后拧紧锁紧圈 11 加以固定.

调节反射镜 M_1 与 M_2 背面的调节螺丝可以使两反射镜法线基本垂直. 水平拉簧 7 使 M_2 在水平方向转过一微小的角度，能够使干涉条纹在水平方向微动；垂直拉簧 8 使 M_2 在垂直方向转过一微小的角度，能够使干涉条纹上下微动. 水平拉簧与垂直拉簧可以进一步调节 M_1 与 M_2，使二者达到严格垂直.

2. 读数与传动系统

移动反射镜 M_1 装在拖板 3 上，其下方是精密螺母，丝杆穿过螺母，当丝杆旋转时，能使拖板能前后移动，并带动固定在其上 M_1 移动. 旋转粗调手轮 10 及微调手轮 9 可使丝杆旋转，从而控制 M_1 移动.

读数系统主要包括主尺、副尺 1、副尺 2.

(1) 主尺：主尺 19 在仪器侧面，最小格为 1 mm，其读数由导轨拖板上的标志确定. 如果以毫米为单位，主尺的读数作为整数部分.

(2) 副尺 1：副尺 1（读数窗口 15）由一个 100 等分的圆盘构成. 转动粗调手轮一周，副尺 1 转动一圈，M_1 沿主尺移动 1 mm. 因此，副尺 1 的最小格为 0.01 mm. 如果以毫米为单位，副尺 1 可读出两位有效数字，其读数作为小数点后的第一位与第二位. 读数时，从窗口的左侧向右侧读.

(3) 副尺 2：微调鼓轮 9 即为副尺 2，其圆周分了 100 等分. 微调鼓轮转动一周，副尺 1 移动一个小格. 因此，副尺 2 每小格为 0.000 1 mm. 副尺 2 读数时需估读. 如果以毫米为单位,副尺 2 共可读出三位有效数字,其读数作为小数点后的第 3～5 位.

3. 附件

观察屏 14 可用来观察干涉条纹.不用时,可将锁紧螺钉 13 拧松,将观察屏放下.

【实验习题】

一、填空题

1. 在迈克尔森干涉仪上观察等厚干涉条纹,光源必须是_____.

2. 当迈克尔森干涉仪调节到等臂时,在视场中观察到的干涉图样将是_____.

二、问答题

1. 等倾干涉条纹有何特点? 如果 $\overline{M_1M_2} = d$ 增大,干涉条纹会变疏还是变密? 为什么?

2. 等厚干涉条纹有何特点? 光程差等于多少?

实验 5 透明薄膜的折射率的测定

【实验内容】

1. 观测白光的等厚干涉条纹.

2. 测量透明薄膜的折射率.

【实验目的】

1. 进一步学会调节迈克尔森干涉仪.

2. 通过迈克尔森干涉仪观察白光的等厚干涉条纹.

3. 学会一种测量透明薄膜的折射率的方法.

【实验器材】

迈克尔森干涉仪,透明薄片,白光光源,孔屏.

【实验原理】

如图 6-5-1 所示,反射镜 M_1,M_2 反射的光,在 E 处叠加形成干涉条纹.而反射镜 M_2 的反射光等效于其关于分光板 G_1 的像 M'_2 产生的反射光.设反射点处膜的厚度为 $e = \dfrac{l}{2}$,由图 6-5-2 可得,原点 O 处 M_1,M_2 的间隔为 $\dfrac{l_0}{2}$,两个镜面的夹角为 φ.

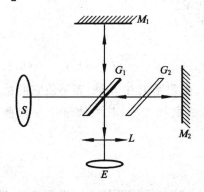

图 6-5-1 实验原理图 1

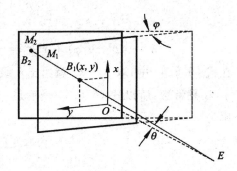

图 6-5-2 实验原理图 2

考虑到薄膜极薄,观察范围又很小(见图 6-5-3),故

$$B_1 B_2 = B_1 A$$

据光学(见图 6-5-4)可知,从 M_1,M_2 上的两点 B_1,B_2 反射的两束光的光程差为

$$\delta = 2n_2 e\cos \gamma = l\cos \theta \qquad (6.5.1)$$

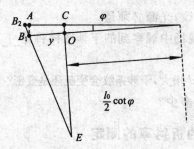
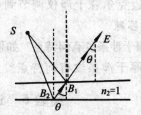

图 6-5-3　实验原理图 3　　　　　　图 6-5-4　实验原理图 4

式 (6.5.1) 中 θ 是从 E 向镜面所作的垂线 EO 和 EB_2 的夹角.

由图 6-5-3 可得

$$\frac{\dfrac{l_0}{2}}{\dfrac{l}{2}} = \frac{\dfrac{l_0}{2}\cot \varphi}{y + \dfrac{l_0}{2}\cot \varphi}$$

解得

$$l = l_0 + 2y\tan \varphi \qquad (6.5.2)$$

令 $EO=p$,则

$$\cos \theta = \frac{p}{EB_1} = \frac{p}{\sqrt{p^2 + (x^2 + y^2)}} \qquad (6.5.3)$$

将式 (6.5.2),(6.5.3) 代入式 (6.5.1) 后可得

$$\delta = \frac{p(l_0 + 2y\tan \varphi)}{\sqrt{p^2 + (x^2 + y^2)}}$$

即

$$y^2(\delta^2 - 4p^2\tan^2 \varphi) + x^2\delta^2 = y(4p^2 l_0 \tan \varphi + p^2(l_0^2 - \delta^2) \qquad (6.5.4)$$

在式 (6.5.4) 中,取 $\delta = k\lambda$ 就给出 k 级条纹. 把眼睛放在 E 处,若不使它们移动,由于 p,l_0 是常数,所以式 (6.5.4) 表示是一个二次曲线方程,其主轴与 x,y 轴重合,离心率为

$$e = \frac{2p\tan \varphi}{\delta} \qquad (6.5.5)$$

实验中,p,φ 不变,改变 δ,当 $e > 0$,$2p\tan \varphi > \delta$ 时,干涉条纹为一组双曲线,即在

视场中,看到的是部分列双曲线;而当 $e<0$, $2p\tan\varphi<\delta$ 时,干涉条纹为一组椭圆,即在视场中,看到的是部分椭圆曲线;如图 6-5-5 所示,当 M_1, M_2' 的交线在镜面内时,则因为在一半镜面上 $\delta<0$,在交线处 $\delta=0$,在另一半镜面上 $\delta>0$,所以干涉条纹是以交线位置为中线的一组双曲线,在中央部分大致接近一组平行线.在交线上,$\delta=0$,但由于光是在半透明板 G_1 的内侧发生反射的所有波长的光的位相都改变 π,所以交线上的干涉条纹是暗的,这就是所谓零光程差的位置.

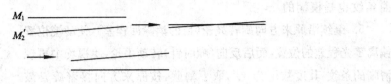

图 6-5-5 M_1, M_2' 的交线在镜面内

实验中,调节动镜位置,使视场中出现零光程差位置时的条纹,其位置记为 x_1,放上薄膜后,再调节动镜的位置,使零光程差的位置再现,其度数记为 x_2,显然,有

$$(n-n_0)t = n_0(x_1-x_2)$$

$$n = n_0\left(1+\frac{x_1-x_2}{t}\right) \tag{6.5.6}$$

式中,t 为薄膜的厚度(实验室给定)

【实验步骤】

1. 安放上孔屏,开启激光器,调节激光器的方位,使其光束通过屏孔.再将反射镜 M_1, M_2 背面的调节螺丝调至松弛状态.

2. 用叠纸遮住 M_1(这时仅有反射镜 M_2 的反射光),调节反射镜 M_2 背面三个调节螺丝,使 M_2 反射到孔屏上的最亮光点(三个光点中的中间的光点,它是 M_2 反射的光,两侧两个光点为 G_1, G_2 的反射光)通过屏孔(说明了反射光与入射光共线),再用叠纸遮住 M_2(这时仅有反射镜 M_1 的反射光),同样,调节反射镜 M_1 背面的三个调节螺丝,使 M_1 反射到孔屏上的最亮光点(三个光点中的中间的光点,它是 M_1 反射的光,两侧两个光点为 G_1, G_2 的反射光)通过屏孔(说明了反射光与入射光共线),则在观察屏上接受到的便是两个反射镜所形成的共线光束.

3. 将孔屏改换为透镜,激光束变成面光源,可以稍微移动干涉仪使面光源照在分光板 G_1 上.放上干涉仪的毛玻璃观察屏,调节 M_2 的水平和垂直拉簧螺丝(可以微调其上下和前后位置)使从屏上可以观察到粗而直的干涉条纹.

4. 关闭激光器,换上白光光源,缓慢地转动粗调手轮,使能够在视场中观察到弯曲的干涉条纹;再转动微调鼓轮,使弯曲的条纹朝凹向方向移动,直至在视场中出现图 6-5-6所示的条纹,即为在交线附近的条纹,亦即为零光程差的位置(仪器上已经标明).再缓慢转动粗调手轮,使动镜位置度数稍大于零光程差的位置度数,逆时针转动鼓轮,重新将动镜调到零光程差的位置,其度数记为 x_1;放上薄膜(这时条纹变得模糊),继续沿鼓轮原来转动方向旋转鼓轮,直到再现清晰(与放上薄膜时比较)条纹(由于薄膜厚度不均匀,条纹可能不如规则)为止,其度数记为 x_2.

注意:中央为粗而疏的清晰的黑色直条纹(为等厚干涉条纹),两侧为关于中线对称的粗而疏彩色弯曲条纹(为非等厚干涉条纹).而其他位置条纹没有直条纹,而且弯曲条纹也是模糊的.

5. 继续沿原来方向旋转鼓轮(目的消除回程差),使动镜位置偏离零光程差的位置,而后反向(顺时针)转动手轮,使视场中再现清晰的条纹,其度数记为 x_2,取下薄膜,按原来方向接着旋转鼓轮,直到再现 图 6-5-6 条纹曲线 所示的条纹,度数记为 x_1.

6. 重复上述测量 x_1,x_2 的步骤,共测 6 个 x_1,x_2.

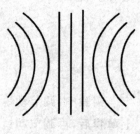

图 6-5-6 条纹曲线

【实验记录】

将测量数据填入 6-5-1 中.

表 6-5-1 测量数据

空气折射率 $n_0 = 1.0003$　　　　薄膜厚度_____

次数 待测量	1	2	3	4	5	6
x_1/mm						
x_2/mm						
$(x_1 - x_2)$/mm						
平均值 $\overline{(x_1 - x_2)}'$/mm						
修正值 $\overline{(x_1 - x_2)}$/mm						

【数据处理】

计算并报告折射率测量结果

$$n = \bar{n} \pm U_n$$

$$E_n = \frac{U_n}{\bar{n}} \times 100\%$$

【实验习题】

1.用白光光源可以准确确定 M_1 处零程差的位置,这是为什么?

2.当视场中出现彩色干涉条纹后,如果在分光板前放一块折射率为 n 厚度为 t 的均匀薄膜(如云母片)将出现什么现象?为什么?如何才能恢复原状?

第7章

近代物理实验

实验1　用光电效应测普朗克常数

【实验内容】

1. 验证爱因斯坦光电效应方程;
2. 直接测量弱电流作用下光电管截止电压附近的伏安特性曲线;
3. 间接测量普朗克常数.

【实验目的】

1. 通过光电效应实验,了解光的量子性;
2. 测量光电管的弱电流特性,找出不同频率下的截止电压;
3. 验证爱因斯坦光电效应方程,并由此求出普朗克常数.

【实验器材】

1. 光源:高压汞灯. 在 302.3～872.0 nm 范围内有一系列谱线,其主要谱线有(单位:nm)365.01、404.66、435.84、491.60、546.07、576.96、579.07 等.

汞灯装在暗盒内,任何时候眼睛都不能直对汞灯强光.高压汞灯在启动点燃后要经5～10 min,才能达到稳定的压力和光强,关闭后不能立即点燃,须经 5 min 冷却后才能重新启动.

2. 滤色片一组,分别滤选出 365.0 nm、404.7 nm、435.8 nm、546.1 nm、577.0 nm 的谱线,允许通过的最高频率如下:

滤色片波长/nm	365.0	404.7	435.8	546.1	577.0
频率/10^{14} Hz	8.210 8	7.406 5	6.876 7	5.488 4	5.194 7
颜色	深紫	紫	蓝绿	黄绿	橘黄

3. 光电管,阳极为镍圈,阴极为银—氧—钾氧化物材料.光谱灵敏度范围为 340.0～700.0 nm,最高灵敏度的波长为 410.0±10.0 nm,暗电流约 10^{-13}～10^{-12} A.

光电管装在暗盒内,由于采用了特殊结构,使光不能直接照射到阳极,由阴极反射照到阳极的光也很少,使得阳极反向电流大大降低.

4. 微电流测量仪.

在微电流测量中采用了高精度集成电路构成电流放大器,对测量回路而言,放大器近似于理想电流表,对测量回路影响,其灵敏度为 10^{-13}～10^{-8} A,零漂小于满刻度的 0.2%.

5.光电管工作电源.

工作电源可提供$-2\sim+2$ V，$-2\sim+30$ V 两组电压，连续可调，精度为 0.1%，最小分辨率为 0.01 V，电压值由三位半 LED 数显.

【实验原理】

1. 光电效应

金属及其化合物在光照射下发射电子的现象称为光电效应，逸出的电子称为光电子.光电效应的基本规律可归纳为：光电流与光强成正比；入射光频率低于某一临界值时，不论光的强度如何，都没有光电子产生；光电子的动能与光强无关，与入射光频率成正比.

光电效应现象远在 19 世纪末就已发现，但它的一系列性质却无法用麦克斯韦经典电磁理论作出圆满的解释.爱因斯坦大胆地把普朗克的能量子观点应用于光辐射，提出了"光量子"概念，成功地解释了光电效应现象.

根据爱因斯坦假设，光是由能量为 $h\nu$ 的光量子（简称光子）构成的粒子流组成的，ν 为入射光子的频率，h 就是普朗克常数. 当金属受到光的照射后，金属中的电子在获得一个光子的能量后，将能量的一部分用作逸出金属表面的逸出功 W_s，其余部分转换为光电子的动能 $\frac{1}{2}mu^2$.根据能量转换守恒定律，有

$$h\nu = \frac{1}{2}mu^2 + W_s \tag{7.1.1}$$

这就是爱因斯坦的光电效应方程.

2. 原理公式

光电效应的实验装置如图 7-1-1 所示，一束频率为 ν 的单色光，照射在真空光电管的阴极（发射极）K 上，光电子将从阴极逸出，经电场加速后为阳极 A 收集，形成光电流 I. 如调节滑线变阻器，改变电场电压 V，测量光电流 I，可得光电流 I 与光电管两极间的电压 V 的关系曲线，称为光电管的伏安特性曲线，如图 7-1-2 所示.由图可知，由于光电子具有初动能，即使加速电压 $V=0$ 时，光电流 $I \neq 0$，即仍然有光电子落到阳极 A 上；当 $V<0$，表示反接电极，阳极电位低于阴极电位，光电子将受到反向电场的遏阻，直到反向电压达到 V_s 时，光电流才完全被遏止，即 $I=0$，V_s 称为遏止电压或截止电压.它与光电子的初动能间关系为

$$eV_s = \frac{1}{2}mu^2 \tag{7.1.2}$$

将式(7.1.2)代入式(7.1.1)得

$$V_s = \frac{h\nu}{e} - \frac{W_s}{e} = \frac{h}{e}(\nu - \nu_0) \tag{7.1.3}$$

式中已令 $W_s = h\nu_0$，ν_0 称为该阴极材料的**截止频率**，或称为**红限**，不同材料的 ν_0 是不同的.上式是一线性方程，其斜率

$$k = \frac{h}{e} = \frac{V_{S2} - V_{S1}}{\nu_2 - \nu_1} \tag{7.1.4}$$

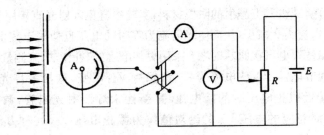

图 7-1-1 实验原理图

本实验用不同频率的入射光照射光电管的阴极,分别测出相应的截止电压,就可用作图法或线性回归求出普朗克常数

$$h = ek = e\frac{V_{S2} - V_{S1}}{\nu_2 - \nu_1} \tag{7.1.5}$$

这就是实验原理公式.

3. 截止电压的测量

图 7-1-2 为理想条件下的伏安特性曲线,即图 7-1-3 中的曲线 1. 在实际测量中,由于阳极在使用过程中常会沉积上阴极材料,在光照射下它也会有光电子发射,反向的电压对阳极发射的光电子起加速作用,形成反向饱和电流(阳极电流),如图 7-1-3 中的曲线 2. 此外,光电管即使没有光照射,在外加电压下也会有微弱的电流流过,称为暗电流. 其主要原因是极间绝缘电阻漏电和阴极在常温下的热电子发射等. 暗电流与外加电压基本上成线性关系,如图 7-1-3 中的曲线 3. 由于它们的存在,使光电流曲线下移,如图 7-1-3 中曲线 4 所示(实测光电流). 因此,真正的截止电压应该是这条曲线的直线部分与曲线部分相接的 D 点,它位于光电流开始产生,电流较快变化的相接点,故有时称其为"抬头点".

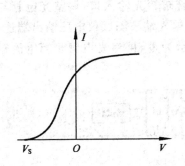

图 7-1-2 理想伏安特性曲线

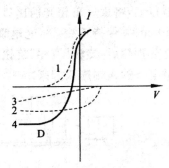

图 7-1-3 实测光电流

在实验中,暗电流是可以单独测出来的,可在处理光电管 I-V 关系时,预先加以消

除,消除阳极光电流影响的方法有两种:

(1)光电管阳极用逸出功较大的材料制作,制作过程中尽量防止阴极材料蒸发,实验前对光电管阳极通电,减少其上溅射的阴极材料,实验中避免入射光直接照射到阳极上,这样可以使它的反向电流大大减少,从而使光电流为零时的电压近似等于截止电压 V_s,此种方法也称为"零电流法".也可在此基础之上采用更加准确的"补偿法"来测量.

补偿法是调节电压 V_{kA} 使电流为零后,保持 V_{kA} 不变,遮挡汞灯光源,此时测得的电流 I_1 为电压接近截止电压时的暗电流.重新让汞灯照射光电管,调节电压 V_{kA} 使电流值至 I_1,将此时对应的电压 V_{kA} 的绝对值作为截止电压 V_s.此种方法可以补偿暗电流对测量结果的影响.

(2)利用"抬头点"来找出截止电压.在测量"抬头点"时,应注意以下两点:

① 光电管的一个重要特性参数是所谓光谱灵敏度,指对同一光电管,对于强度相同而频率不同的光入射,具有不同的饱和光电流.另外,各滤色片的透光率也不同,因而在实验中,若保持光源与光电管的距离不变,在不同频率的光照下,光电流的大小差别较大,使得测量光电流放大器要采用不同的灵敏度(不同的倍率挡次),为了使各 V_s 具有相同的测量精度,以便更好地对"抬头点"作比较判断,对不同频率的入射光,可对光源与光电管之间的距离作适调整.但对同一频率的 I-V 数据,必须保持两者的距离不变.

② 光电管的阴极采用逸出电位低的碱金属材料制成,这种材料即使在高真空下也有易氧化的趋向,使阴极表面各处的逸出电位不尽相等,同时使逸出具有最大动能的光电子数目大为减少.随着反向电压的增高,光电流不是陡然截止,而是较快地降低后平缓地趋于零点,表现在 I-V 曲线上靠近 V_s 附近,有一段明显的曲率较大的弧线.这就增加了判断 V_s 位置的难度.因此在实验中,在观察到光电流由缓慢变化到迅速变化的转变点前后 0.1 V 的区间内,应仔细观测,并增加观测点密度(实验中由原来每0.1 V进行一次电压与电流记录,改变为每 0.02 V 测一组数据).

【实验步骤】

1. 如图 7-1-4 所示,将测试仪及汞灯电源接通,预热 20 min. 把汞灯及光电管暗箱遮光盖盖上,将汞灯暗箱光输出口对准光电管暗箱光输入口,调整光电管与汞灯距离约为 40 cm 并保持不变. 将光电管暗箱电压输入端与测试仪电压输出端连接起来. 待仪器充分预热后,旋转"调零"旋钮使电流指示为零,再将光电管暗箱电流输出端与测试仪微电流输入端连接起来.

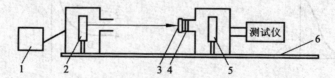

图 7-1-4　仪器结构图

1—汞灯电源;2—汞灯;3—滤光片;4—光阑;5—光电管;6—基准平台

2. 如图 7-1-5 所示,将电压选择键置于 $-2\sim+30$ V,将"电流量程"选择开关置于 10^{-11} A 挡,将直径 2 mm 的光阑装在光电管暗箱光输入口上. 从低到高调节电压,分别观测各滤色片的 $I-V$ 变化曲线.

3. 在 V_{kA} 为 30 V 时,将"电流量程"选择开头置于 10^{-10} A 挡,记录光阑分别为 2 mm、4 mm、8 mm 时各滤色片的电流值.

4. 将电压选择按键置于 $-2\sim+2$ V 挡,将"电流量程"选择开头置于 10^{-13} A

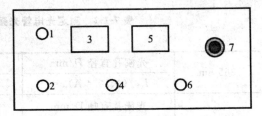

图 7-1-5　测试仪面板图

1—电压选择开关;2—电源开关;3—电压显示窗;
4—电压调节旋钮;5—电流显示窗;6—电流调零;
7—电流量程选择开关

挡,将测试仪电流输入电缆断开,调零后重新接上,将直径 4 mm 的光阑装在光电管暗箱输入口上,用"补偿法"分别测量各滤色片对应的电压 V_s.

5. 操作要点:

(1)汞灯关闭后,不要立即开启电源. 必须待灯丝冷却后,再开启,否则会影响汞灯寿命.

(2)光电管应保持清洁,避免用手摸,而且应放置在遮光罩内,不用时禁止用光照射.

(3)滤光片要保持清洁,禁止用手摸光学面.

(4)在光电管不使用时,要断掉施加在光电管阳极与阴极间的电压,保护光电管,防止意外的光线照射.

(5)使用完毕,把汞灯及光电管暗箱遮光盖盖上.

【实验数据】

将数据填入表 7-1-1～表 7-1-3 中.

表 7-1-1　测定光电管 $I-V$ 曲线记录表

365 nm	V_{kA}							
	$I_{kA}(\times10^{-x}A)x=$							
405 nm	V_{kA}							
	$I_{kA}(\times10^{-x}A)x=$							
436 nm	V_{kA}							
	$I_{kA}(\times10^{-x}A)x=$							
546 nm	V_{kA}							
	$I_{kA}(\times10^{-x}A)x=$							
577 nm	V_{kA}							
	$I_{kA}(\times10^{-x}A)x=$							

表 7-1-2　测定光电管光强与光阑面积关系记录表

$$V_{kA} = \underline{\qquad} V$$

365 nm	光阑孔直径 D/mm	2	4	8
	$I_{kA}/(\times 10^{-x}\,\text{A})x=$			
405 nm	光阑孔直径 D/mm			
	$I_{kA}/(\times 10^{-x}\,\text{A})x=$			
436 nm	光阑孔直径 D/mm			
	$I_{kA}/(\times 10^{-x}\,\text{A})/x=$			
546 nm	光阑孔直径 D/mm			
	$I_{kA}/(\times 10^{-x}\,\text{A})x=$			
577 nm	光阑孔直径 D/mm			
	$I_{kA}/(\times 10^{-x}\,\text{A})x=$			

表 7-1-3　测定光电管 V_S-ν 关系记录表

波长 λ/nm	365	405	436	546	577
频率 $\nu/(\times 10^{14}\,\text{Hz})$					
截止电压 V_S/V					

【数据处理】

1. 选择合适的坐标纸绘出不同频率光照下光电管 I-V 曲线.

2. 选择合适的坐标纸绘出各频率下,光阑与光电流强度关系图,验证两者间的正比关系.

3. 绘出 V_S-ν 直线,求出直线斜率 $k = \dfrac{V_{S2} - V_{S1}}{\nu_2 - \nu_1}$,再由 $h = ek$ 求出普朗克常数的测量值.

4. 将求得的实验值 $h_{实}$ 与公认值 $h_{公} = 6.626\,07 \times 10^{-34}$ J·s 比较,给出相应的百分比误差.

【实验讨论】

1. 误差分析;

2. 合理化建议;

3. 实验现象的解释.

【实验习题】

1. 何谓截止频率? 何谓截止电压? 何谓光电管的伏安特性曲线?

2. 在本实验中,产生系统误差的原因有哪些? 如何减少或消除这些误差?

实验 2　光谱定性分析

一、摄谱

【实验内容】

1. 拍摄铁谱与铜谱.

2. 冲洗底片.

【实验目的】

1. 了解产生光谱原理以及光谱的作用.

2. 掌握摄谱过程,学会使用小型棱镜摄谱仪.

【实验器材】

WPM 小型棱镜摄谱仪,电弧发生器,胶片,显影液,定影液.

【实验原理】

原子获得能量后,其核外电子会跃迁到较高能级.由于处于高能级的电子不稳定,会从高能级跃迁到低能级,在跃迁过程中,会辐射出光子,光子的波长由高能级与低能级间的能量差决定.由于各种元素的原子结构不同,受激发的原子在跃迁过程中可以产生各自的特征谱线,其波长是由每种元素的原子结构所决定,具有特征性和唯一性,因此可以通过检查特征谱线来确认某种元素是否存在及其大致含量,这就是光谱定性分析的依据.同一元素的谱线,其强度是不同的,也就是灵敏度是不一样的.在进行定性分析时,不需要将该元素的所有光谱线都找出来,不可能也不需要对某一元素的所有谱线进行鉴别,一般只要找出 2~3 条灵敏线.所谓灵敏线也称最后线,即随着试样中该元素的含量不断降低而最后消失的谱线,通常是由较低能级的激发态直接跃迁至基态时所辐射的谱线.由于铁原子结构较为复杂,其谱线也很丰富.人们把所有铁光谱的波长都精确测出,印刷成放大 20 倍的谱图,称为铁谱图.在实验中,通常将待测样品的谱线与铁谱进行比较,来确定待测谱线波长.

1. 摄谱仪

摄谱仪的光路如图 7-2-1 所示.自光源发出的光,经聚光镜会聚于可调狭缝上,调节狭缝以获得一束宽度、光强适当的光,此光经平行光管透镜后成平行光射到恒偏向棱镜上,再经棱镜折射色散,分解成单色光.这些平行的单色光经出射透镜汇聚成线状,形成光谱线.最后经过照相机物镜成像在底片上.下面分别介绍摄谱仪的几个主要元部件.

(1) 光源:将待测金属制成直径 5 mm,长 100 mm 的电极试棒,将其夹在电极架上.将电极架与交流电弧发生器相连.电弧发生器可产生 12~15 kV 的低频和高频电压,将电压通过电极架加到电极试棒上,使之产生电弧,激发样品发光.

(2) 聚光透镜:将光源发出的光聚焦到狭缝上.

(3) 遮光板:装在光阑外边,通过拉出或推入遮光板来控制曝光时间.不用时,应将遮光板推入,已避免灰尘进入.

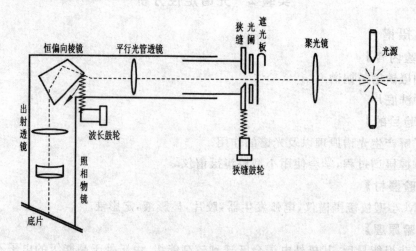

图 7-2-1　摄谱仪光路图

（4）光阑：为了能够在底片上并排拍摄两个或两个以上的光谱,同时确保每排光谱间无左右位置移动,在摄谱仪的狭缝前面装有一个光阑,叫哈特曼光阑,如图 7-2-2 所示.在哈特曼光阑上并排有三个小孔,移动哈特曼光阑可以控制光阑上的小孔与狭缝对齐.由于小孔高度不同,不同的小孔与狭缝对齐时,可以得到不

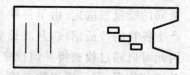

图 7-2-2　哈特曼光阑

同高度的光穿过狭缝,从而实现在一张底片上拍摄不同高度的光谱.通常中间孔用来拍摄待测光谱,而用上、下两孔拍摄比较光谱.光阑左侧的三条刻线分别对应三个小孔,用来控制选定的小孔与狭缝对齐.例如,当左侧第一根刻线与摄谱仪相切时,最上面的小孔与狭缝对齐.

（5）狭缝：狭缝由两个特制刀片组成,狭缝的宽度决定谱线的宽度与强度.狭缝的宽度由狭缝鼓轮调节,其结构与"螺旋测微计"相似.主尺圆柱上的刻度最小格为 0.25 mm,副尺刻度轮最小格为 0.005 mm.狭缝的质量直接影响到谱线的质量,所以调节时应特别小心,不能使两个刀刃接触相压.同时,不使用时应将遮光板推入,以避免狭缝沾污受损.调节时,狭缝的宽度应适中.狭缝过宽,拍摄的谱线较宽,谱线较密处,各谱线可能连在一起,无法确定谱线的准确位置.狭缝过窄,光线较弱,拍摄出的谱线不清楚,一些较弱的谱线可能无法看到.

（6）平行光管透镜：狭缝位于透镜的焦平面上,通过狭缝的光经过平行光管透镜后可形成平行光

（7）恒偏向棱镜：恒偏向棱镜是一个复合棱镜,其分光原理与顶角为 60°的三棱镜完全相同.在入射光中,凡符合最小偏向角的条件的光线,其出射光和入射光的夹角必为 90°,而光束中其他波长的光将以另外的角度射出,从而将入射的复色光分解为不

同波长的单色平行光. 在摄谱仪中,棱镜固定在小台上,小台与其转动机构"波长鼓轮"相连. 如果调节"波长鼓轮",转动棱镜,入射光束将有一个新的入射角,于是将有与之对应的某一波长的光线满足最小偏向角条件,使此波长的出射光线与入射光束间的夹角为90°,此光线波长的数值可直接从"波长鼓轮"上读出. 因此,在出射线处置一出射狭缝,摄谱仪可作为单色仪使用.

　　(8) 照相系统:由出射透镜、照相物镜及底片构成. 通过棱镜后色散的平行光经出射透镜会聚在其焦平面上,形成线状光谱线,最后经照相物镜,将谱线成像于底片上. 由于透镜对不同波长的光焦距不同,其形成的焦平面是倾斜的. 因此,需要调整底片的倾斜度,使所有的谱线都清晰.

　　底片安装在底片匣内,如图7-2-3所示. 打开匣盖后可将底片放入,盖上匣盖后将底片匣安装至摄谱仪上. 在底片匣另一侧装有挡板,摄谱前将挡板抽出. 拍摄完毕后,取出底片匣前一定要将挡板推入,否则会曝光. 安装底片匣前,可先用毛玻璃代替底片匣,安装在摄谱仪上,用来观察、调节谱线.

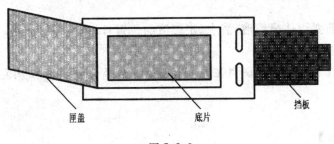

匣盖　　　　　　底片　　　　　　挡板

图 7-2-3

【实验步骤】

1. 摄谱

　　(1) 熟悉摄谱仪、电弧发生器的使用方法及注意事项.

　　(2) 学习装卸电极. 将铁电极安至电极架,打开电弧发生器,点燃电弧,调节电极位置,使电极发出的光线透过聚光镜后聚焦于狭缝.

　　(3) 抽出遮光挡板,观察毛玻璃上的谱线.

　　(4) 调节毛玻璃的倾角,使毛玻璃上的每条谱线都清晰.

　　(5) 推入遮光挡板,取下毛玻璃,将装有底片的底片匣插入摄影箱的滑道,将底片匣置于20 mm处,抽出挡板. 使哈特曼光阑最上边的小孔与狭缝重合,拍摄铁谱线. 点燃电弧,抽出遮光挡板,使底片按要求达到曝光时间(时间由实验室给出),推入遮光挡板.

　　(6) 使哈特曼光阑最下边的小孔与狭缝重合,按上述方法拍摄第二条铁谱线.

　　(7) 卸下铁电极,安上铜电极,使哈特曼光阑中间的小孔与狭缝重合,拍摄铜谱线.

2. 洗像

在暗室内,打开底片匣匣盖,倒出底片,将底片放入显影液中,达到时间后取出,放入清水中冲洗后再放到定影液中.定影后再用清水冲洗,自然晾干.显影、定影时间由实验室给出.

3. 操作要点

(1)更换电极时,一定要先断电.由于电极很热,更换时应带手套,以避免烫伤.通电后不要触及电极.如放电过程中,电极熔通,应切断电源后清除熔化物后再点燃.

(2)拍摄过程中,不能移动底片匣,以免谱线错位.

(3)拍摄谱线所需的光强比用毛玻璃观察所需的光强要弱很多.拍摄所需狭缝的宽度通常需要多次拍摄试验才能得到.因此,狭缝的宽度一般由实验室直接调好,做实验时应尽量避免调整狭缝宽度.

(4)取下底片匣前应检查挡板是否推入.

(5)在暗室中取底片时,不能将底片直接倒入显影液,以免将底片匣中的铜板倒入.

(6)洗像前要记住显影液、清水、定影液的位置,以免洗像时放错.

【实验习题】

小型棱镜摄谱仪,棱镜底面在左侧位置,白光经分光后谱线从左至右排列次序如何?

二、识谱

【实验内容】

1.查找铜谱线的灵敏线;

2.测量铜谱线灵敏线波长.

【实验目的】

1.了解映谱仪,学会使用比长仪.

2.了解灵敏线的特点.

3.学会利用线性内插法测量谱线波长.

【实验器材】

谱片,映谱仪,阿贝比长仪,台灯.

【实验原理】

1. 映谱仪

映谱仪用于辨认谱片和寻找谱线.一般谱片上有很多谱线,这些谱线很细,用肉眼难以观察.映谱仪实际上是一个投影仪,它利用一组透镜、棱镜、平面镜组成的光学系统,把放大后的底片的像投影在白色屏上,放大 20 倍以便观察.放置谱片的谱片架可以通过上下调节旋钮及左右调节旋钮,使谱片架上下左右移动,来照亮要分析的谱线.调节调焦旋钮可以获得清晰放大的谱线.

2. 阿贝比长仪

阿贝比长仪是精确测量谱线之间距离的专用光谱仪器,其结构如图 7-2-4 所示.
它有两个显微镜,6 为看谱显微镜,10 为
读数显微镜,二者用防热钢板 8 固定在支
架上.待测谱片放在导板 5 一侧.纵向移动
手轮 3 可以纵向移动导板.移动旋松导板
螺钉 4,导板可绕螺钉转动.通过移动导板
可以调整待测谱片位置.旋松工作台 1 下
面的锁紧螺钉,可以直接推动工作台,也可
以通过转动鼓轮 13 左右微动工作台.

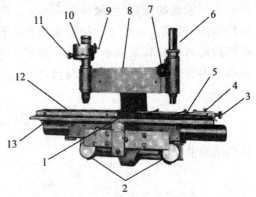

图 7-2-4　阿贝尔比长仪结构图

1—工作台;2—反光镜;3—纵向移动手轮;4—导板锁紧
螺钉;5—导板;6—看谱显微镜;7—读数显微镜调焦旋
钮;8—防热钢板;9—螺旋微米计鼓轮;10—读数显微镜;
11—移动副尺旋钮;12—主标尺;13—工作台移动鼓轮

测量时,将待测谱片置于看谱显微镜
正下方.转动反光镜 2,照亮看谱显微镜视
场.调节显微镜目镜,使两条竖直的准线
清晰,再调节调焦旋钮 7,在显微镜中看到
清晰谱线.调整谱片位置,使谱线与准线
平行.旋紧工作台锁紧螺钉,转动工作台
移动鼓轮,使待测谱线位于两准线之间.

谱线的位置可由左侧的读数显微镜读出.如
图 7-2-5 所示,在显微镜的视场中可以看到三部
分:主尺、副尺、螺旋微米计.主尺 12 固定在工作台
上,每个格为 1 mm,它随着工作台和待测谱片一
起移动;副尺为 10 个小格,每小格 0.1 mm,与显微
镜固定在一起,它们在读数显微目镜的焦平面上;
螺旋微米计为可转动的圆形刻度尺,即图右侧的
圆形刻度"71～82"和视场中部的阿基米德螺旋线,
两根为一组,共 10 组.转动螺旋微米计鼓轮 9,可
以使圆形标尺转动,同时阿基米德螺旋线看来好
像向左或向右移动.圆形标尺左侧的箭头为微米计读数的准线.当副尺的各刻度线刚好

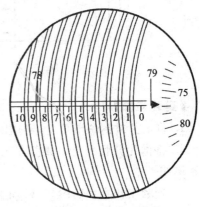

图 7-2-5　读数显微镜

处于各组螺旋双线中间时,微米计读数为零.当圆形刻度尺转动一周,螺旋线相对于副标
尺移动一格,圆形刻度尺共 100 个刻度,所以圆形尺上每一个刻度代表 0.001 mm.

在读数时,应转动螺旋微米计鼓轮,使主尺的刻度线位于一组螺旋双线的中间(每
次测量,只可能有一个主尺的刻度线落于螺旋线范围内).先读出螺旋线内主尺的刻
度,然后再读出紧临此刻度线右侧的副尺的刻度,最后再从螺旋微米计的圆形刻度尺
上读出相应的刻度.例如,图中主尺读数为 78 mm,副尺读数为 0.8 mm,螺旋微米计
的读数为 0.076 8 mm,读数显微镜的完整读数为 78.876 8 mm.

3. 线性插入法

线性插入法是一种近似的测量波长的方法. 一般情况下, 棱镜是非线性色散元件, 对于不同波长的光, 其色散性是不同的. 但是在一个较小的波长范围内, 可以认为色散是均匀的, 谱线在底片上的位置和波长有线性关系. 可以通过测量未知谱线与已知谱线间的距离来计算未知谱线波长. 如图 7-2-6 所示, 已知某光谱的两条波长为 λ_1 与 λ_2 的谱线的位置为 x_1 与 x_2, 要测量谱线 λ_x 的位置为 x, 则波长与谱线间距离满足如下关系

$$\frac{\lambda_x - \lambda_1}{\lambda_2 - \lambda_1} = \frac{x - x_1}{x_2 - x_1}$$

待测谱线波长为

$$\lambda_x = \lambda_1 + \frac{\lambda_2 - \lambda_1}{a} c \qquad (7.2.1)$$

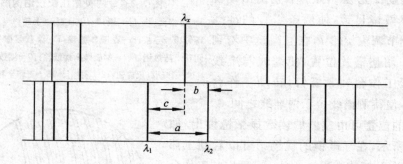

图 7-2-6　计算谱线波长

【实验步骤】

1. 将谱片放到映谱仪上, 利用映谱仪辨认待测铜谱线及其对应的铁谱线的特点.

2. 将谱片乳胶面向上放置在比长仪的工作台上, 调整谱片位置, 利用读谱显微镜观察谱线.

3. 旋紧工作台锁紧螺钉, 转动工作台移动鼓轮, 使 λ_1 谱线位于两准线之间.

4. 从读数显微镜中读出 λ_1 谱线的位置.

5. 重复步骤 3、4, 分别测出 λ_x 与 λ_2 的位置.

6. 操作要点:

(1) 测量时三条谱线要沿同一方向依次测量, 避免回程差.

(2) 测量谱线时, 待测谱线要位于两准线中间. 如果谱线较粗, 应使两准线位于谱线正中或最暗处.

(3) 读数时, 使主尺的刻度线位于一组螺旋双线的中间.

【实验数据】

将数据填入表 7-2-1 中.

表 7-2-1　测量数据

$$\lambda_1 = \underline{\hspace{2cm}} ; \lambda_2 = \underline{\hspace{2cm}}$$

待测量 \ 次数	1	2	3	4	5
x_1 /mm					
x /mm					
x_2 /mm					
$a = (x_2 - x_1)$ /mm					
$c = (x - x_1)$ /mm					
$\bar{a}$ /mm					
$\bar{c}$ /mm					
$\bar{\lambda}$ /mm					

【数据处理】

1. 利用测量结果计算谱线间距离 a、c，及其平均值 $\bar{a}$、$\bar{c}$.

2. 利用式（7.2.1）算出待测铜谱线的波长.

【实验习题】

1. 狭缝前的遮光板有什么作用？

2. 在计算波长时，设 $a = (x_2 - x_1)$，$b = (x_2 - x)$，写出待测波长 λ_x 的表达式？

3. 在利用线性插入法测量波长时，如果待测谱线位于两已知波长谱线的一侧，则式（7.2.1）还适用吗？与待测谱线位于两已知波长谱线的中间相比，哪种测量方法更准确？为什么？

4. 用棱镜摄谱仪摄谱，当计算波长时用 $\lambda_x = \lambda_1 + \dfrac{\lambda_2 - \lambda_1}{a} c$，测量要求 λ_1，λ_2 要尽量接近 λ_x，这是为什么？这样对 a 和 c 测量会有什么影响？

第8章

设计性实验

§8.1　设计性实验基本知识

8.1.1　综合设计性实验的学习过程

完成一个综合设计性实验要经过以下三个过程：

1. 选题及拟定实验方案

实验题目一般由实验室提供，学生也可以自带题目，学生可根据自己的兴趣爱好自由选择题目. 选定实验题目之后，学生首先要了解实验目的、任务及要求，查阅有关文献资料（资料来源主要包括教材、学术期刊等），查阅途径包括：到图书馆借阅、网络查询等. 学生根据相关的文献资料，写出该题目的研究综述，拟定实验方案. 在这个阶段，学生应在实验原理、测量方法、测量手段等方面有所创新；检查实验方案中物理思想是否正确、方案是否合理、是否可行、同时要考虑实验室能否提供实验所需的仪器用具，同时还要考虑实验的安全性等，并与指导教师反复讨论，使其完善. 实验方案应包括实验原理、实验示意图、实验所用的仪器材料、实验操作步骤等.

2. 实施实验方案、完成实验

学生根据拟定的实验方案，选择测量仪器，确定测量步骤，选择最佳的测量条件，并在实验过程中不断地完善. 在这个阶段，学生要认真分析实验过程中出现的问题，积极解决困难，要与教师、同学进行交流与讨论. 在这种学习的过程中，学生要学习用实验解决问题的方法，并且学会合作与交流，对实验或科研的一般过程有一个新的认识；其次要充分调动主动学习的积极性，善于思考问题，培养勤于创新的学习习惯，提高综合运用知识的能力：

3. 分析实验结果、总结实验报告

实验结束需要分析总结的内容有：(1)对实验结果进行讨论，进行误差分析；(2)讨论总结实验过程中遇到的问题及解决的办法；(3)写出完整的实验报告；(4)总结实验成功与失败的原因，经验教训、心得体会. 实验结束后的总结非常重要，其是对整个实验的一个重新认识过程，在这个过程中可以锻炼学生分析问题、归纳和总结问题的能力，同时也可以提高文字表达能力.

在完成综合性、设计性实验的整个过程中，处处渗透着学生是学习的主体，学生是积极主动地探究问题,这是一种利于提高学生解决问题的能力,是一个提高学生的综合素质的教学过程.

在综合设计性实验教学过程中,学生与教师是在平等的基础上进行探讨、讨论问题,不要产生对教师的依赖.有些问题对教师是已知的,但对学生是未知的,这时教师应积极诱导学生找到解决问题的方法,鼓励学生克服困难,并在引导的过程中帮助学生建立科学的思维方式和研究问题的方法.有些问题对教师也是未知的,这时教师应与学生共同思考,共同解决问题.

8.1.2 实验报告书写要求

实验报告应包括:(1)实验目的;(2)实验器材;(3)实验原理;(4)实验步骤;(5)测量原始数据;(6)数据处理过程及实验结果;(7)分析、总结实验结果,讨论总结实验过程中遇到的问题及解决的办法,总结实验成功与失败的原因,经验教训、心得体会.

8.1.3 实验成绩评定办法

教师根据学生查阅文献、实验方案设计、实际操作、实验记录、实验报告总结等方面综合评定学生的成绩.

(1)查询资料、拟定实验方案:占成绩的 20%.在这方面主要考察学生独立查找资料,并根据实验原理设计一个合理、可行的实验方案.

(2)实施实验方案、完成实验内容:占成绩的 30%.考察学生独立动手能力,综合运用知识解决实际问题的能力.

(3)分析结果、总结报告:占成绩的 20%.主要考察学生对数据处理方面的知识运用情况,分析问题的能力,语言表达能力.

(4)科学探究、创新意识方面:占成绩的 20%.考察学生是否具有创新意识,善于发现问题并能解决问题.

(5)实验态度、合作精神:占成绩的 10%.考察学生是否积极主动地做实验,是否具有科学、严谨、实事求是的工作作风,能否与小组同学团结合作.

§8.2 小型设计性实验题目

实验 1 设计制作数字万用表

【实验内容】

1.设计制作直流电流测量电路,计算各分流电阻阻值,测量 WS-Ⅰ型数字万用表设计性实验仪提供的直流电流.

2.设计制作直流电压测量电路,计算各分压电阻阻值,测量 WS-Ⅰ型数字万用表设计性实验仪提供的直流电压.

3.设计制作电阻测量电路,测量 WS－Ⅰ型数字万用表设计性实验仪提供的电阻.

【实验目的】

1. 了解数字万用表的特性、组成和工作原理.

2. 掌握分压、分流电路的计算和连接.

3. 学会使用万用表测量电压、电流、电阻等物理量.

【实验器材】

WS－Ⅰ型数字万用表设计性实验仪,普通万用表.

【注意事项】

1. 实验时应先接线再加电,先断电再拆线,加电前应该仔细检查接线是否正确.

2. 不要使用电阻或者电流挡来测量电压.

3. 数字表头最高位显示 1 或者－1,其余位不亮时,说明超出了量程,要尽快改变量程或者减小输入信号.

【实验提示】

1. 模数(A/D)转换与数字显示电路

常见的物理量都是幅值(大小)连续变化的模拟量(模拟信号).指针式仪表可以直接对模拟电压、电流进行显示.而对数字式仪表,需要把模拟电信号(通常是电压信号)转换成数字信号,再进行显示和处理(如存储、传输、打印、运算等).

数字信号与模拟信号不同,其幅值(大小)是不连续的,就是说数字信号的大小只能是某些分立的数值.就像人站在楼梯上时,人站的高度只能是某些分立的数值一样.这种情况被称为"量化的".若最小量化单位为 Δ,则数字信号的大小一定是 Δ 的整数倍,该整数可以用二进制数码表示.但为了能直接地读出信号大小的数值,需经过数码变换(译码)后由数码管或液晶屏显示出来.

例如,设 $\Delta=0.1$ mV,我们把被测电压 U 与 Δ 比较,看 U 是 Δ 的多少倍,并把结果四舍五入取为整数 N(二进制).然后,把 N 变换为十进制显示出来.如我们把小数点定在末位之前,U 是 Δ 的 1234 倍,即 $N=1234$,显示结果为 123.4 mV.

本实验所用的三位半数字表头由数字表专用的 A/D 转换译码驱动集成电路和外围元件、LED 数码管构成.该表头有 7 个输入端,包括 2 个测量电压输入端(IN＋、IN－),2 个基准电压输入端(V_{REF+}、V_{REF-})和 3 个小数点驱动输入端(dp1、dp2、dp3).

2. 直流电流测量电路

测量电流的原理是:根据欧姆定律,由于三位半数字表头输入阻抗较大(10 MΩ),用合适的取样电阻把待测电流转换为相应的电压,再进行测量.如图 8-2-1 所示,由于 $r \gg R$,取样电阻 R 上的电压降为 $U_i=I_iR$,即被测电流 $I_i=U_i/R$.若数字表头的电压量程为 U_0,欲使电流挡量程为 I_0,则该挡的取样电阻(称为分流电阻)为 $R=U_0/I_0$.如 $U_0=200$ mV,则 $I_0=200$ mA.该挡的分流电阻为 $R=1$ Ω.

图 8-2-2 所示中的分流器在实际使用中有一个缺点,就是当换挡开关接触不良

时,被测电路的电压可能使数字表头过载,所以,实际数字万用表的直流电流挡电路为图 8-2-3 和图 8-2-4 所示.

图中各挡分流电阻是这样计算的:先计算最大电流挡 2 A 的分流电阻 R_5

$$R_5 = \frac{U_0}{I_{m5}} = \frac{0.2}{2}\Omega = 0.1\ \Omega$$

再计算下一挡 200 mA 的 R_4

$$R_4 = \frac{U_0}{I_{m4}} - R_5 = \frac{0.2}{0.2} - 0.1\Omega = 0.9\ \Omega$$

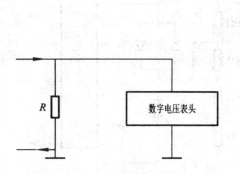

图 8-2-1　电流测量原理图

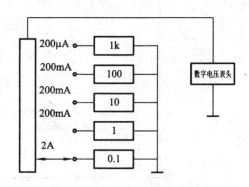

图 8-2-2　分量程电流器电路

依次可计算出 R_3、R_2 和 R_1.

图中的 BX 是 2 A 保险丝管,电流过大时会快速熔断,起过流保护作用.两只反向连接且与分流电阻并联的二极管 D_1、D_2 为塑封硅整流二极管,它们起双向限幅过压保护作用.正常测量时,输入电压小于二极管的正向导通电压降,二极管截止,对测量毫无影响.一旦输入电压大于 0.7 V,二极管立即导通,两端电压被限制(小于 0.7 V),保护仪表不被损坏.

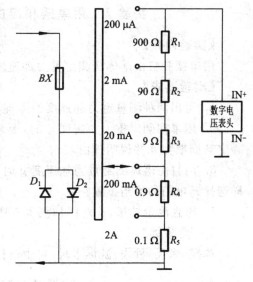

图 8-2-3　实用分流器电路

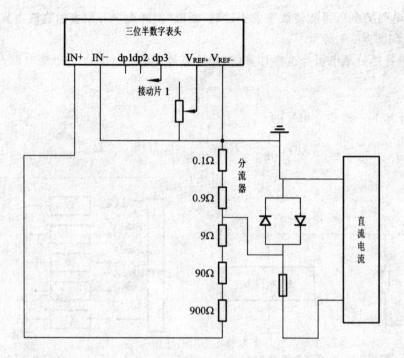

图 8-2-4　直流电流表电路

实验 2　用单摆和自由落体法测定重力加速度

【实验内容】

用单摆和自由落体法测定重力加速度.

【实验要求】

1. 写出两种测量重力加速度的原理,推导出其计算公式.

2. 用单摆测定重力加速度 g 时,要求单摆周期的相对不确定度 $\Delta T/T < 0.1\%$,确定其周期数 n 并说明理由.

3. 用自由落体测定重力加速度 g 时,如何测得初速度? 如用光电计时法,应该怎样选择光电门的恰当位置?

4. 报告测量结果,并对两种测量方法进行比较.

【实验器材】

单摆,米尺,秒表,游标卡尺,自由落体仪,多用数字测量仪.

实验 3　简谐振动的研究

【实验内容】

1. 学习简单实验的基本设计方法.

2. 学习如何选择实验方法来验证物理规律.

3. 通过简谐振动,研究弹簧振子中弹簧的有效质量 m_e,测定弹簧的倔强系数.

【实验要求】

1. 设计一个验证简谐振动运动规律的方案.

2. 设计测量弹簧有效质量 m_e 和倔强系数的实验方法.

3. 列出数据表格,对实验数据进行处理.

4. 写出实验报告.

【实验器材】

所需仪器设备请自行提出.

实验 4　光的衍射法测定金属丝的杨氏模量

【实验内容】

根据光的衍射理论,自拟实验方案,测定金属丝的杨氏模量.

【实验要求】

1. 简述实验原理及实验方案.

2. 画出光路图,写出测量公式.

3. 要求 $\frac{\Delta y}{y} \leqslant 3\%$.

4. 报告测量结果并作分析讨论.

【实验器材】

杨氏模量仪,激光器,测量显微镜,米尺,千分尺等.

【实验提示】

拉伸法测金属丝杨氏模量的关键是如何准确测量出金属丝在拉力作用下的微小伸长量(百分之几毫米).本实验是在砝码托的下端连接一个活动刀口,与底座的固定刀口构成一狭缝,利用光的衍射原理,通过测量衍射条纹间距离的变化量,从而测定金属丝的伸长量.

实验 5　用凸透镜测狭缝宽度

【实验内容】

根据几何光学原理,用一凸透镜测量狭缝的宽度.

【实验要求】

1. 画出光路图,写出测量公式.

2. 要求测量误差 $\leqslant 3\%$.

3. 报告测量结果.

【实验器材】

光具座,光源,凸透镜,狭缝.

【实验提示】

可参考"共轭法"测透镜焦距的原理、方法以及计算公式的推导.

【参考文献】

钟承奕,等.大学物理实验[M].西安:西安电子科技大学出版社,1994.

实验 6　替代法测电阻

【实验内容】

使用给定器材,用替代法测量电阻阻值.

【实验要求】

1. 画出替代法测电阻的电路图.

2. 拟定实验方案,简述实验方法和实验步骤.

3. 分析误差产生的原因,报告实验结果.

【实验器材】

稳压电源一台,电压表、电流表、电阻箱、滑线电阻各一只,被测电阻一个,开关两个,导线若干.

【参考文献】

[1] 张华峻·替代法在伏法测量中的应用[J].物理实验,1996,2.

[2] 王希义,李寿岭.物理实验[M].西安:陕西科学技术出版社,1993.

实验 7　替代法测电阻

【实验内容】

使用给定器材,用替代法测量电阻阻值.

【实验要求】

1. 画出替代法测电阻的电路图.

2. 拟定实验方案,简述实验方法和实验步骤.

3. 分析误差产生的原因,报告实验结果.

【实验器材】

稳压电源一台,电压表、电流表、电阻箱、滑线电阻各一只,被测电阻一个,开关两个,导线若干.

【参考文献】

[1] 张华峻.替代法在伏法测量中的应用[J].物理实验,1996,2.

[2] 王希义,李寿岭.物理实验[M].西安:陕西科学技术出版社,1993.

实验 8　非线性电阻特性的研究

【实验内容】

用给定器材设计实验电路,测定小灯泡和发光二极管的伏安特性.

【实验要求】

1. 画出测量电路图,说明选用内接法或外接法进行测量的理由.

2. 测定额定电压下小灯泡灯丝的电阻.

3. 研究发光二极管的伏安特性与发光现象间的关系.

【实验器材】

发光二极管,小灯泡,电压表,电流表(应注意电表的量程和内阻),滑线变阻器,开关和导线等.

实验 9　微安表内阻的测定

【实验内容】

用给定器材测定微安表的内阻.

【实验要求】

1. 画出电路图,标明各器材参数.

2. 要求用三种以上方法进行测量.

3. 报告测量结果.

【实验器材】

甲电池一节,电阻箱两个,多量程电压表,电流表各一只,滑线电阻一个,待测表头一只,开关和导线.

实验 10　变阻器的使用与电路控制

【实验内容】

1. 研究滑线式变阻器的有关参数.

2. 学会设计简单的控制电路. 根据对电路控制和调整的要求,正确选择滑线式变阻器的阻值、额定电流,以及它在电路中的连接方式.

【实验要求】

1. 设计一个用伏安法测量阻值为 $30\ \Omega$ 负载的控制电路,要求电流在 $0.01 \sim 0.1$ A 之间连续可调.

2. 选择合适的电源(规格),安培表、伏安表(量程),滑线式变阻器(阻值、额定电流),以及电路的连接方式和理论依据.

3. 用实验来验证你的选择和设计的正确性. 测量数据,作出限流特性曲线和分压特性曲线. 观察调节情况并进行分析讨论.

4. 设计一个微型电动机的调速控制电路,能方便地连续控制和调节其转速和方向. 画出控制电路,列出所需的仪器、元件.

【实验器材】

请自行提出所需的仪器设备及其规格.

【参考文献】

[1] 张仲奎,缪连元,张立.物理实验[M].上海:华东化工学院出版社,1990.

[2] 钟成奕,伍永泉,邓鸿鸣.物理实验[M].西安:西安电子科技大学出版社,1994.

[3] 林杼,龚振雄.普通物理实验[M].北京:人民教育出版社,1987.

实验 11　比较法测互感系数

【实验内容】

设计一个电路,用比较法测互感系数

【实验要求】

[1] 利用给定器材,设计一个用比较法测互感系数的电路图.

[2] 分析误差产生的原因,在实验中如何消除(如开关造成电流的波动).

【实验器材】

冲击电流计,稳压电源,滑线电阻,电阻箱,标准互感,被测互感,单刀双掷开关,导线若干.

【参考文献】

1. 张仲奎,缪连元,张立.物理实验[M].上海:华东化工学院出版社,1990.

2. 王希义,李寿岭.物理实验[M].西安:陕西科学技术出版社,1993.

实验 12　补偿法、电桥伏安法测电阻

【实验内容】

用补偿法、电桥伏安法测量待测电阻上的电压和电流,求出 R_x 阻值.

【实验要求】

1. 测量待测电阻两端的电压和流过待测电阻的电流,不得包含电流表的电压降及流过电压表的电流.

2. 要求 $\dfrac{\Delta R_x}{R_x} \leqslant 2\%$. 试选择电表的级别、量程及测量条件.

3. 画出测量电路图,简述测量方法,计算测量结果.

【实验器材】

所用仪器仪表(包括量程、规格、级别)请自行提出.

【参考文献】

[1] 钟承奕,等.大学物理实验[M].西安:西安电子科技大学出版社,1994.

实验 13　非平衡电桥与热敏电阻

【实验学时】4.5 学时

【实验内容】

用非平衡电桥来研究热敏电阻的温度特性.

【实验要求】

1. 掌握非平衡电桥的原理及定标方法.

2. 作出非平衡电桥的定标曲线(R-I 曲线).

3. 作出热敏电阻的温度特性曲线(R-t 曲线).

4. 用最小二乘法求出其直线的经验公式.

【实验器材】

热敏电阻,温度计,水浴锅,QJ23 型直流电桥,微安表,电阻箱,开关,导线等.

【参考文献】

[1] 王希义,等. 大学物理实验[M]. 西安:陕西科学技术出版社,1998.

实验 14　恒流源法测导体电阻温度系数

【实验内容】

利用集成稳压器,制作一恒流源,并利用恒流源测量电阻温度系数.

【实验要求】

1. 画出电路图,写出测量公式.

2. 制作恒流源,测量电阻温度系数.

3. 报告测量结果,并对测量方法(从测量误差方面)作一简评.

【实验器材】

低压变压器,三端集成稳压器,电流表,电压表,水浴锅,其余元件请自行提出.

【参考文献】

[1] 钟承奕,等. 大学物理实验[M]. 西安:西安电子科技大学出版社,1994.

[2] 曾大鑫. 高性能直流稳压电源[M]. 北京:水利电力出版社,1989.

实验 15　温差电动势的测量

【实验学时】3 学时

【实验内容】

学习用电位差计测量温差电动势.

【实验要求】

1. 学习电位差计的测量原理和使用方法.

2. 用电位差计测量热电偶的温差电动势.

3. 作温差电动势随温度的变化曲线(E-t 曲线),并从曲线图中求出热电偶的温差系数($C = \Delta E / \Delta t$).

【实验器材】

UJ37 型电位差计,铜—康铜热电偶,电热杯及油,温度计,保温杯(内装冰水).

【参考文献】

[1] 钟承奕,等. 大学物理实验[M]. 西安:西安电子科技大学出版社,1994.

[2] 程守洙,江之永. 普通物理学[M]. 北京:人民教育出版社,1998.

实验 16　用电谐振法测膜层厚度

【实验学时】 3 学时

【实验内容】

用电谐振原理,设计一个电路测量覆膜厚度.

【实验要求】

1. 简述测量原理,画出电路图.

2. 推导出测量公式.

3. 报告实验结果,并对该测量方法的可行性和经济性进行分析.

【实验器材】

信号源,频率计,电感,检测电极,导线等.

【实验提示】

为了防护、装饰等生产和生活的需要,往往要在基体材料表面上涂层或镀膜,覆膜度就是指涂层或镀膜的厚度.

当基体为导电材料,而覆膜是非导电材料时,用检测电极和导电基体构成一电容器,覆膜作为电介质层,这样,组成的电容器和并联的电感构成谐振电路,调节振荡频率,使电路达到并联谐振状态,则覆膜厚度就可通过谐振时的振荡器频率来确定.

【参考文献】

[1] 赵凯华,陈熙谋. 电磁学:下[M]. 北京:高等教育出版社,1986.

[2] 赵良,王宗田,等. 电磁学实验[M]. 长春:东北师范大学出版社,1991.

[3]《物理实验》,1998 年第 5 期.

实验 17　*RC* 串联电路暂态过程的研究

【实验学时】 4.5 学时

【实验内容】

用静电伏特计和示波器来研究 *RC* 串联电路的暂态过程.

【实验要求】

1. 用静电伏特计来研究 *RC* 串联电路的充放电电压曲线,设计电路,并计算 *RC* 电路的时常数.

2. 研究不同 *R* 量值的 *RC* 串联电路的各种特性.

3. 用示波器观察和测量 RC 串联电路的充放电曲线和时间常数.

4. 用示波器观察方波作用下的 RC 电路波形,进一步研究电容的充放电特性.

【实验器材】

电阻,电容,数字电压表,稳压电源,示波器,秒表.

【参考文献】

[1] 程守洙,江之永. 普通物理学[M]. 北京:人民教育出版社,1998.

[2] 钟承奕,等. 大学物理实验[M]. 西安:西安电子科技大学出版社,1994.

[3] 张兆奎,等. 大学物理实验[M]. 上海:华东化工学院出版社,1990.

实验 18　用干涉法测量载流康铜丝的温度

【实验学时】 3 学时

【实验内容】

自拟实验方案,利用劈尖干涉条纹测定载流康铜丝的温度.

【实验要求】

1. 画出实验装置简图,说明实验原理.

2. 推导测量公式,简述实验步骤.

3. 报告测量结果.

【实验器材】

光学平玻璃片(2 片),钠灯,测量显微镜,稳压电源,电流表,康铜丝($d=0.055$ mm,开关,导线等.

【参考文献】

[1] 钟承奕,等. 大学物理实验[M]. 西安:西安电子科技大学出版社,1994.

[2] 母国光. 光学[M]. 北京:人民教育出版社,1978.

实验 19　用霍尔器件测量地磁水平分量

【实验学时】 6 学时

【实验内容】

用运算放大器构成同相直流放大电路,对霍尔电压进行放大,测量地磁水平分量.

【实验要求】

1. 简述测量原理.

2. 画出电路图,写出测量公式.

3. 完成实验任务,报告测量结果.

【实验器材】

霍尔器件,运算放大器,电流表,数字电压表,其余元器件请自行提出.

【参考文献】

[1]《大学物理实验》1998 年第 3 期.

[2] 康昌鹤,唐新. 半导体传感器技术[M]. 长春:吉林大学出版社,1991.

[3] 贾玉润,等. 大学物理实验[M]. 上海:复旦大学出版社,1987.

实验 20　　温度传感器的设计与应用

【实验学时】6 学时

【实验内容】

了解 AD590 的特性,并用 AD590 设计一个数字温度计,测量范围为 0~100 ℃.

【实验要求】

1. 画出电路图.

2. 画出 AD590 的特性曲线.

3. 制作一个 0~100 ℃的温度计.

【实验器材】

水浴锅,电源,电压表,电流表,AD590,电阻箱,导线等.

【参考文献】

[1] 王洪业. 传感器技术[M]. 长沙:湖南科学技术出版社,1985.

[2] 上海半导体器十六厂. SL590 二端集成电路温度传感器(电流型)(仿 AD590)产品说明书.

[3]《大学物理实验》,1998 年第 2 期.

实验 21　　自感现象演示电路的设计

【实验学时】3 学时

【实验内容】

设计一电路,演示自感现象(利用发光二极管).

【实验要求】

1. 简述设计原理,画出电路图.

2. 完成电路制作并演示成功(能显示自感电动势的方向及大小).

【实验器材】

自感线圈,发光二极管,其余仪器设备、元件请自行提出.

【参考文献】

越凯华,陈熙谋. 电磁学:下[M]. 北京:高等教育出版社,1986.

实验 22　　硅光电池特性的研究

【实验学时】3 学时

【实验内容】

设计简单的光路和电路,研究硅光电池的主要参数和基本特性.

【实验要求】

1.了解硅光电池的主要参数及其基本特性.

2.设计测量光路和电路(测开路电压和短路电流).

【实验器材】

光具座,硅光电池,电源,其余仪器设备请自行提出.

【参考文献】

[1] 张兆奎,等.大学物理实验[M].上海:华东化工学院出版社,1990.

[2] 冷长庚.太阳能及其利用[M].北京:人民教育出版社,1975.

实验 23　用示波器测量谐振频率及电感

【实验学时】3 学时

【实验内容】

1.熟悉示波器的使用.

2.研究 RLC 串联电路的幅频特性.

3.测量电路中的电感系数.

【实验要求】

1.说明测量原理,推导计算公式.

2.简述示波器的使用步骤.

3.测定谐振曲线,从中求出谐振频率 f_0,并计算电感 L 值.

【实验器材】

低频信号发生器,示波器,电阻箱,电感,电容,导线等.

【参考文献】

[1] 王希义,等.大学物理实验[M].西安:陕西科学技术出版社,1998.

[2] 张兆奎,等.大学物理实验》[M].上海:华东化工学院出版社,1990.

实验 24　测电源的电动势和内阻

【实验学时】3 学时

【实验内容】

利用所给器材设计一个电路,用补偿法测量干电池的电动势和内阻.

【实验要求】

1.画出电路图(检流计加保护电阻),写出测量公式,简述测量步骤.

2.正确选择电表量程,正确使用保护电阻.

3.写出测量公式、计算测量结果.

【实验器材】

待测电源(一节甲电池),直流电源(两节甲电池),多量程电压表一只,滑线电阻一个,指针式检流计一个,电阻箱一个,标准电阻一个,开关,导线若干.

实验 25   用磁聚焦法测定电子荷质比

【实验学时】3 学时

【实验内容】

1. 加深电子在电场和磁场中运动规律的理解.

2. 了解电子射线束磁聚焦的基本原理.

3. 用磁聚焦法测定电子荷质比 e/m 的值.

【实验要求】

1. 理解原理,推导计算公式.

2. 掌握仪器的使用方法.

3. 完成实验任务,报告实验结果.

【实验器材】

电子束实验仪一台,导联线一套.

【参考文献】

1. 王希义,等.大学物理实验[M].西安:陕西科学技术出版社,1998.

2. 越凯华,陈熙谋.电磁学:下[M].北京:高等教育出版社,1986.

3. 电子束实验仪使用说明书.

实验 26   用电子积分器测电容

【实验学时】4.5 学时

【实验内容】

设计制作电子积分器并测量电容.

【实验要求】

1. 了解电子积分器的工作原理和用途.

2. 完成电子积分器的设计与制作.

3. 报告实验结果,并说明如何解决漂移问题.

【实验器材】

集成运算放大器(OP—07),稳压电源,其余元件请自行提出.

【参考文献】

1. [美]R·F·格拉夫.电子电路百科全书[M].北京:科学出版社,1986.

2. 童诗白.模拟电子技术基础简明教程[M].北京:高等教育出版社,1988.

实验 27　　数字高斯计的设计

【实验学时】9 学时

【实验内容】

使用霍尔传感器,设计并制作数字高斯计.

【实验要求】

1. 熟悉霍尔传感器、A/D 电路和数字显示电路的原理和使用方法.

2. 设计并完成电路的制作.

【实验器材】

所需元器件请自行提出.

【参考文献】

[1] 康昌鹤,唐新.半导体传感器技术[M]长春:吉林大学出版社,1991.

[2] [美]R·F·格拉夫.电子电路百科全书[M].北京:科学出版社,1986.

实验 28　　光电传感器的设计与应用

【实验学时】9 学时

【实验内容】

用光敏三极管和其他电子元器件,设计一个计数电路,计录迈克耳逊干涉条纹(用计算器作为计数器,显示记录结果).

【实验要求】

1. 了解光敏三极管的基本特性和主要参数.

2. 画出设计电路图.

3. 完成电路安装与调试,计录迈克耳逊干涉条纹"冒出"或"淹没"的个数.

【实验器材】

光敏三极管,电源,计算器,其余电子元器件请自行提出.

【参考文献】

[1]《物理通报》,1996 年第 6 期.

[2]《大学物理》,1998 年第 1 期.

[3] 童诗白.模拟电子技术基础简明教程[M].北京:高等教育出版社,1988.

实验 29　　暂态过程的实时测量及曲线图的描绘

【实验学时】9 学时

【实验内容】

用计算机对 RC 电路的暂态过程进行实时测量及曲线图的描绘.

【实验要求】

1. 根据给定的 RC 值,设计 A/D 电路.

2. 编写程序(预习 C 语言或汇编语言中关于串口的操作).

3. 用计算机对 RC 电路的暂态过程进行实时测量及曲线图的描绘.

【实验器材】

计算机一台,稳压电源,电阻,电容,其余所需器材请自行提出.

实验 30　用计算机测绘磁场分布

【实验学时】12 学时

【实验内容】

用霍尔元件做传感器,把磁信号转变成电信号,通过 A/D 转换器把电信号送入计算机串,从而在计算机中显示出磁场分布情况.

【实验要求】

1. 熟悉 A/D 转换电路以及计算机串口,进一步熟悉 C 语言程序设计.

2. 完成实验任务.

【实验器材】

计算机,霍耳元件,参考电路和电子元器件.

【参考文献】

《C 语言程序设计教程》《计算机组成原理及程序设计》

实验 31　里德堡公式的实验验证.

【实验学时】2 学时

【实验内容】

验证氢光谱的里德堡公式

【实验要求】

1.写出实验原理.

2.写出实验步骤和验证结果.

【实验器材】

小型光谱仪,氢灯.

附录　常用物理常数表

名称	符号	1986 年国际科技数据委员会推荐值	计算用值
真空中光束	c	$299\ 792\ 458$ m・s^{-1}	3.0×10^{8} m・s^{-1}
阿伏伽德罗常量	N_A	$6.022\ 136\ 7(36)\times10^{23}$ mol^{-1}	6.02×10^{23} mol^{-1}
牛顿引力常量	G	$6.672\ 59(85)\times10^{-11}$ m^{3}・kg^{-1}・s^{-2}	6.67×10^{-11} m^{3}・kg^{-1}・s^{-2}
摩尔气体常量	R	$8.314\ 510(70)$ J・mol^{-1}・K^{-1}	8.31 J・mol^{-1}・K^{-1}
波尔兹曼常量	k	$1.380\ 658(12)$ J・K^{-1}	1.38 J・K^{-1}
标准状态理想气体摩尔体积	V_{mol}	$22.414\ 10(19)$ m^{3}・mol^{-1}	22.4 m^{3}・mol^{-1}
基本电荷	e	$1.602\ 177\ 33(54)\times10^{-19}$ C	1.60×10^{-19} C
电子质量	m_e	$9.109\ 389\ 3(54)\times10^{-31}$ kg	9.11×10^{-31} kg
电子荷质比	$-e/m_e$	$-1.758\ 819\ 62(53)\times10^{11}$ C・kg^{-1}	-1.76×10^{11} C・kg^{-1}
质子质量	m_p	$1.672\ 623\ 1(10)\times10^{-27}$ kg	1.67×10^{-27} kg
中子质量	m_n	$1.674\ 928\ 6(10)\times10^{-27}$ kg	1.67×10^{-27} kg
原子质量单位	m_u	$1.660\ 540\ 2(10)\times10^{-27}$ kg	1.66×10^{-27} kg
真空磁导率	μ_0	$4\pi\times10^{-7}$ N・A^{-2}(H・m^{-1})	$4\pi\times10^{-7}$ N・A^{-2}(H・m^{-1})
真空电容率(介电常量)	ε_0	$8.854\ 187\ 818\times10^{-12}$ F・m^{-1}	8.85×10^{-12} F・m^{-1}
电子磁矩	μ_e	$9.284\ 770\ 1(31)\times10^{-24}$ J・T^{-1}	9.28×10^{-24} J・T^{-1}
质子磁矩	μ_p	$1.410\ 607\ 61(47)\times10^{-26}$ J・T^{-1}	1.41×10^{-26} J・T^{-1}
中子磁矩	μ_n	$0.966\ 237\ 07(40)\times10^{-26}$ J・T^{-1}	9.66×10^{-27} J・T^{-1}
核子磁矩	μ_N	$5.050\ 786\ 6(17)\times10^{-27}$ J・T^{-1}	5.05×10^{-27} J・T^{-1}
波尔磁矩	μ_B	$9.274\ 015\ 4(31)\times10^{-24}$ J・T^{-1}	9.27×10^{-24} J・T^{-1}
波尔半径	a_0	$0.529\ 177\ 249(24)\times10^{-10}$ m	5.29×10^{-11} m
普朗克常量	h	$6.626\ 075\ 5\times10^{-34}$ J・s	6.63×10^{-34} J・s

参 考 文 献

[1] 曾仲宁,王秀力.大学物理实验[M].北京:中国铁道出版社,2005.

[2] 何圣静,李文河.物理实验指南[M].北京:机械工业出版社,1989.

[3] 朱鹤年.物理测量的数据处理与实验设计[M].西安:高等教育出版社,2003.

[4] 潘人培,董宝昌.物理实验教学参考书[M].北京:高等教育出版社,1990.

[5] 龚镇雄.普通物理实验中的数据处理[M].西安:西北电讯工程学院出版社,1985.

[6] 鲁绍曾.国际通用计量学基本术语[M].北京:中国计量出版社,1993.